U0296400

全球生态环境遥感监测 2016~2017 年度报告

王琦安 施建成 等 编著

科学出版社

北京

内 容 简 介

"全球生态环境遥感监测年度报告"基于我国科技计划成果,利用全球多源卫星遥感数据,针对与全球生态环境、人类可持续发展密切相关的热点问题,遴选合适的主题或要素进行动态监测,形成一系列全球或热点区域的专题数据产品,完成不同时间尺度、不同空间分辨率的生态环境遥感监测和评价,编制基于遥感信息的全球或热点区域生态环境分析的年度评估报告。目前,年度报告已逐步形成较为全面的监测体系,力求从生态、环境、社会、人文等多个维度反映全球或区域生态环境变化的状态。

本书集成了2016年与2017年两个年度报告的成果,包括全球大宗粮油作物生产形势、"一带一路"生态环境状况、全球典型重大灾害对植被的影响三个专题的内容,致力于为各国政府、研究机构和国际组织的环境问题研究和环境政策制定提供依据。这些报告及数据产品可在国家综合地球观测数据共享平台网站(http://www.chinageoss.org/geoarc/index.html)免费获取,欢迎各研究机构、政府部门和国际组织下载使用。

审图号:GS(2018)3063号

图书在版编目(CIP)数据

全球生态环境遥感监测2016-2017年度报告/王琦安等编著.—北京:科学出版社,2018.10

ISBN 978-7-03-055711-7

Ⅰ.①全… Ⅱ.①王… Ⅲ.①环境遥感—应用—生态环境—全球环境监测—研究报告—2016-2017 Ⅳ.①X835

中国版本图书馆CIP数据核字(2017)第293619号

责任编辑:苗李莉 李 静 朱海燕/责任校对:樊雅琼
责任印制:肖 兴/封面设计:图阅社
装帧设计:北京美光设计制版有限公司

科学出版社 出版

北京东黄城根北街16号
邮政编码:100717
http://www.sciencep.com

中国科学院印刷厂 印刷

科学出版社发行 各地新华书店经销

*

2018年10月第 一 版 开本:889×1194 1/16
2018年10月第一次印刷 印张:27 1/4

字数:646 000

定价:498.00元

(如有印装质量问题,我社负责调换)

全球生态环境遥感监测2016年度报告

编写委员会

主 任　王琦安　施建成　李加洪

副主任　刘纪远　牛　铮　张松梅

《全球大宗粮油作物生产形势》报告编写组

组　长　吴炳方

成　员（按姓氏汉语拼音排序）

常　胜　Diego de Abelleyra　董莹莹　Elijah Phiri　方景新　何昭欣

黄文江　李名勇　马宗瀚　Mrinal Singha　聂风英　René Gommes

谭　深　王林江　王美玲　邢　强　许佳明　闫娜娜　于名召

曾红伟　张　淼　张　鑫　张学彪　赵新峰　朱　亮　朱伟伟

责任专家　王纪华　王鹏新　千怀遂

全球生态环境遥感监测2016年度报告工作顾问组

组　长　徐冠华

副组长　童庆禧　郭华东

成　员（按姓氏汉语拼音排序）

陈　军　陈拂晓　陈镜明　傅伯杰　顾行发　何昌垂　金亚秋　李纪人

李朋德　廖小罕　孟　伟　潘德炉　秦大河　施建成　唐华俊　唐守正

王　桥　王光谦　吴国雄　杨桂山　姚檀栋　张国成　周成虎

全球生态环境遥感监测2016年度报告工作专家组

组　长　郭华东

副组长　刘纪远　李加洪　牛　铮

成　员（按姓氏汉语拼音排序）

高志海　宫　鹏　李增元　林明森　柳钦火　卢乃锰　聂风英　唐新明

许利平　徐　文　张　雪　张镱锂

全球生态环境遥感监测2017年度报告

编写委员会

主　任　　王琦安　　施建成

副主任　　张松梅　　牛　铮

《"一带一路"生态环境状况》报告编写组

组　　长　柳钦火　牛　铮

成　　员（按贡献大小排列）

李　丽　俞　乐　李　静　徐新良　张海龙　贾　立　郝增周　仲　波

宫　鹏　孟庆岩　赵　静　张志玉　李家国　王世宽　寇培颖　辛晓洲

胡光成　郑超磊　何贤强　吴俊君　吴善龙　徐伊迪　林尚荣　倪文俭

孙国清　郑倩云　孙震辉　李　明　康　峻　张　乾　卢　静　周　杰

龚　芳　王天愚　程瑜琪　于文涛　张亚庆　张琳琳　裴　杰　刘晓暄

王　聪　赵　胜　董新宇　毕恺艺　刘　洁　殷小菡　黄先梅　孟　梦

马培培　刘　晓　贾洁琼　肖庆锋

责任专家　刘纪远　汲长远

《全球典型重大灾害对植被的影响》报告编写组

组　　长　梁顺林

成　　员（按贡献大小排列）

宫阿都　武建军　唐　宏　蒋卫国　周红敏　李　静　杨建华　饶品增

张　滔　王　骞　赵　祥　肖志强　贾　坤　刘　强　袁文平

责任专家　高志海

全球生态环境遥感监测2017年度报告顾问组

组　　长　徐冠华

副组长　童庆禧　郭华东

成　　员（按姓氏汉语拼音排序）

陈拂晓　傅伯杰　顾行发　李朋德　何昌垂　廖小罕　刘纪远　潘德炉

秦大河　施建成　王光谦　张国成　周成虎

全球生态环境遥感监测2017年度报告专家组

组　长　郭华东

副组长　刘纪远　牛　铮

成　员（按姓氏汉语拼音排序）

　　　　高志海　葛岳静　宫　鹏　何贤强　汲长远　李　京　李加洪　李增元
　　　　林明森　刘　闯　刘　慧　卢乃锰　唐新明　王纪华　徐　文　曾　澜
　　　　张镱锂

全球生态环境遥感监测2017年度报告工作组

成　员（按贡献大小排列）

　　　　张　弛　张　景　张　瑞　李　晗　梁　亮　叶芳宏　刘一良　高　丹
　　　　韩慧鹏　刘　艳

近代以来，经济和科技的迅猛发展，为人类创造了巨大的财富，同时，人类对地球资源的消耗和环境的破坏，导致全球性生态环境问题的日益突出，特别是全球气候变暖、资源匮乏、环境恶化、灾害频发等重大问题，不仅影响全球经济、社会的可持续发展，而且以越来越快的速度威胁着人类生存的基础，引起国际社会的高度关注。

中国政府一贯重视生态环境保护和生态文明建设，在科学研究、政策制定和行动落实等层面开展生态环境研究和保护等工作。作为重要的技术保障措施，中国已经逐步建立了气象、资源、环境和海洋等地球观测卫星应用体系，随着高分辨率对地观测系统和国家空间基础设施的逐步建设到位，观测能力日益提高。同时，作为地球观测组织（GEO）的创始国和联合主席国，中国正努力推动在GEO框架下向世界开放共享地球观测数据并提供相关的全球信息产品和服务。

为满足全球生态环境变化监测和积极应对全球变化的需要，科技部按照"部门协同、内外结合、成果集成、数据共享、国际合作"的基本思路，于2012年启动了"全球生态环境遥感监测年度报告"工作。2013年5月，科技部向国内外正式公开发布了《全球生态环境遥感监测2012年度报告》。该领域第一次出现了中国发布的权威数据，产生了广泛和良好的国内外影响，被誉为开创性的工作。

年报工作围绕全球生态环境典型要素、全球性生态环境热点问题和全球热点区域这三大类主题逐年发布，已经形成一个品牌，为中国深入参与全球科技创新治理提供了有效的信息保障途径，为各国政府、研究机构和国际组织的环境问题研究与制定环境政策提供了依据，加深了社会公众对全球生态环境状况的理解，推动了中国GEO工作的深入开展。这项工作可以有效发挥科技超前引领作用，带动各个行业部门形成全球综合对地观测能力和实际应用能力，是中国遥感科技界为解决全球生态环境研究所作的实质贡献。

　　2016～2017年度报告继续面向国家重大需求、国际社会可持续发展、粮食安全以及全球应对灾害与环境问题的迫切需要，聚焦"'一带一路'生态环境状况""全球典型重大灾害对植被的影响"与"全球大宗粮油作物生产形势"三个专题报告，生成了国际首套2015年全球30m土地覆盖数据集（FROM-GLC 2015）等20多种遥感数据产品，监测分析了"一带一路"沿线区域的太阳能发电潜力、陆路交通以及重点海域海洋灾害等状况，评估了1982～2016年全球典型灾害事件对植被的影响及灾后植被的恢复过程，分析并预估了2016年全球大宗粮油生产形势。报告及数据集产品可为"一带一路"倡议实施、全球生态环境保护与防灾减灾以及维护全球粮油贸易稳定与全球粮食安全提供有力的信息支撑。

　　"全球生态环境遥感监测年度报告"是一项长期性的工作，应积极面向联合国2030年可持续发展目标和我国生态文明建设需要，围绕"一带一路"倡议和《国家创新驱动发展战略纲要》的实施，强化顶层设计与协同创新，进一步加强国产卫星数据的应用与共享，不断提高报告的国际影响力，为推动构建人类命运共同体，共建美好地球贡献中国力量与中国智慧。

徐冠华

2017年11月

为积极落实联合国《2030年可持续发展议程》，践行"十九大"关于"推进生态文明建设"的有关要求，在科技部和财政部的支持下，在科技部高新司和合作司的具体领导下，国家遥感中心（地球观测组织GEO中国秘书处）启动了"全球生态环境遥感监测年度报告"工作，会同遥感科学国家重点实验室，跨部门组织国内顶尖的科研力量，开展了全球及区域尺度生态环境遥感专题产品研发及监测分析研究。年度报告工作分别成立了编委会、顾问组、专家组和编写组，并充分利用国家科技计划及相关部门的科研成果，从组织、人力和技术上保障了工作的有序、顺利开展。

自2012年启动这项工作以来，"全球生态环境遥感监测年度报告"在保持继承性和强调发展性的原则基础上，围绕全球生态环境典型要素、全球性生态环境热点问题和全球热点区域这三大类主题，拓展了8个专题系列，分六期陆续发布了15个专题报告。其中，全球生态环境典型要素类专题报告包括陆地植被生长状况和陆表水域面积时空分布；全球性生态环境热点问题类专题报告包括全球大宗粮油作物生产形势、城乡建设用地分布状况和大型国际重要湿地；全球重点区域类专题报告包括非洲土地覆盖、中国-东盟生态环境状况，以及"一带一路"生态环境状况。

2016～2017年度报告继续关注全球生态环境热点问题及热点区域，聚焦"全球大宗粮油作物生产形势""'一带一路'生态环境状况"和"全球典型重大灾害对植被的影响"三个专题开展监测分析，由中国科学院遥感与数字地球研究所和北京师范大学具体承担，联合中国科学院地理科学与资源研究所、清华大学、国家海洋局第二海洋研究所等多家单位共同完成。

2016年度报告关注全球粮食安全问题，是"全球大宗粮油作物生产形势"专题系列报告的最新成果。报告综合利用多源遥感数据与农业气象数据，依靠我国自主建立的全球农情遥感速报系统（CropWatch），对2016年度全球65个农业生态区的气象条件、全球7个农业主产区及中国7个农业分区粮油作物种植与环境限制状况、全球粮食产量与供应形势进行了遥感监测和分析，并对全球粮油生产形势进行了展望，为政府、公众和国际社会提供独立客观的信息服务，对加强我国在全球范围内的粮食安全合作具有重要意义。

2017年度报告进一步强调继承和创新。"'一带一路'生态环境状况"专题是在2015年度报告基础上的延续与深化，报告及时跟进"一带一路"倡议的最新进展，将亚洲、欧洲、非洲、大洋洲全域及周边大洋纳入专题监测区域，利用多源、多尺度、多时相遥感数据，通过标准化处理和模型运算后生产的数据集，对"一带一路"区域生态系统宏观结构与状况、重要城市生态环境与发展、陆路交通状况、太阳能资源与水分收支状况，以及重点海域海洋灾害，进行了监测、分析与评估，揭示了区域发展的潜力及其不均衡性，指出了不同区域开发利用的限制性因素；"全球典型重大灾害对植被的影响"是2017年新拓展的一个专题，利用全球陆表特征参量系列产品，对1982～2016年典型的森林火灾、旱灾、水灾与地震灾害事件对植被的影响及灾后植被的恢复过程进行了分析，并评估了植被对不同灾害类型响应的差异性。

2016～2017年度报告注重吸收国家科技计划及相关部门的最新科研成果，主要使用FY、HY、ZY、HJ、GF，以及Terra/Aqua、Landsat等国内外卫星的连续观测数据，形成的相关成果通过国家综合地球观测共享平台公开对外发布，无偿与相关国家和国际组织共享，为政府、公众和国际社会提供独立客观的信息服务，是中国参加地球观测组织（GEO）工作、参与并引领数据共享和全球生态文明建设取得实质性进展，为全球生态安全作出的重要贡献。

2017年11月

目　录

序

前言

第二部分　"一带一路"生态环境状况

目 录

第三部分　全球典型重大灾害对植被的影响

目 录

第 一 部 分
全球大宗粮油
作物生产形势

全球生态环境
遥感监测
2016
年度报告

》 全球农业气象条件
遥感监测

》 全球大宗粮油作物
主产区农情遥感监测

》 中国大宗粮油作物
主产区农情遥感监测

》 全球大宗粮油作物产量
与供应形势分析

全球生态环境
遥感监测
2016
年度报告

一、引　言

1.1　背景与意义

粮油作物及其产品是人类生存的物质基础，事关国家的经济、政治和社会安全。在2013～2015年"全球生态环境遥感监测年度报告——全球大宗粮油作物生产形势分报告"的基础上，2016年度报告（以下简称年报）继续关注大宗粮油作物长势及生产形势，监测作物包括全球产量最高的玉米、小麦和水稻三种谷物，以及全球最重要的油料作物大豆。

遥感技术是在全球范围实现宏观、动态、快速、实时、准确的生态环境动态监测不可或缺的手段，已广泛应用于大宗粮油作物长势监测与产量估测。中国科学院遥感与数字地球研究所于1998年建立了全球农情遥感速报系统（CropWatch）。该系统以遥感数据为主要数据源，以遥感农情指标监测为技术核心，仅结合有限的地面观测数据，构建了不同时空尺度的农情遥感监测多层次技术体系，利用多种原创方法及监测指标及时客观地评价粮油作物生长环境和大宗粮油作物生产形势，已经成为地球观测组织/全球农业监测计划（GeoGLAM）的主要组成部分。CropWatch以全球验证为精度保障，实现了独立的全球大范围的作物生产形势监测与分析，与欧盟的MARS及美国农业部的Crop Explorer系统并称为全球三大农情遥感监测系统，为联合国粮农组织农业市场信息系统（AMIS）提供粮油生产信息。

年报利用多源遥感数据，基于CropWatch对2016年度全球农业气象条件、全球农业主产区粮油作物种植与胁迫状况，以及全球粮食生产形势进行监测和分析，报告中的全球农气和农情、产量监测数据独立客观地反映了2016年全球不同国家和地区的大宗粮油作物生产状况。年报对增强全球粮油信息透明度，保障全球粮油贸易稳定与全球粮食安全具有重要参考价值。

年报基于2016年《全球农情遥感速报》四期季报撰写完成，季报通过纸质版和CropWatch网站（http://www.cropwatch.com.cn）发布，网站上还提供了大量详细的数据产品和方法介绍。

1.2　数据与方法概述

全球大宗粮油作物生产形势遥感监测所使用的遥感数据包括高分一号（GF-1）、中国环境与减灾监测预报小卫星星座（HJ-1）A、B星、资源一号（ZY-1）02C星、资源三号（ZY-3）、风云二号（FY-2）、风云三号（FY-3）气象卫星，以及美国对地观测计划系统（EOS）的TERRA/AQUA卫星、热带测雨卫星（TRMM）数据。分析过程所使用的参数包括归一化植被指数（NDVI）、气温、光合有效辐射（PAR）、降水、植被健康指数（VHI）、潜在生物量等，在此基础上采用农业气象指标、复种指数（CI）、耕地种植比例（CALF）、最佳植被状况指数（VCIx）、作物种植结构、时间序列聚类分析，以及NDVI过程监测等方法进行四种大宗粮油作物的生长环境评估、长势监测及生产与供应形势分析。附录1对以上各数据产品、方法及年报的监测期进行了定义与介绍。

1.3 监测期

除特别说明外，本年报的监测时间范围均为2016年1月～2017年1月。动态监测时将全年分为四个监测期（1～4月、4～7月、7～10月和10月至次年1月）；农业气象指标监测期分为2016年全年、2016年4～9月（北半球秋收作物生育期和南半球夏收作物生育期），以及2015年10月～2016年6月（北半球夏收作物生育期和南半球秋收作物生育期）三个时间段，监测时段的设置与南北半球作物物候期和主要生育期相对应。

遥感获取的农业气象指标（包括降水、气温和PAR）及VHI的历史监测时间范围为2001～2015年，距平对比分析采用的是2016年与2001～2015年的平均值进行比较。

考虑到农业活动对经济社会活动和其他限制指标（如环境胁迫）的动态响应和快速适应，农情遥感指标（包括潜在生物量、NDVI、CALF、VCIx及CI）的历史监测范围为2011～2015年，距平对比分析是将2016年的指标值与2011～2015年的平均值进行对比。

二、全球农业气象条件遥感监测

农业生态区是2016年年报全球农业气象条件分析的大尺度标准空间单元。本章基于全球65个农业生态区，重点分析农业环境指标异常的区域。每个农业气象指标都以农业生态区的作物种植区域为对象，统计2016年全年（2016年1～12月）、北半球夏收和南半球秋收作物生育期（2015年10月～2016年6月）与北半球秋收和南半球夏收作物生育期（2016年4～9月）的农业气象指标，并与2001～2015年同期平均值进行比较，计算每种指标在2016年的距平值。其中温度、降水和光合有效辐射是2016年与过去15年（2001～2015年）的平均值对比，潜在累积生物量是2016年与过去5年（2011～2015年）的平均值对比。

2016年全球生态环境遥感监测报告的农气条件监测时段见表2-1。下文将分别对2016年全年、北半球夏收和南半球秋收作物生育期、北半球秋收和南半球夏收作物生育期进行分析。

表2-1　全球生态环境遥感监测2016年度报告农气条件监测时段

2015年			2016年											
10月	11月	12月	1月	2月	3月	4月	5月	6月	7月	8月	9月	10月	11月	12月
			全年											
北半球夏收和南半球秋收作物生育期														
						北半球秋收和南半球夏收作物生育期								
					厄尔尼诺减弱期									
10月	11月	12月	1月	2月	3月	4月	5月	6月	7月	8月	9月	10月	11月	12月

5

2.1 2016年全年农业气象条件

2016年1~12月，全球不同区域之间的降水差异较大（图2-1），其中降水较过去15年平均水平偏少的地区覆盖非洲之角、北非地中海沿岸、非洲马达加斯加、南非西开普省、东北亚、欧洲地中海与土耳其、新西兰，降水量分别偏低22%、25%、17%、47%、22%、15%和50%。值得关注的是，雨养农业为主的非洲之角地区的潜在累积生物量偏低20%。

降水较过去15年平均水平偏高的区域包含美国大平原、不列颠哥伦比亚至科罗拉多地区、美国西南部至墨西哥北部高地、南美潘帕斯草原，降水量分别偏高43%、32%、20%和12%；非洲萨赫勒向东延伸至中国东部的广大地区也是降水距平的高值区，包括西亚、

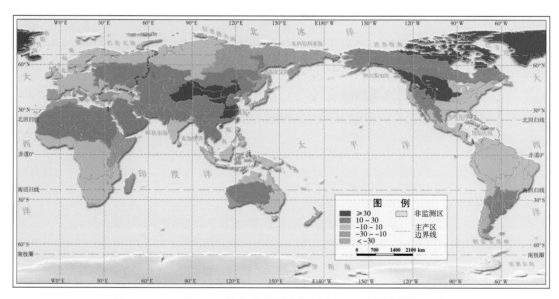

图2-1　2016年1~12月全球平均降水与过去15年同期距平（%）

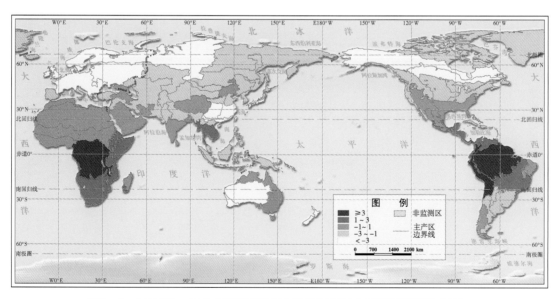

图2-2　2016年1~12月全球平均光合有效辐射与过去15年同期距平（%）

中国甘新区、长江中下游地区、内蒙古至长城沿线区、黄土高原区、印度的旁遮普至古吉拉特邦、中南半岛地区，降水较过去15年同期平均水平分别偏高21%、139%、40%、67%、31%、27%和12%。伴随着降水的增加，其云盖增多，导致上述地区光合有效辐射较往年偏低（图2-2）。

北美粮食主产区不仅降水增加显著，温度也呈现升高的趋势，其中大平原北部地区、美国玉米带、不列颠哥伦比亚至科罗拉多的温度较过去15年平均水平分别偏高1.2℃、0.6℃和0.7℃（图2-3）。受降水与温度的综合影响，美国大平原北部地区与美国西部地区、中国北部与东部地区、南美的潘帕斯地区潜在累积生物量高于过去5年平均水平（图2-4）。

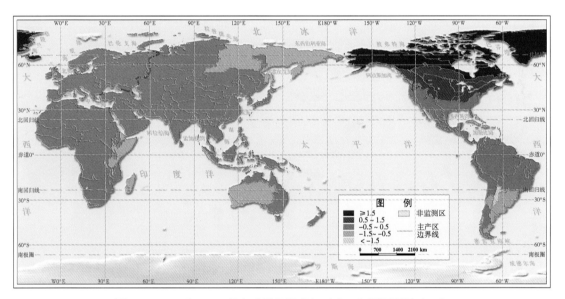

图2-3　2016年1～12月全球平均温度与过去15年同期距平（℃）

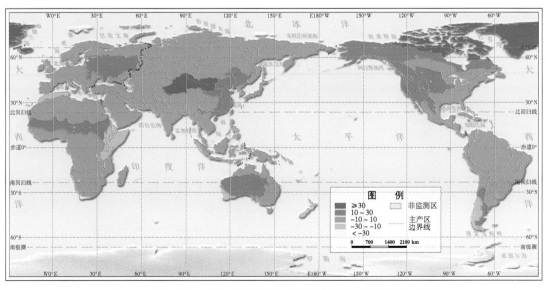

图2-4　2016年1～12月全球平均生物量与过去5年同期距平（%）

2.2 北半球夏收和南半球秋收作物生育期农业气象条件

2015年10月～2016年6月是北半球夏收和南半球秋收作物生育期，大部分地区光合有效辐射接近过去15年平均水平（图2-5）。

受厄尔尼诺影响，较多地区的降水异常偏多，北非-中亚-东亚等绵延上万千米的大片土地上降水显著偏高（图2-6）。其中，降水距平百分率最大的区域是蒙古南部地区，较过去15年偏高228%，温度偏高1.8℃，这非常有利于当地冬季作物与牧草的生长，其潜在累积生物量较往年偏高89%（图2-7）。降水显著偏高的地区还有墨西哥西南部及北部高

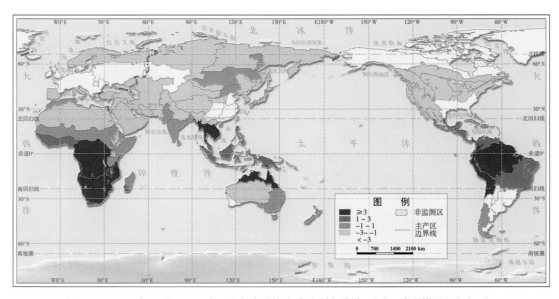

图2-5　2015年10月～2016年6月全球平均光合有效辐射与过去15年同期距平（%）

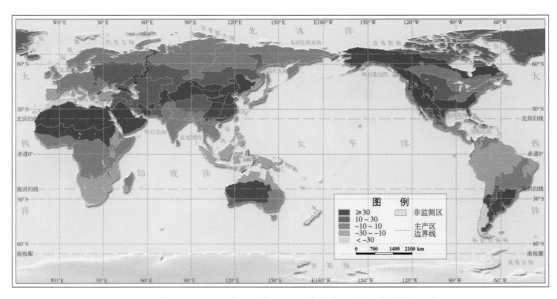

图2-6　2015年10月～2016年6月全球平均降水与过去15年同期距平（%）

原、北美北部地区、不列颠哥伦比亚至科罗拉多，分别偏高53%、40%和33%，其潜在累积生物量较往年分别偏高52%、24%和23%。

降水显著偏低的地区包括巴哥塔尼亚西部、新西兰、北非地中海、南非西开普，较过去15年分别偏低61%、56%、43%和39%，受降水匮乏影响，这些地区潜在累积生物量较过去15年平均水平分别偏低28%、36%、32%和24%。

温度偏高最为显著的地区发生在北美北部地区和美洲亚北极区，较过去15年分别偏高3.5℃和3.2℃。温度偏低显著的地区发生在阿根廷中北部、南锥半干旱地区、马达加斯加岛西南地区和潘帕斯草原，分别较过去15年偏低1.9℃、1.5℃、1.5℃和1.2℃（图2-8）。

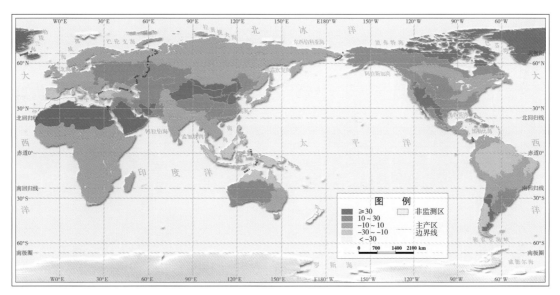

图2-7　2015年10月～2016年6月全球平均生物量与过去5年同期距平（%）

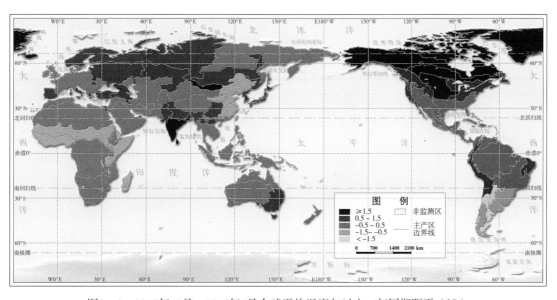

图2-8　2015年10月～2016年6月全球平均温度与过去15年同期距平（℃）

2.3 北半球秋收和南半球夏收作物生育期农业气象条件

2016年4～9月是北半球的秋收作物生育期，也是南半球夏收作物的生育期。

监测期内，北美温度显著高于过去15年平均水平，其中北美北部地区和美洲亚北极区温度均偏高1.8℃（图2-9）。欧洲地区温度也较往年有所偏高，其中，乌拉尔山脉至阿尔泰山脉、欧亚大陆北部和欧洲沿地中海地区温度分别偏高0.6℃、0.9℃和1.2℃。温度异常偏低的地区主要出现在阿根廷中北部、纳拉伯至达令河、马达加斯加岛西南地区、马达加斯加主岛和潘帕斯草原，温度分别偏低1.7℃、1.5℃、1.5℃、1.2℃和1.1℃。

降水异常增多的区域出现在蒙古南部和中国甘新区，降水偏高176%和138%（图2-10），其潜在累积生物量偏高40%和50%。同时，降水异常偏低的区域包含新西兰、马达加斯加岛西南地区、巴塔哥尼亚西部和巴西东北部，降水分别偏低59%、58%、54%和49%，其潜在累积生物量也有所偏低（图2-11、图2-12）。

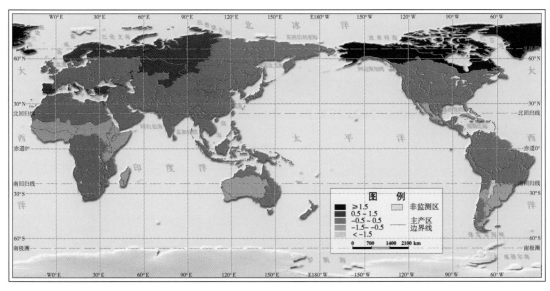

图2-9 2016年4～9月全球平均温度与过去15年同期距平（℃）

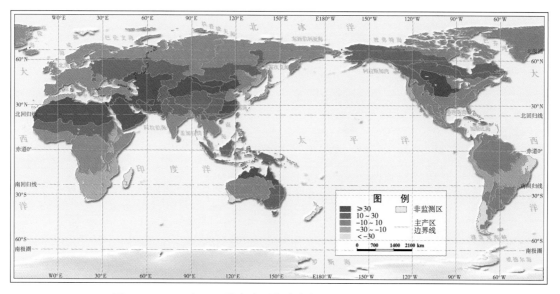

图2-10　2016年4～9月全球平均降水与过去15年同期距平（%）

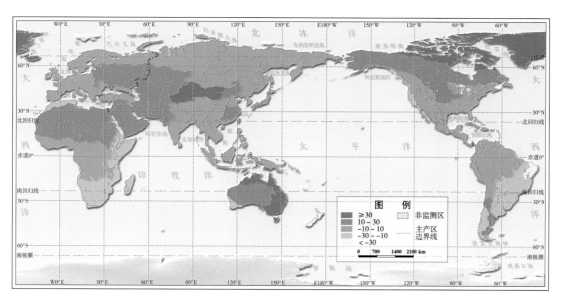

图2-11　2016年4～9月全球平均生物量与过去5年同期距平（%）

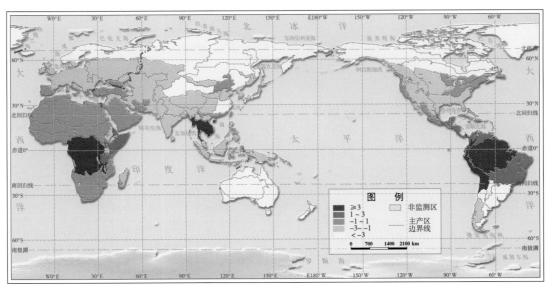

图2-12 2016年4～9月全球平均光合有效辐射与过去15年同期距平（%）

2.4 厄尔尼诺现象趋于稳定

图2-13显示了2016年1月～2017年1月澳大利亚气象局发布的南方涛动指数（SOI）的变化情况。SOI如果持续低于-7，意味着厄尔尼诺事件的发生，如果持续高于7，意味着典型的拉尼娜事件，位于-7～7，意味着处于正常状况。在本年报监测时间段内，SOI在2016年1月和2月为-19.7，在3月迅速上升至-4.7，进入4月又陡然减小至-22.0，SOI总体上处于低值区间，表明2016年第一季度有厄尔尼诺现象。随后，SOI从4月的-22.0迅速升高至5月的2.8，并且在6月和7月保持正值，表明厄尔尼诺在2016年的第二季度处于中性水平。SOI从7月开始，由4.2逐渐增加到8月的5.3，并迅速增加到9月的13.5，随后又迅速下降至10月的-4.3，表明厄尔尼诺在第三季度已趋于稳定。进入第四季度，SOI从10月开始由-4.3迅速增加至12月的2.6，之后在2017年1月略有下降至1.3，表明厄尔尼诺继续处于稳定状态。

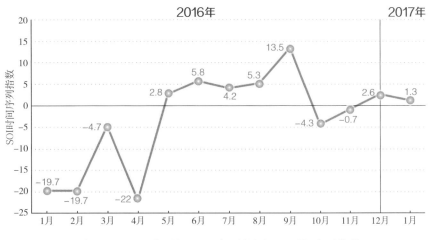

图2-13　2016年1月~2017年1月月度SOI时间序列指数
http://www.bom.gov.au/climate/current/soi2.shtml

　　美国国家海洋和大气局（NOAA）证实了热带太平洋中东部的海水表面温度低于平均水平，拉尼娜现象不再存在（图2-14），并且澳大利亚气象局和美国国家海洋和大气局均预测厄尔尼诺现象在2017年将保持稳定。

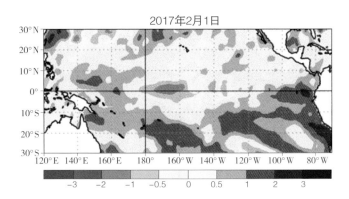

图2-14　2017年1月30日~2月5日周平均海水表面温度异常（℃，以1981~2010年周平均值为基准）
http://www.cpc.ncep.noaa.gov/products/analysis_monitoring/enso_advisory/

北京气候中心最优插值海表温度观测数据集（OISST）显示（图2-15），热带太平洋东部的海水表面温度持续偏低，预测该区域的海水表面温度直到2017年第3季度将有所升高，但仍保持平均水平。综合上述信息，厄尔尼诺在2017年将趋于稳定。

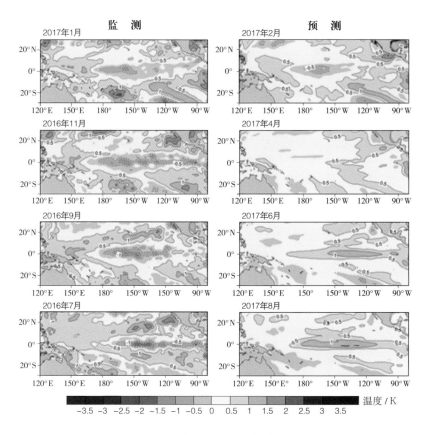

图2-15 热带太平洋海洋表面温度异常
http://cmdp.ncc-cma.net/

三、全球大宗粮油作物主产区
农情遥感监测

针对各大洲粮食主产区，综合利用农业气象条件指标和农情指标（最佳植被状况指数、种植耕地比例和复种指数）分析作物种植强度与胁迫在作物生育期内的变化特点，阐述与其相关的影响因子。

全球大宗粮油作物主产区分布如图3-1所示，包括非洲西部主产区、南美洲主产区、北美洲主产区、南亚与东南亚主产区、欧洲西部主产区、欧洲中部与俄罗斯西部主产区、澳大利亚南部主产区等全球七个洲际主产区，以及中国大宗粮油作物主产区。全球七个洲际农业主产区的筛选是基于全球各国的大宗粮油作物总产量，以及玉米、水稻、小麦和大豆四种作物种植面积的分布确定的，七个农业主产区覆盖了全球最重要的农业种植区。本章重点介绍全球七个洲际主产区的农情监测结果，中国大宗粮油作物主产区的分析详见报告第四章。

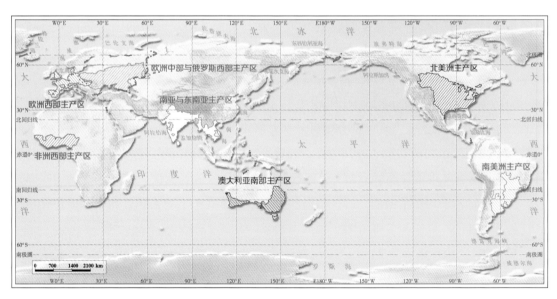

图3-1　全球七个洲际大宗粮油作物主产区

3.1 非洲西部主产区

非洲西部主产区全区年降水量总体较过去15年平均水平偏高5%，温度偏低0.5℃，而光合有效辐射与过去15年平均水平持平（表3－1）。受农气条件综合影响，主产区潜在生物量略微高于平均水平2%。该主产区主要作物生长季（4～9月）降水量为1146mm，较多年平均值偏高4%，平均温度和光合有效辐射分别偏低0.6℃和1%，适宜的农气条件使得主产区潜在生物量较平均水平偏高4%，特别是2016年7月以来降水的增加为作物的生长提供了水分保障。

表3－1　2016年非洲西部主产区的农业气象指标

时段	降水量		温度		光合有效辐射		潜在生物量
	当前值/mm	距平/%	当前值/℃	距平/℃	当前值/(MJ/m²)	距平/%	距平/%
4～9月	1146	4	27.2	−0.6	1586	−1	4
1～12月	1461	5	27.5	−0.5	3394	0	2
10月至次年6月	704	0	27.8	−0.8	2679	1	−1

2016年1～4月主产区大部分区域处于农田休闲阶段，1～2月正值2015年晚季作物的收获期，3～4月最南部地区开始种植玉米和水稻。该监测时段降水和光合有效辐射略高于多年平均水平1%，同期温度偏低0.5℃。降水显著高于平均水平的国家包括尼日利亚（12%），多哥（15%）和贝宁（40%），为这些国家作物的播种和初期生长提供了水分保障。

2016年4～7月主产区降水与往年相比偏低6%，同期温度和光合有效辐射分别低于多年平均值0.3℃和1%。主产区大部分地区1～6月降水与平均水平基本持平，7月开始降水逐渐增加。而主产区内的加纳（−16%）、冈比亚（−12%）、科特迪瓦（−26%）、喀麦隆（−10%）和几内亚比绍（−25%）等国家降水较往年显著偏低，受降水影响这些国家的潜在生物量较平均水平偏低。最佳植被状况指数整体高于平均水平，高值区主要分布在尼日利亚、加纳、贝宁和多哥（图3－2）。

2016年7～10月是主产区的玉米、高粱、谷子和红薯等作物的收获季节。该监测时段主产区降水比多年平均偏高11%，而温度和光合有效辐射接近于平均水平，潜在累积生物量略高于平均水平。主产区西部的国家降水在1000～1500mm，偏高区域集中在塞拉利昂（11%）到几内亚（18%）区域。主产区中部和东部地区（从科特迪瓦到尼日利亚）降水高于平均值4%（贝宁）～14%（多哥）。全区最佳植被状况指数平均为0.93，表明该监测时段全区作物长势普遍偏好。

2016年10月～2017年1月为第二季玉米、水稻和谷类的生长末期或收获期，该监测时段降水比平均水平偏高6%，平均温度偏低0.1℃，光合有效辐射接近于平均水平，潜在生物量略微偏高1%，平稳的农气条件有利于作物的收获。该监测时段内具有较高的最佳植被状况指数（0.90），以及比平均值偏高5%的耕地种植比例。

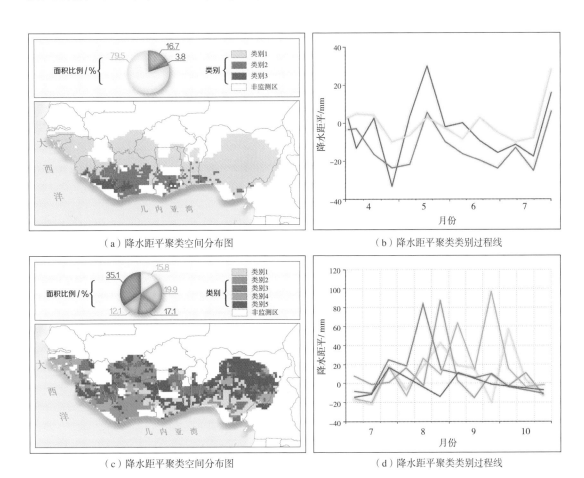

（a）降水距平聚类空间分布图　　　　　　（b）降水距平聚类类别过程线

（c）降水距平聚类空间分布图　　　　　　（d）降水距平聚类类别过程线

图3-2　非洲西部主产区降水距平聚类空间分布及相应的聚类类别过程线
（a）和（b）时间段为2016年4～7月，（c）和（d）时间段为2016年7～10月

主产区的复种指数为127%（表3-2），略低于过去5年平均水平。如图3-3所示，复种指数监测结果表明两季作物集中在南部区域（科特迪瓦至尼日利亚），块根和块茎类作物是该区域种植的主要粮食作物，部分地区种植双季玉米。高粱和谷子是主产区北部半干旱区域主要种植作物，水稻是主产区西部地区的主要种植作物。

表3-2　2016年1月～2017年1月非洲西部主产区的农情指标

时段	耕地种植比例		最佳植被状况指数	复种指数	
	当前值/%	距平/%	当前值	当前值/%	距平/%
1～4月	72	0	0.73		
4～7月	89	0	0.78	127	-1
7～10月	97	1	0.93		
10月至次年1月	99	5	0.90		

图3-3　非洲西部主产区2016年复种指数

2016年非洲西部主产区耕地种植比例接近或略偏高于过去5年平均水平，其中10月至次年1月耕地种植比例较平均水平偏高5%。受益于7～8月全区大范围的降水，主产区内耕地种植比例在监测第三季度偏高平均值1%，第二季度北部较差的作物长势得以恢复，主产区内作物长势总体良好（图3-4）。

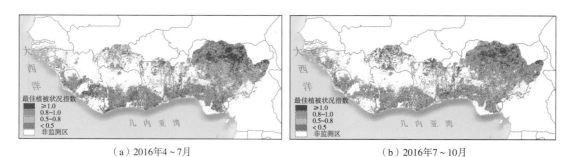

（a）2016年4～7月　　　　　　　　　　　　　（b）2016年7～10月

图3-4　非洲西部主产区最佳植被状况指数分布

3.2 南美洲主产区

2016年南美洲主产区农业气象条件总体正常。全年降水量为1586mm，较过去15年平均降水量略偏高3%，但年内旬降水量变化有明显的年际差异（图3-5），2016年5月上旬降水量总体高于平均水平，但5月中旬之后降水量总体偏低，仅7月中旬、8月中旬和10月中旬降水超过同时段平均水平。主产区全年平均气温21.2℃，较过去15年年平均气温偏低0.8℃，自4月下旬起，旬平均气温总体低于平均值，全年旬平均气温最低值出现在6月中旬，为14.5℃，冬季气温总体温和，利于冬季作物越冬。全年光合有效辐射处于平均水平，适宜的降水和光合有效辐射有利于生物量累积，但全年偏低0.8℃的气温在一定程度上阻碍了生物量的累积，导致全年累积生物量偏低3%（表3-3）。

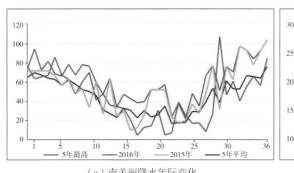

（a）南美洲降水年际变化

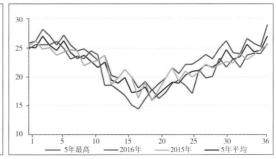

（b）南美洲气温年际变化

图3-5　南美洲主产区旬降水量和平均气温变化

表3-3　2016年南美洲主产区的农业气象指标

时段	降水量		温度		光合有效辐射		潜在生物量
	当前值/mm	距平/%	当前值/℃	距平/℃	当前值/（MJ/m²）	距平/%	距平/%
4～9月	456	-3	18.5	-0.8	1279	-1	-15
1～12月	1586	3	21.2	-0.8	3148	0	-3
10月至次年6月	1593	21	22.1	-0.7	2366	-4	6

2015年10～2016年6月为南美洲主产区玉米、大豆等大宗作物的主要生育期。该时段降水显著偏高21%，尽管气温偏低0.7℃，光合有效辐射偏低4%，显著偏高的降水主导了主产区农气条件，导致该时段潜在生物量较过去5年平均水平偏高6%。2016年4～9月为南美洲的冬季，降水量为456mm，偏低3%，同时气温偏低0.8℃，光合有效辐射偏低1%，综合导致主产区潜在生物量偏低15%。但该时段秋收作物已经完成收获，冬小麦处于播种和生长早期，作物需水量较少，农业气象条件对冬小麦生长发育影响有限。

南美洲主产区农气条件的复杂性不仅表现在时间过程的变化，空间差异也同样显著。2016年1～4月，主要存在两个较为明显的异常：①最显著的异常状况当属4月阿根廷境内的圣菲省、恩特雷里奥斯省，以及巴西南里奥格兰德州最南部的过量降水。降水距平聚类图及相应的类别曲线显示（图3－6）该地区4月中旬降水较平均水平偏多250mm以上。农情指标监测结果显示，过多的降水并未对作物生长产生不利影响，但由于降水发生时段接近作物成熟期，且降水过多导致耕地土壤泥泞，妨碍了大豆、玉米的成熟与收割。②另外一个农气条件异常状况发生在主产区的最北部，包括马托格罗索、戈亚斯、米纳斯吉拉斯及圣保罗等州，降水距平聚类图及相应的类别曲线清晰地反映出1～4月降水持续低于平均水平；该区域植被健康指数最小值低于0.15，表明该区域发生农业旱情。相应地，潜在生物量较平均水平偏低20%以上，最佳植被状况指数监测结果同样反映出马托格罗索东部和圣保罗州作物长势低于平均水平。与此相反，主产区内阿根廷境内农气条件良好，潜在生物量高于平均水平，最佳植被状况指数值较巴西境内偏高。该时段主产区耕地种植比例较过去5年平均水平偏高1%（表3－4）。

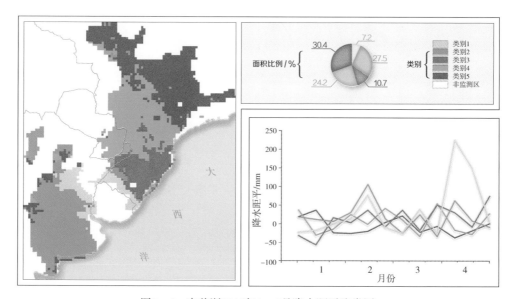

图3－6　南美洲2016年1～4月降水距平聚类图

表3－4　2016年1月～2017年1月南美洲主产区的农情指标

时段	耕地种植比例		最佳植被状况指数	复种指数	
	当前值/%	距平/%	当前值	当前值/%	距平/%
1～4月	90	1	0.73		
4～7月	92	-4	0.69	169	1
7～10月	91	3	0.79		
10月至次年1月	96	0	0.66		

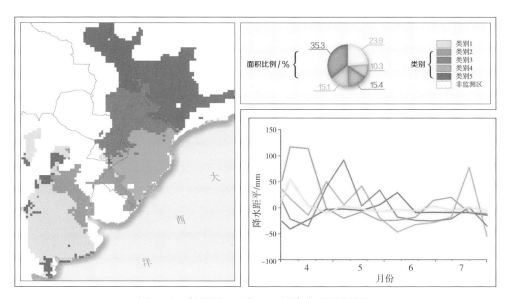

2016年4～7月降水距平聚类同样显示出主产区不同地区的巨大差异（图3-7）。其中，巴拉那州、圣卡塔琳娜州和南里奥格兰德州7月中旬降水量较平均水平偏多50mm，马托格罗索州4月下旬降水量偏多近100mm；而戈亚斯州、马托格罗索州和米纳斯吉拉斯州降水显著偏少，伴随着偏高气温的双重影响，该地区最小植被健康状况指数低于0.35，表明这些地区发生旱情。主产区最佳植被状况指数为0.69，圣路易斯省、科尔多瓦省和拉潘帕省的最佳植被状况指数值相对较低（图3-8）。然而，VCIx低值区与最小植被健康指数显示旱情发生区域并不一致，表明较低的VCIx并非由旱情所致，阿根廷大面积土地VCIx较低的主要原因是该时段处于冬歇期。主产区耕地种植比例较高，达到92%，但仍比过去5年平均水平偏低约4%。大部分未种植耕地分布在阿根廷的科尔多瓦省南部、圣菲省南部，以及小麦主要产区之一的布宜诺斯艾利斯省西北部。

图3-7 南美洲2016年4～7月降水距平聚类图

2016年7～10月涵盖了南美洲主产区冬季作物的生长季，该时段内不同地区农气条件相近，总体呈现出8月和10月降水偏多，且7～10月每月中旬气温偏高的态势。然而，相似的农业气象条件并未形成相同的长势分布状况，其中，阿根廷最佳植被状况指数普遍高于巴西，主要得益于前一监测期（雨季）显著偏多的降水（厄尔尼诺现象导致）；偏低的VCIx主要出现在布宜诺斯艾利斯省南部、南里奥格兰德州和巴拉那州，该地区降水普遍低于平均水平。这些区域恰恰对应最小植被健康状况指数的低值区，表明该地区的降水稀少导致了农业旱情的发生。潘帕斯平原及南里奥格兰德州潜在生物量偏低的地区并未表现出较低的最小植被健康指数，说明该地区未发生农业旱情，间接证明该地区前一监测期充足的降水显著地改善了土壤墒情，为这一期作物生长提供了水分保障（图3-9）。

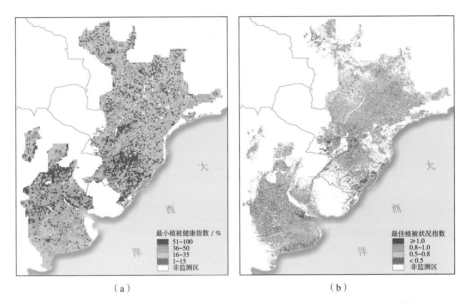

（a）　　　　　　　　　　　　　　（b）

图3-8　南美洲2016年4～7月最小植被健康指数（a）和最佳植被状况指数（b）

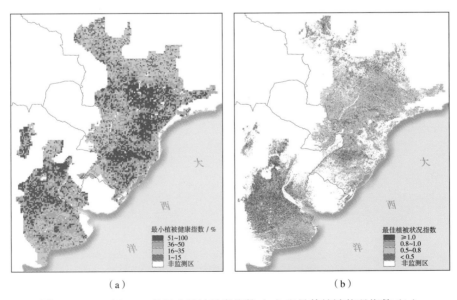

（a）　　　　　　　　　　　　　　（b）

图3-9　2016年7～10月最小植被健康指数（a）和最佳植被状况指数（b）

2016年10月～2017年1月，主产区农气条件总体正常，但降水时空差异显著，其中阿根廷中部和北部，以及巴西的南里奥格兰德州在2016年12月～2017年1月的降水较平均水平偏高，同时段内，潘帕斯平原及巴西南部沿海地区温度偏高。最佳植被状况指数结果显示主产区阿根廷境内作物生长状况较巴西境内偏差，主要原因是阿根廷布宜诺斯艾利斯省东北部地区和科尔多瓦省的洪涝灾害，以及布宜诺斯艾利斯省南部的旱情，潜在生物量距平图也进一步证实不利的农气条件使得相应的区域作物长势偏差（图3－10、图3－11）。

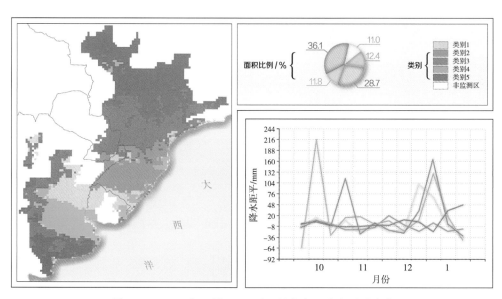

图3－10　2016年10月～2017年1月主产区降水距平聚类

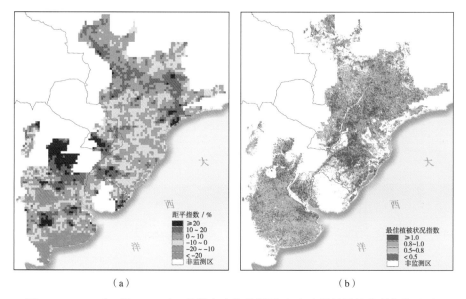

（a）　　　　　　　　　　　　　（b）

图3－11　2016年1月～2017年1月潜在生物量距平（a）和最佳植被状况指数（b）

总体上，2016年南美洲主产区农业气象条件正常，局部地区的旱情、洪涝等气象灾害对主产区粮食生产产生影响较小，全年作物长势良好。

3.3 北美洲主产区

2016年，北美洲粮食主产区的农业气象条件好于过去15年平均水平，全年降水量偏多13%，温度偏高0.7℃，光合有效辐射偏低2%（表3-5）。就北美粮食主产区的农业气象条件的年内变化而言，尽管局部地区曾发生洪涝、旱情与火灾，但温暖湿润的天气始终占据主导地位，为该地区农作物的生长创造了良好条件。

表3-5　2016年北美洲主产区的农业气象指标

时段	降水量		温度		光合有效辐射		潜在生物量
	当前值/mm	距平/%	当前值/℃	距平/℃	当前值/（MJ/m²）	距平/%	距平/%
4~9月	702	19	20.3	−0.2	1837	−2	13
1~12月	1164	13	13.2	0.7	2784	−2	11
10月至次年6月	903	23	10.2	1.3	1875	−3	17

北美洲夏收作物生育期内，降水量为903mm，与过去15年相比偏高23%，温度10.2℃，显著偏高1.3℃（表3-5）。在冬小麦的主要产区——大平原中部与南部地区，2016年1~4月降水显著偏高75%，且伴随着明显的增温现象，为该地区冬小麦的生长创造了良好条件；2016年4~7月，美国北达科他州、南达科他州、内布拉斯加州、堪萨斯州、俄克拉何马州和得克萨斯州的降水较过去15年分别偏高55%、40%、38%、56%、40%和45%，其中得克萨斯地区因强降水发生较为严重的洪涝灾害。

2016年1~4月，加拿大大草原地区的降水偏少状况并未明显改观，艾伯塔省较过去15年同期平均水平偏少15%；2016年5月初，在加拿大艾伯塔省北部石油重镇——麦克默里堡市，发生严重的森林火灾，干燥的气候加剧了林火灾害的破坏程度；但是幸运的是，进入5月之后，加拿大大草原的降水状况大为改观，艾伯塔省、马尼托巴省、萨斯喀彻温省的降水较平均水平分别偏高16%、23%与10%，彻底缓解了2015年以来的旱情（图3-12）。

图3-12　2016年4~7月的最小植被健康指数

温暖湿润的农业气象条件有利于作物的播种与生长，2016年1～4月，该地区耕地种植比例为67%，较过去5年偏高5%；4～7月，耕地种植比例达到95%，较过去5年偏高1%；同时，最佳植被状况指数监测表明，在夏收作物生长与收获最关键的4～7月，VCIx高达0.91，加拿大大草原南部地区和美国玉米带的局部地区的VCIx处于历史最高值，作物长势喜人，佐证了作物良好的生长形势（表3-6）。在美国的玉米带，降水呈分化现象，南部的威斯康星州、印第安纳州、伊利诺伊州与艾奥瓦州的降水分别偏高7%、4%、10%与13%，但在东部与北部的俄亥俄州、密歇根州的降水量分别偏低22%与27%，作物水分胁迫影响了作物的生长。

表3-6　2016年1月～2017年1月北美洲主产区的农情指标

时段	耕地种植比例		最佳植被状况指数	复种指数	
	当前值/%	距平/%	当前值	当前值/%	距平/%
1～4月	67	5	0.76		
4～7月	95	1	0.91	128	4
7～10月	94	3	0.92		
10月至次年1月	70	11	0.92		

北美洲秋收作物生育期内（2016年4～9月），降水量为702mm，与过去15年相比偏高19%，温度为20.3℃，偏低0.2℃（表3-5）。2016年夏秋之际，北美粮食主产区降水尤为充沛，降水高值区从美国高地平原扩展至整个粮食主产区，充足的降水和适宜的温度，为玉米、大豆、春小麦、水稻等的生长创造了十分有利的条件。2016年7～10月，美国玉米带、大平原北部地区、不列颠哥伦比亚至科罗拉多、西海岸地区的降水分别偏高19%、97%、41%和45%。9月中旬之后，该区域温度较过去15年平均水平偏高，为大宗作物的收割创造了有利条件。

尽管大多数区域风调雨顺，但在加拿大东部玉米主产区，7～9月，安大略省与魁北克省的降水较过去15年平均水平略微偏少5%与4%，多伦多至渥太华之间的玉米种植区遭遇中度甚至重度旱情，对该区域玉米生长产生了不利影响。7～10月，该地区的VCIx高达0.92（图3-13），其中加拿大大草原三大粮食主产省的南部地区、美国大平原地区、美国玉米带的部分区域VCIx甚至超过1，表明作物长势处于5年来的最佳水平，与2015年同期相比，2016年作物生长状况偏好（图3-13）。

良好的农业气象条件也显著增强了耕地的利用，2016年北美粮食主产区复种指数为128%（表3-6、图3-14），与过去5年同期平均水平相比，显著增加4%。良好的农业气象条件，也显著增强了2017年夏收作物种植的热情，2016年10月～2017年1月该地区耕地种植的比例为70%，较过去5年平均水平显著偏高11%，与此同时，该时段内作物生长状况也维持在较高水平，VCIx值高达0.92。但在2016年12月～2017年1月，该地区遭遇两次强暴风雪，温度剧降9℃。主产区南部棉花带到墨西哥贝尔区的降水较往年同期平均水平偏低8%，而VCIx空间分布结果表明密西西比河下游地区的作物长势较差，尤其是阿肯色，受降水显著偏低20%的影响，较低的植被健康指数最小值表明该地区发生明显旱情。

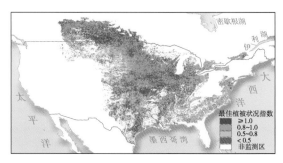

图3-13　北美洲粮食主产区2016年7～10月的最佳植被状况指数空间分布

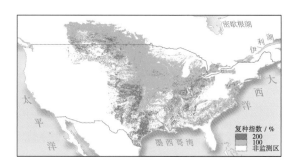

图3-14　2016年北美洲粮食主产区复种指数空间分布

3.4　南亚与东南亚主产区

　　就2016年整体而言，南亚与东南亚农业主产区（不包括东南亚诸岛）农业气象条件总体高于多年平均水平。主产区主要种植水稻、小麦和玉米等作物，其中水稻遍布整个主产区，而小麦和玉米主要分布在印度和缅甸；主产区的作物种植以一年一熟制和两熟制为主，而三熟制主要分布在印度西孟加拉邦、越南的红河三角洲和湄公河三角洲地区（图3-15）。全年主产区平均复种指数为157%，较近5年平均水平偏低6%（表3-7）；2016年耕地种植比例总体低于过去5年平均水平。全年不同时段的监测结果显示，仅1～4月的主产区耕地种植比例较过去5年平均水平偏高3%，而2016年4～7月受洪灾的影响，未种植耕地面积最大，达到主产区耕地面积的30%，未种植耕地零散分布在印度（CALF偏低12%）、缅甸（CALF偏低2%）、柬埔寨（CALF偏低7%）等地区。

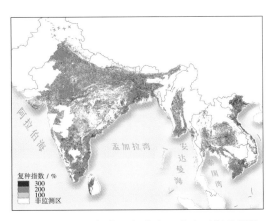

图3-15　2016年南亚与东南亚主产区复种指数

表3-7　2016年1月～2017年1月南亚与东南亚主产区的农情指标

时段	耕地种植比例		最佳植被状况指数	复种指数	
	当前值/%	距平/%	当前值	当前值/%	距平/%
1～4月	80	3	0.68		
4～7月	70	−8	0.69	157	−6
7～10月	95	0	0.93		
10月至次年1月	93	−1	0.91		

2016年1～4月与4～7月期间，主产区平均最佳植被状况指数分别为0.68与0.69，较低的最佳植被状况指数区域（<0.5）主要分布在印度的拉贾斯坦邦、哈里亚纳邦、卡纳塔克邦、安得拉邦和西孟加拉邦西部，泰国的中部、柬埔寨，以及缅甸的部分区域。7～10月与2016年10月～2017年1月，虽然印度、缅甸、孟加拉国、越南和泰国发生了严重的洪涝灾害，但主产区整体最佳植被状况指数呈现先减后增的态势，表明作物长势总体良好（图3-16）。

与过去15年平均水平相比，2016年全年降水量偏高11%，温度偏低0.1℃，光合有效辐射略微偏低1%（表3-8），主产区大部分地区作物长势高于平均水平。4～9月为主产区的雨季，同过去15年平均水平相比，降水增加了12%，温度偏低0.3℃，光合有效辐射偏低2%；受印度洋过多的季风雨影响，主产区部分作物种植区域发生了洪涝灾害，洪灾影响的国家主要包括印度、孟加拉国、泰国、越南以及缅甸。但受益于生长季内良好的气温条件，整个主产区作物生长状况总体较过去5年平均水平偏高3%。可能受到厄尔尼诺的影响，在越南部分区域，以及印度的泰米尔纳德邦、卡纳塔克邦、喀拉拉邦、奥里萨邦和旁遮普邦在主要生长季节内降水较多年平均偏少，导致作物生长受到水分胁迫的影响，生长状况较差，最佳植被状况指数较低（小于0.5）。

27

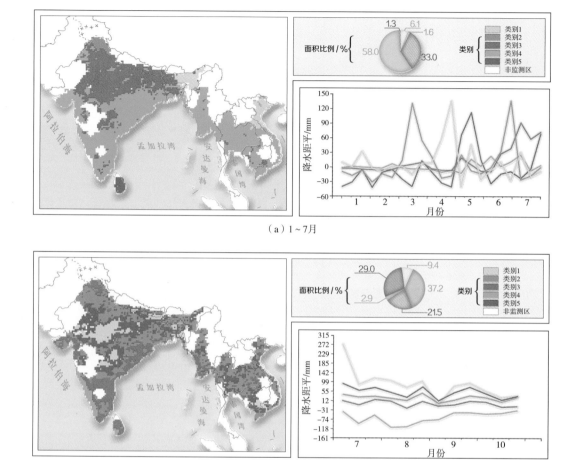

（a）1～7月

（b）7～10月

图3-16　2016年1～7月（a）和7～10月（b）南亚与东南亚降水量距平聚类空间分布及相应的过程线

表3-8　2016年南亚与东南亚主产区的农业气象指标

时段	降水量		温度		光合有效辐射		潜在生物量
	当前值/mm	距平/%	当前值/℃	距平/℃	当前值/(MJ/m²)	距平/%	距平/%
4～9月	1492	12	28.8	-0.3	1585	-2	1
1～12月	1759	11	26.1	-0.1	3150	-1	0
10月至次年6月	725	5	25.8	0.2	2491	1	-5

3.5　欧洲西部主产区

　　欧洲西部农业主产区全年农业气象条件总体略高于多年平均水平。全年降水量为717mm，较多年平均降水量偏低9%；平均气温为10.7℃，较多年平均气温偏低0.3℃；光合有效辐射较多年平均水平偏低4%。夏收作物生长季内（2015年10月～2016年6月），受适宜的温度与降水量处于正常水平的影响，潜在生物量偏高5%。秋收作物生长季内（4～

9月），虽然较多年平均水平，温度偏高0.4℃，但受光合有效辐射偏低3%，降水量偏低8%的影响，潜在生物量偏低5%（表3-9）。

表3-9 2016年欧洲西部主产区的农业气象指标

时段	降水量		温度		光合有效辐射		潜在生物量
	当前值/mm	距平/%	当前值/℃	距平/℃	当前值/(MJ/m²)	距平/%	距平/%
4～9月	373	-8	16.0	0.4	1604	-3	-5
1～12月	717	-9	10.7	-0.3	2164	-4	-1
10月至次年6月	589	0	8.8	0.0	1375	-6	5

与过去15年平均水平相比，欧洲西部主产区年内降水量、平均气温聚类及类别过程线均反映出主产区内的农气条件时空分布差异较大（图3-17、图3-18）。其中，1～4月，除了1月上旬的奥地利、斯洛伐克、匈牙利的大部分地区与法国的东南部，2月下旬至3月中旬的法国、德国、捷克、奥地利、斯洛伐克、匈牙利与西班牙的大部分地区，以及1月下旬、2月下旬至4月下旬的意大利北部降水量低于往年平均水平外，欧洲西部主产区降水量总体比过去15年平均水平偏高12%；温度上升0.4℃，光合有效辐射总量偏低7%。较好的农业气象条件有利于夏收作物的生长与收秋作物的播种；德国与法国2016年的作物生长过程线（图3-19）也反映了该期间作物生长状况略好于平均水平。4～7月，欧洲西部主产区降水量总体比过去15年平均水平偏高5%，但在4月中旬至6月中旬的西班牙大部分区域、法国西南部地区，以及4月意大利北部地区降水偏低，6月中旬除西班牙与法国西南部地区外，主产区大部分区域降水量均低于平均水平；温度略高于平均水平（偏高0.1℃），光合有效辐射总量偏低5%；在该监测期的前半段，充足的降水与适宜的温度条件有利于夏收作物的生长，但受6月中旬水分胁迫的影响，作物总体长势开始出现了下降趋势。7～10月，主产区降水量相比过去15年平均水平偏低25%，同时8月热浪横扫整个主产区，德国、法国、意大利、比利时、奥地利、瑞士等地经历了"烧烤模式"，尤其是7～8月中旬西班牙部分地区温度逼近40℃，创下了历史最高纪录。降水短缺与高温不利于秋粮作物生长后期的发育与成熟；最佳植被状况指数为0.81（图3-20）。

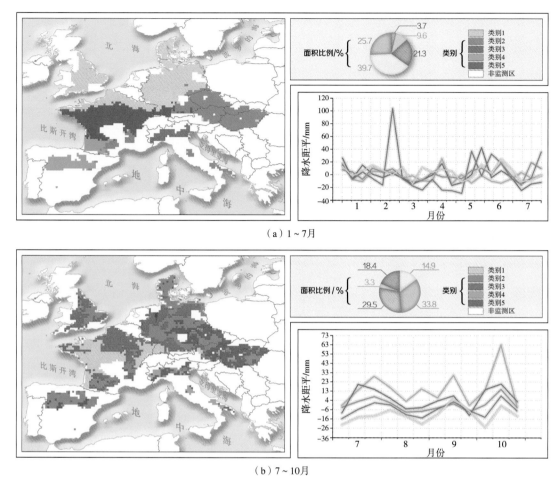

（a）1~7月

（b）7~10月

图3-17　2016年1~7月（a）和7~10月（b）欧洲西部降水量距平聚类空间分布及相应的过程线

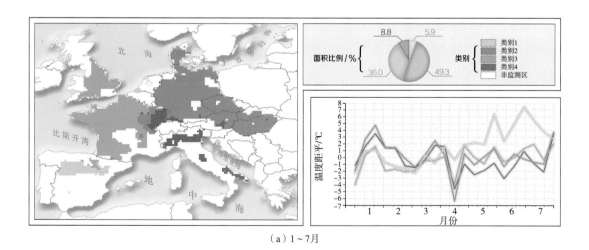

（a）1~7月

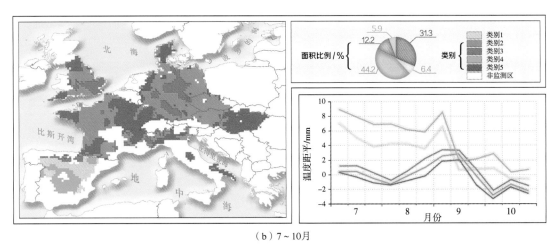

（b）7～10月

图3－18　2016年1～7月（a）和7～10月（b）欧洲西部温度距平聚类空间分布及相应的过程线

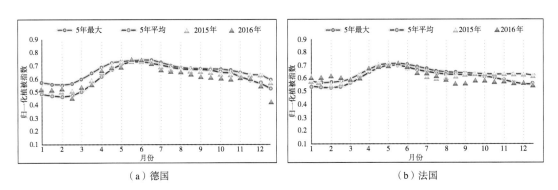

（a）德国　　　　　　　　　　　　　　　　　（b）法国

图3－19　欧洲西部主产区部分国家作物生长过程线

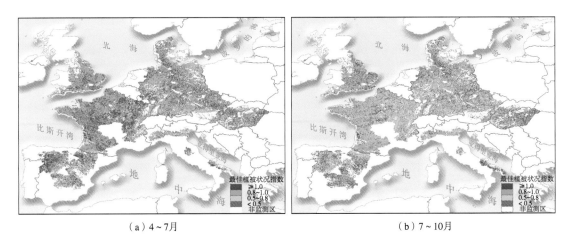

（a）4～7月　　　　　　　　　　　　　　　　　（b）7～10月

图3－20　欧洲西部主产区最佳植被状况指数

31

主产区主要种植冬小麦、冬大麦、夏玉米、甜菜等作物。受秋收作物播种期水分胁迫以及低于平均气温的影响（10月上旬），仅2016年10月～2017年1月耕地种植比例总体低于过去5年平均水平，未种植耕地达到主产区耕地面积的12%，该期间未种植耕地主要集中分布在意大利的东南部与西班牙境内，该区域主要种植的是夏收作物（大麦、小麦），5月底收获后直至10月底一直是休闲阶段；全年其他不同时间段监测结果显示，除4～7月主产区耕地种植比例较过去5年平均水平偏高1%外，1～4月与7～10月的主产区耕地种植比例与过去5年平均水平持平（表3-10）。

主产区平均复种指数为115%，较过去5年平均水平偏低10%（表3-10），其中，英国的西部与西南部、法国的西部与东部、德国西北部，以及东南部部分地区主要种植一年两熟作物，其余地区多种植一年一熟作物（图3-21）。

表3-10 2016年1月～2017年1月欧洲西部主产区的农情指标

时段	耕地种植比例		最佳植被状况指数	复种指数	
	当前值/%	距平/%	当前值	当前值/%	距平/%
1～4月	93	0	0.79		
4～7月	97	1	0.91	115	-10
7～10月	91	0	0.81		
10月至次年1月	88	-2	0.81		

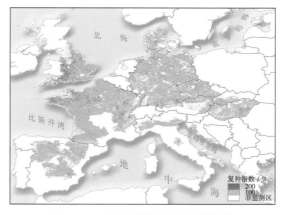

图3-21 欧洲西部主产区复种指数

3.6 欧洲中部与俄罗斯西部主产区

2016年欧洲中部与俄罗斯西部主产区作物长势总体良好。2016年全年主产区的降水量为726mm，较平均水平偏高15%，年平均温度（7.7℃）较多年平均气温偏高0.1℃，而光合有效辐射较多年平均水平偏低4%，2016年整个主产区的温热多雨的气候为作物生长提供了良好的温湿环境。2015年10月～2016年6月及2016年4～9月的两个主要作物生长期潜在生物量分别较平均水平偏高15%和6%，进一步综合反映了良好的农业气象条件（表3-11）。

表3-11 2016年欧洲中部和俄罗斯西部主产区的农业气象指标

时段	降水量		温度		光合有效辐射		潜在生物量
	当前值/mm	距平/%	当前值/℃	距平/℃	当前值/(MJ/m²)	距平/%	距平/%
4～9月	376	6	6.5	0.1	1559	−2	9
1～12月	726	15	7.7	0.1	2000	−4	17
10月至次年6月	540	20	5.1	1.1	1273	−4	15

根据2016年主产区降水量和平均气温聚类分析图和聚类类别曲线（图3-22），主产区内的温度和降水条件在时空分布上存在一定差异。2016年1月中旬至2月，整个主产区经历了高温天气，其中俄罗斯西南部的大部分地区气温较平均水平偏高达9.0℃。俄罗斯西南部和乌克兰东北部从2月起降水量高于多年平均水平，在5月降水达到峰值。2015年10月～2016年6月，主产区的降水量相比于多年同期水平，增加了20%之多。2016年7～10月，主产区的大部分地区降水充足，而在7月和9月，主产区的温度异常偏低，最冷的地区是地处俄罗斯境内的阿迪格共和国，温度较平均水平偏低1.8℃。10月以后，秋季作物大部分已经收割，冬季作物正处于生长期，主产区依然维持了良好的水分条件，但主产区的大部分地区气温均处于平均水平以下，这对冬季作物生长不利。

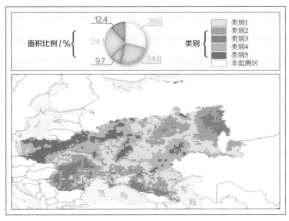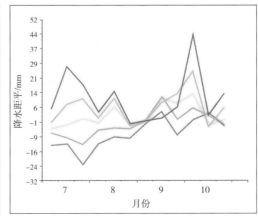

（a）2016年7～10月降水距平

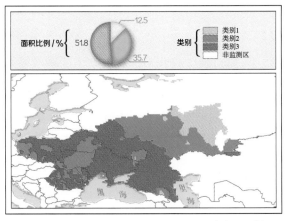 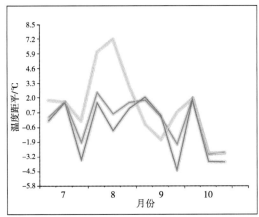

（b）2016年7～10月温度距平

图3-22　欧洲中部与俄罗斯西部2016年7～10月降水与温度距平

受全年适宜的农气条件影响，主产区全年的潜在生物量相比于多年平均水平偏高了
17%。4～7月，受东南部地区良好的水分条件影响，该地区大部分像元的最佳植被状况指
数均大于1（图3-23），同时潜在累积生物量较过去5年平均水平偏高20%以上。同往年
相比，主产区的耕地种植比例基本维持在一个稳定的水平，未种植耕地主要集中分布在俄
罗斯靠近哈萨克斯坦的边境地区（图3-24）。10月至次年1月，受持续低温天气的影响，
在乌克兰中部、俄罗斯的克拉斯诺亚尔斯克和车里雅宾斯克等部分区域的最佳植被状况指
数低于0.5，反映了较差的作物长势水平。主产区基本采用单季种植的模式，平均复种指
数为101%（表3-12）。

表3-12　2016年欧洲中部与俄罗斯西部主产区的农情指标

时段	耕地种植比例		最佳植被状况指数	复种指数	
	当前值/%	距平/%	当前值	当前值/%	距平/%
1～4月	89	-1	0.75		
4～7月	100	1	0.94	101	-2
7～10月	98	3	0.89		
10月至次年1月	74	2	0.79		

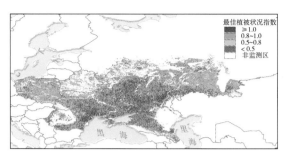

图3－23　欧洲中部与俄罗斯西部2016年4～7月最佳植被状况指数

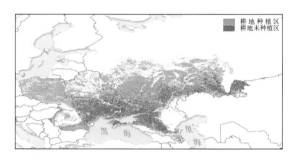

图3－24　欧洲中部与俄罗斯西部2016年10月～2017年1月耕地利用状况

3.7　澳大利亚南部主产区

2016年全年，澳大利亚南部主产区的农业气象条件总体处于平均水平，气温、光合有效辐射和降水均保持基本稳定，潜在生物量仅偏多3%。其中，2016年4～9月，澳大利亚南部降水偏高13%，充沛的降水和适宜的温度使得潜在生物量偏多23%（表3－13）。

表3－13　2016年澳大利亚南部主产区的农业气象指标

时段	降水量		温度		光合有效辐射		潜在生物量
	当前值/mm	距平/%	当前值/℃	距平/℃	当前值/(MJ/m²)	距平/%	距平/%
4～9月	288	13	13.0	0.0	1061	−8	23
1～12月	565	−5	17.0	−0.2	3180	−3	3
10月至次年6月	456	−3	19.5	0.5	2631	−1	−5

澳大利亚南部在2016年1～4月时段内作物长势总体低于平均水平，该监测时段并非澳大利亚主要作物小麦和大麦的生育期，其最佳植被状况指数仅为0.46。与过去5年平均水平相比，其耕地种植比例偏低7%（表3－14）。

表3—14　2016年澳大利亚南部主产区的农情指标

时段	耕地种植比例		最佳植被状况指数	复种指数	
	当前值/%	距平/%	当前值	当前值/%	距平/%
1～4月	34	−7	0.46		
4～7月	94	4	0.92	103	−4
7～10月	97	13	1.00		
10月至次年1月	87	40	0.70		

　　2016年4～7月，基于NDVI的作物生长过程线（图3-25），澳大利亚南部作物长势总体呈现好于平均水平的态势。最佳植被状况指数达到0.92，耕地种植比例偏高4%，意味着冬季作物增产趋势显著。

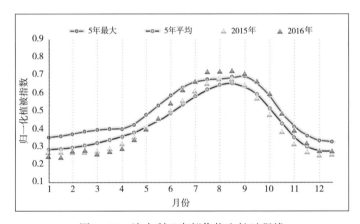

图3-25　澳大利亚南部作物生长过程线

　　西澳大利亚的最佳植被状况指数高于1.0，作物长势喜人，该地区NDVI距平聚类空间分布和相应的类别过程线同样呈现好于平均水平的态势。尽管受厄尔尼诺现象的影响，西澳大利亚降水偏少26%，气温偏高2.0℃，光合有效辐射偏低7%，但灌溉有效弥补了降水的不足。澳大利亚南部部分地区7月作物长势较过去5年平均水平偏差（图3-26）。

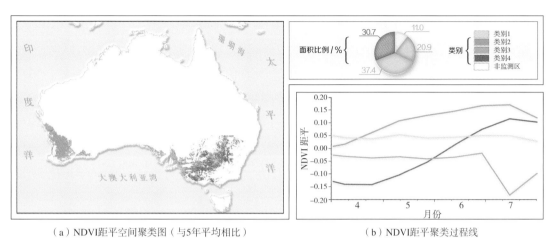

（a）NDVI距平空间聚类图（与5年平均相比） （b）NDVI距平聚类过程线

图3－26　2016年4～7月澳大利亚作物长势

2016年7～10月，本期监测时段为澳大利亚南部冬小麦和大麦的主要生长季，与过去5年平均水平相比，澳大利亚南部作物长势依然喜人。农业气象条件总体上处于平均水平（降水偏少1.5%，温度偏低0.5℃），但太阳辐射降幅明显（光合有效辐射偏低7%）。NDVI距平聚类空间分布图及相应的类别过程线显示（图3－27），新南威尔士州、维多利亚州大部、南澳大利亚州和西澳大利亚州（覆盖耕地面积84%）的冬小麦和大麦在整个监测期内长势均高于平均水平，最佳植被状况指数位于0.8以上，部分地区VCIx大于1，表明作物长势峰值超过去5年最优水平。而在维多利亚州南部、南澳大利亚州东南部、西澳大利亚州南部和西部沿海地区地区（占耕地面积16%），其作物长势略低于平均水平。上述分析与基于NDVI的澳大利亚作物生长过程曲线图相一致：澳大利亚冬小麦和大麦长势喜人，7月和8月超过了过去5年最佳水平，9月和10月处于过去5年最佳水平。

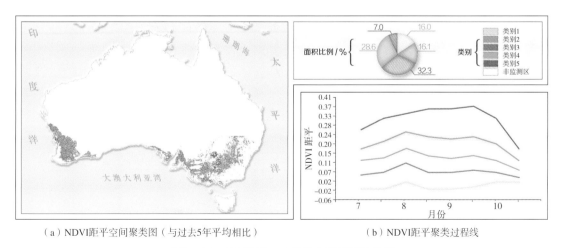

（a）NDVI距平空间聚类图（与过去5年平均相比） （b）NDVI距平聚类过程线

图3－27　2016年7～10月澳大利亚作物长势

 澳大利亚南部2016年10月～2017年1月作物长势总体高于平均水平，本时段覆盖冬季作物收获和夏季作物播种季节。尽管降水整体低于平均水平（新南威尔士偏少19%；维多利亚偏少25%；西澳大利亚偏少10%），当地有效的灌溉弥补了降水的不足。NDVI过程线也反映在绝大部分种植区内作物长势高于平均水平的态势，12月和1月仅在新南威尔士州中部和东北部（占种植区11.1%）作物长势低于平均水平。澳大利亚南部农业区本期最佳植被状况指数平均值为0.7。与过去5年平均水平相比，耕地种植比例偏高40%（图3-28）。预计澳大利亚南部2016～2017年小麦产量与2015～2016年相比，增加24.3%。

（a）最佳植被状况指数

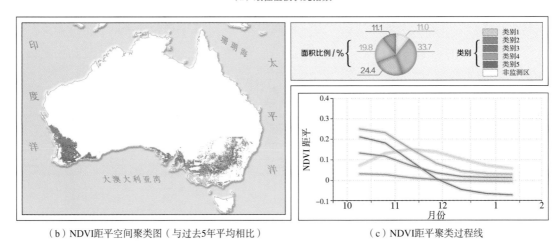

（b）NDVI距平空间聚类图（与过去5年平均相比）　　（c）NDVI距平聚类过程线

图3-28　2016年10月～2017年1月澳大利亚作物长势

3.8　小结

非洲西部主产区：2016年该主产区全年农业气象条件适宜，潜在生物量较平均水平偏高2%。主产区全区耕地利用强度接近或略偏高于过去5年平均水平，其中10月至次年1月耕地种植比例较平均水平高5个百分点。复种指数较过去5年平均水平略偏低1%。受益于有利的农气条件，特别是充足的降水保障，玉米、高粱、谷子、第二季玉米、水稻和木薯等主要作物长势总体良好。

南美洲主产区：2016年该主产区农业气象条件正常，局部地区的旱情、洪涝等气象灾害对主产区粮食生产的影响较小，全年作物长势良好。主产区内耕地利用强度整体较过去5年平均水平略偏高，2016年7~10月耕地种植比例比过去5年平均水平高3%。全年复种指数达到169%，较过去5年平均水平增加1%。

北美主产区：2016年该主产区温暖湿润的天气为该地区农作物的生长创造了良好条件，局部地区发生的洪涝、旱情与火灾对全区作物生长影响较小，全区作物长势整体良好。主产区复种指数为128%，较过去5年平均水平增加4%，同时耕地种植比例较过去5年平均水平偏高。良好的农业气象条件增强了2017年夏收作物种植的热情，2016年10月~2017年1月耕地种植的比例较过去5年平均水平显著偏高11%。

南亚与东南亚主产区：2016年受益于生长季内良好的气温条件，整个主产区作物生长状况总体较过去5年平均水平偏高3%。主产区平均复种指数为157%，较近五年平均水平偏低6%。受印度洋过多的季风雨影响，主产区印度、孟加拉国、泰国、越南，以及缅甸等国家部分作物种植区域发生了洪涝灾害，对局部作物生长产生不利的影响；受到厄尔尼诺的影响，在越南和印度局部区域受降水偏少的影响导致作物生长状况较差。

欧洲西部主产区：2016年该区全年农业气象条件总体略高于多年平均水平，夏收作物生长季内气象条件适宜，作物长势整体良好，而秋收作物生长季内受到降水严重短缺，以及8月横扫整个主产区的热浪双重影响，作物长势总体较差。耕地种植比例总体低于过去5年平均水平。主产区以种植一年一熟作物为主，全年平均复种指数为115%，较过去5年平均水平显著偏低10%。

欧洲中部与俄罗斯西部主产区：2016年该区受全年适宜的农气条件影响，主产区全年的潜在生物量相比于多年平均水平偏高了17%。全年温热多雨的气候为作物生长提供了良好的温湿环境，主产区作物长势总体良好。主产区的耕地种植比例略微高于平均水平，未种植耕地主要集中分布在俄罗斯靠近哈萨克斯坦的边境地区。主产区基本采用单季种植的模式，平均复种指数为101%，较近5年平均水平偏低2%。

澳大利亚南部主产区：2016年该区全年农业气象条件总体处于平均水平，7~10月是冬小麦和大麦的主要生长季，全区最佳植被状况指数平均达到1.0，耕地种植比例偏高13%，良好的作物长势以及较高的耕地利用强度，使得冬小麦和大麦长势喜人，预计2016~2017年小麦产量与2015~2016年相比增加24.3%。

四、中国大宗粮油作物主产区
农情遥感监测

针对中国粮食主产区，综合利用农业气象条件指标和农情指标（最佳植被状况指数、耕地种植比例和复种指数）分析作物种植强度与胁迫在作物生育期内的变化特点，阐述与其相关的影响因子。

中国大宗粮油作物主产区的确定参考了孙颌主编的《中国农业自然资源与区域发展》以及国家测绘局编制的《中华人民共和国地图（农业区划版）》，选用其中覆盖中国主要粮油作物产区的七个农业分区作为分析单元（图4-1），包括东北区、内蒙古及长城沿线区、黄淮海区、黄土高原区、长江中下游区、西南区和华南区，上述区域大宗粮油作物产量占中国同类作物产量的80%以上。

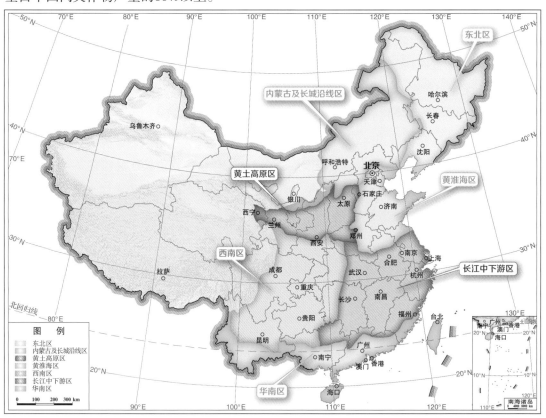

图4-1 中国大宗粮油作物主产区监测范围

本章主要针对作物长势开展详细分析，通过使用归一化植被指数距平聚类分析、作物生长过程线、最佳植被状况指数、耕地种植比例和生物量距平等指标对中国大宗粮油作物主产区作物长势进行逐一分析。

4.1 中国作物长势

4.1.1 中国夏粮作物长势总体向好

2015年越冬期内，适宜的农气条件使得夏粮作物顺利越冬。其中，平均气温高于平均水平，有利于提高冬季作物越冬存活率。虽然在2015年11月下旬和2016年1月中旬侵袭整个中国的极端低温对夏粮作物的生长产生了一定影响，但越冬期内充足的降水为返青后的小麦生长提供了水分保障。

越冬期之后，冬小麦生长期内（2016年1～4月），主产省份的降水充足、长势良好，河北、山东、河南、安徽、江苏等产区小麦种植面积大，部分田块长势旺盛。由于降水充足，东北地区土壤墒情较好，有助于春小麦、大豆和玉米的播种与出苗。重庆和湖南的降水偏高，较差的作物长势很可能受到持续降水的不利影响。

2016年1～4月，农业旱情遥感监测结果（图4-2）显示，四川东部、河南东北部、山东西南部和江苏中部遭受水分胁迫；而在其他地区，水分充足，有利于作物播种和生长，但过量的降水也引发了局部地区的洪涝灾害。贵州北部和广西中部的植被健康状况明显好于其他区域。

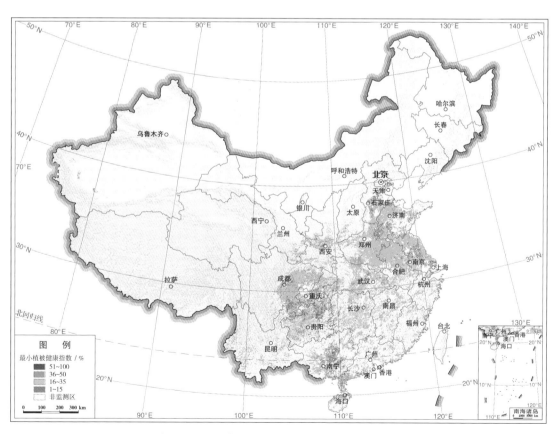

图4-2 2016年1～4月中国植被健康指数最小值

　　2016年1～4月，最佳植被状况指数遥感监测结果（图4-3）显示，高值较为集中的区域主要处在河北东部和山东北部，夏粮作物长势好；低值区集中分布于甘肃中部和东北部、山西中南部和河北南部，VCIx低于0.5，表明该地区夏粮作物长势较差。

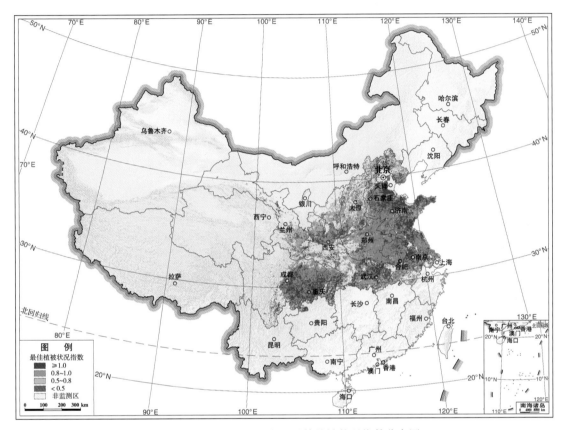

图4-3　2016年1～4月中国最佳植被状况指数分布图

　　2016年5月上旬，中国作物长势总体好于过去5年平均水平（图4-4）。冬小麦处于开花至乳熟期；春小麦处于分蘖至拔节期。得益于适宜的土壤墒情，小麦长势总体良好，河北大部、山东西部、安徽和江苏的中北部地区长势偏好，但仍有部分地区长势较差。受病虫害影响，河南南部地区、湖北中南部地区以及湖南北部地区冬小麦长势低于平均水平。早稻处于分蘖至拔节期；一季稻处于三叶至移栽期。水稻长势总体处于平均水平。得益于适宜的温度与充足的降水，四川东南部、重庆南部、贵州大部，以及广西中部地区的作物长势略好于平均水平。中国北方春玉米处于出苗至三叶期；南方春玉米处于拔节期。春玉米长势总体处于过去5年平均水平。东北地区将持续出现晴好天气，对该地区春玉米出苗和生长有利。

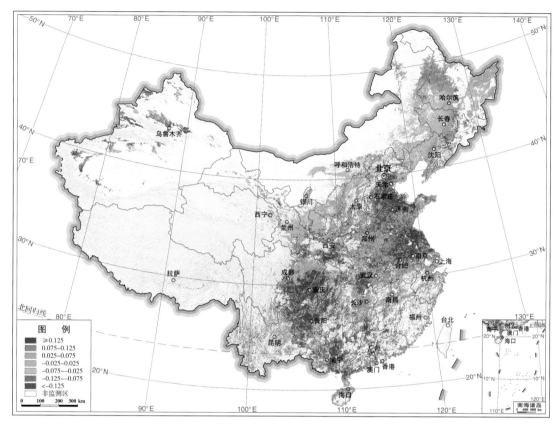

图4-4 2016年5月上旬中国作物长势

此外，4月中下旬至5月初，中国冬麦区大部气温接近或略高于常年平均水平，特别是黄淮海北部、华北南部和西南大部麦区偏高0.5～1.0℃，西南地区东部、黄淮海及长江中下游流域降水偏多、温度适宜，为该地区蚜虫等虫害的发生繁衍及白粉病、纹枯病等流行病害的扩散蔓延提供了有利的环境条件。

4.1.2 中国秋粮作物长势同比略好

在秋粮作物（玉米、大豆）的播种期内，农气条件良好。中国西南区的作物长势好于平均，主要得益于区内降水充足且时空匹配良好，而温度略偏低，并未产生较大影响。中国大部分地区没有发生水分胁迫，但部分粮食主产省份的局部地区，如云南西南部、宁夏中部和内蒙古东部等地则可能遭受干旱侵袭。

2016年7～10月，最佳植被状况指数分布（图4-5）显示，中国西南地区和东北地区的最佳植被状况指数较其他主产区相对偏高，最佳植被状况指数低值区主要分布于黄土高原区、华中和华南区，尤其是在宁夏中部和甘肃东部地区。东北地区虽然农业气象指数处于平均水平，但作物长势却好于平均水平。

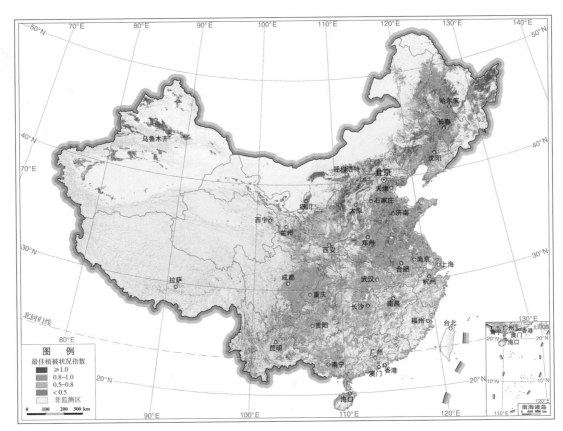

图4-5　2016年7～10月中国最佳植被状况指数分布图

　　利用2016年9月上旬的遥感数据对中国秋粮作物长势开展监测（图4-6）。水稻产区内，一季稻处于抽穗至乳熟期，晚稻处于拔节至抽穗期。水稻长势总体上低于过去5年平均水平，但略好于2015年同期水平。西南区秋粮作物长势喜忧参半，云南大部、四川中南部、贵州中北部均好于去年同期，但云南南部和东南部、四川东部和重庆中南部的部分地区长势低于去年同期。玉米产区内，春玉米与夏玉米处于乳熟至成熟期，长势总体上处于平均水平。其中，黄淮海区与黄土高原区玉米作物长势略微偏差。河南西南部由于降水持续偏少作物长势低于平均水平及去年同期水平；内蒙古东北部和黑龙江西部受阴雨寡照天气影响，作物长势较去年偏差。大豆产区内，大部分作物处于鼓粒期，长势处于平均水平，但较去年同期水平偏差。受低光照天气影响，东北区西部大豆长势显著低于去年水平。

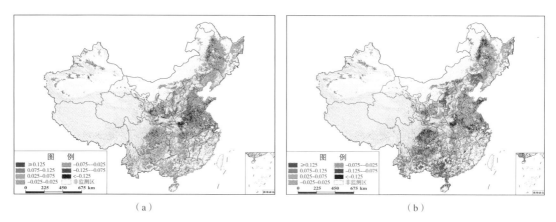

图4-6　2016年9月上旬中国作物长势（a）为与过去5年平均相比，（b）为与2015年同期对比

2016年9月中下旬中国水稻主产区病虫害总体呈偏重发生态势，华南双季晚稻处于孕穗、抽穗期，西南及长江中下游单季晚稻大部分处于抽穗、灌浆期。9月中下旬，受今年第14号台风"莫兰蒂"的影响，黄淮海、华南及长江中下游稻区出现特大暴雨，稻田湿度高，为稻飞虱和稻纵卷叶螟的回迁，以及纹枯病菌的扩散蔓延提供了有利条件。稻飞虱在中国累计发生面积约2.2亿亩，稻纵卷叶螟在中国累计发生面积1.5亿亩，而水稻纹枯病在中国累计发生面积2亿亩。图4-7～图4-9和表4-1～表4-3分别展示了2016年9月中下旬中国水稻主产区纹枯病、稻飞虱及稻纵卷叶螟的空间发生情况及面积分布。

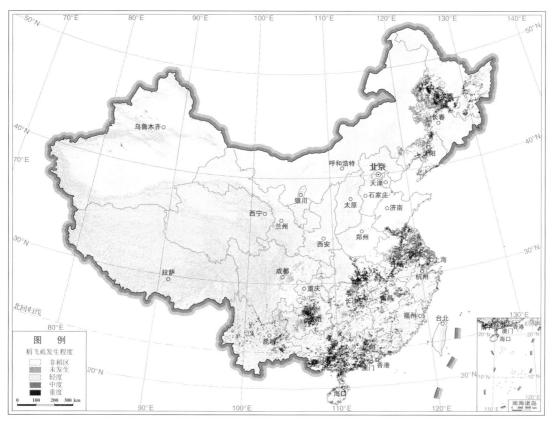

图4-7　2016年9月中下旬中国水稻主产区稻飞虱发生状况分布图

表4-1　2016年9月中下旬中国水稻主产区稻飞虱发生情况统计表

水稻主产区	虫害面积比例/%			总发生面积/万亩
	轻度	中度	重度	
黄淮海区	30	32	38	1964
内蒙古及长城沿线区	38	37	25	262
黄土高原区	25	58	17	86
长江中下游区	29	27	44	11086
东北区	35	30	35	4408
华南区	27	23	50	2842
西南区	24	26	50	4915

注：百丛虫量（Y，头）$Y \leqslant 700$为轻度，$700 < Y \leqslant 1200$为中度，$Y > 1200$为重度。

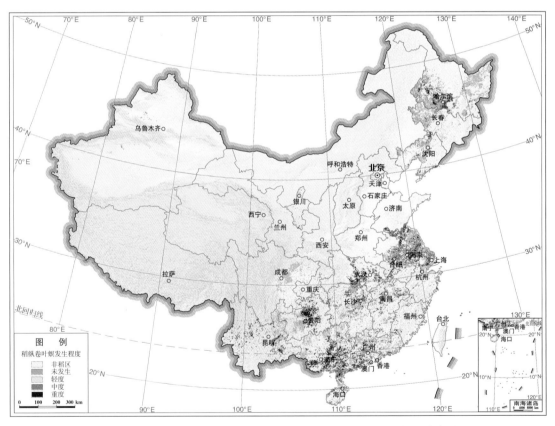

图4-8　2016年9月中下旬中国水稻主产区稻纵卷叶螟发生状况分布图

表4—2 2016年9月中下旬中国水稻主产区稻纵卷叶螟发生情况统计表

水稻主产区	虫害面积比例/%			总发生面积/万亩
	轻度	中度	重度	
黄淮海区	25	37	38	1528
内蒙古及长城沿线区	34	43	23	153
黄土高原区	22	59	19	68
长江中下游区	26	35	39	8812
东北区	33	39	28	2491
华南区	25	30	45	2402
西南区	22	28	50	4337

注：卷叶率（Y_1，%），虫量（Y_2，万头/亩），轻度：$Y_1 \leq 5$，$Y_2 \leq 2$；中度：$5 < Y_1 \leq 10$，$2 < Y_2 \leq 4$；重度：$Y_1 > 10$，$Y_2 > 4$。

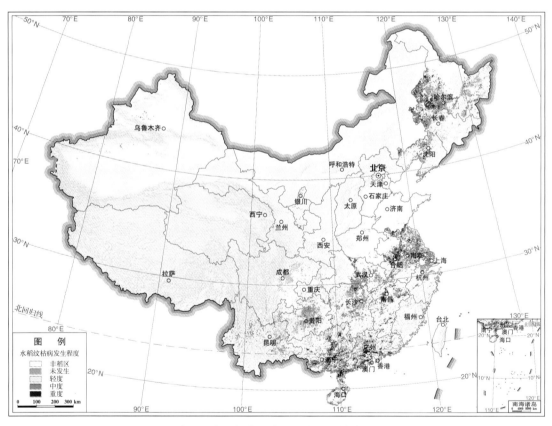

图4-9 2016年9月中下旬中国水稻主产区纹枯病发生状况分布图

表4-3　2016年9月中下旬中国水稻主产区纹枯病发生情况统计表

水稻主产区	病害面积比例/%			总发生面积/万亩
	轻度	中度	重度	
黄淮海区	27	32	41	1673
内蒙古及长城沿线区	18	36	46	240
黄土高原区	27	54	19	79
长江中下游区	26	31	43	9523
东北区	27	31	42	3513
华南区	25	28	47	2436
西南区	35	47	18	3686

注：发生面积占水稻种植比（Y，%），轻度：$Y \leqslant 30$，中度：$30 < Y \leqslant 50$，重度：$Y > 50$。

4.2　东北区

2016年全年，中国东北地区农业气象条件较好。农业气象监测结果显示，2016年东北地区降水充沛，1～12月降水较往年增加19%，但阴雨天气导致光合有效辐射、温度较过去15年平均水平略有降低。其中，全年温度降低约0.3℃，而光合有效辐射降低约3%。从全年来看，良好的水分条件使作物生长季潜在生物量累积增加15%（表4-4）。

表4-4　2016年中国东北区农业气象指标

时段	降水量		温度		光合有效辐射		潜在生物量
	当前值/mm	距平/%	当前值/℃	距平/℃	当前值/(MJ/m²)	距平/%	距平/%
4～9月	535	1	16.6	-0.3	1620	-4	2
1～12月	774	19	4.1	-0.3	2498	-3	15
10月至次年6月	429	40	-1.5	-0.8	1733	-3	24

2016年4月中旬之前，东北区没有作物生长，但水分条件较好。而作物生长旺季4～9月，该区降水处于正常水平，降水量与平均水平基本持平。但春季作物生长前期累积充沛的土壤水分保证了夏季作物的长势良好。从而引起潜在生物量累积增加。但6～7月，辽宁西部、吉林西部及黑龙江省西南部小兴安岭地区发生小范围干旱，作物长势受到影响。而干旱影响一直延续到10月作物收获。

总体来看，东北地区2016年作物长势处于或接近平均水平（图4-10），此外最佳植被状况指数（0.87）从侧面反映了作物良好生长的趋势（表4-5）。局部小范围的受旱并未影响大部分耕作区作物生长。图4-11、图4-12中可以明确看出该趋势。8月的NDVI过程线显示，22%左右的耕地范围（小兴安岭地区）自5月中旬开始，长势低于平均；而11

月监测的农作物长势结果显示，低于平均的长势一直持续到10月中下旬作物收获。总体而言，东北地区作物产量较往年更高。

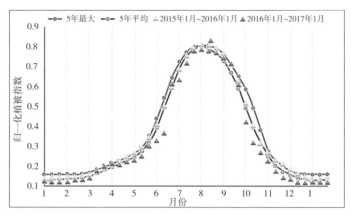

图4-10　东北区作物生长过程线（2016年1月～2017年1月）

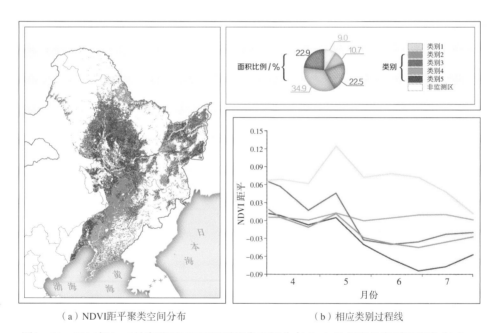

（a）NDVI距平聚类空间分布　　　　　（b）相应类别过程线

图4-11　2016年4～7月东北区NDVI距平聚类空间分布（a）及相应的类别过程线（b）

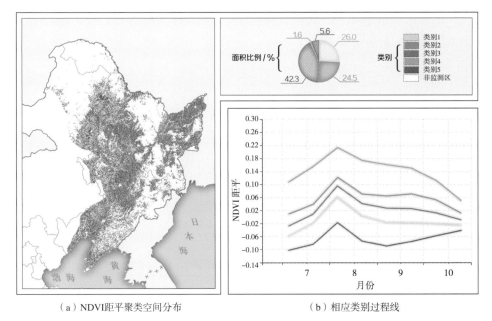

（a）NDVI距平聚类空间分布　　　　　　（b）相应类别过程线

图4－12　2016年7～10月东北区NDVI距平聚类空间分布（a）及相应的类别过程线（b）

表4－5　2016年中国东北区农情指标

时段	耕地种植比例	最佳植被状况指数	复种指数	
	距平/%	当前值	当前值/%	距平/%
1～4月	—	—		
4～7月	0	0.87	101	−1
7～10月	0	0.98		
10月至次年1月	—	0.70		

4.3　内蒙古及长城沿线区

　　2016年，内蒙古及长城沿线区农业气象条件总体较好。与过去15年平均水平相比，全年降水量偏多67%，全年平均气温偏低0.1℃，光合有效辐射稍低于过去15年平均水平，为农作物生长提供了充足的水分和温度条件，潜在生物量偏高29%（表4－6）。但是降水区域内分布不均衡，导致内蒙古东部和东北部、宁夏中部、陕西北部等地区农作物生长受到水分胁迫，发生旱情。

表4-6 2016年中国内蒙古及长城沿线区农业气象指标

时段	降水量		温度		光合有效辐射		潜在生物量
	当前值/mm	距平/%	当前值/℃	距平/℃	当前值/(MJ/m²)	距平/%	距平/%
4～9月	593	48	16.7	-0.2	1813	-1	14
1～12月	776	67	5.5	-0.1	2813	-1	29
10月至次年6月	390	85	0.1	-0.9	1971	0	46

2016年1～4月，耕地种植比例很低（表4-7），由于该区域天气寒冷，几乎没有作物生长，但充足的降水有利于随后春季作物的播种和生长。4～5月初，春季作物处于播种和生长初期，基于NDVI的作物生长过程线显示（图4-13），作物平稳生长。然而，5月部分地区降水明显偏少，干旱天气状况对农作物生长产生不利影响，约29%的耕地上作物长势低于平均水平（图4-14），潜在生物量也显著低于平均水平（图4-15（b））。NDVI距平聚类和相应的过程线同样显示出5月之后逐渐转差的作物长势，至7月末，植被指数总体接近过去5年平均水平，但在吉林西部、内蒙古中东部、宁夏中部、山西和陕西北部地区作物最佳植被状况指数仍小于0.5（图4-15（a）），偏低的潜在生物量也证实了该地区作物长势较差（图4-15（b））。至8月中旬，局地降水亏缺影响作物生长，NDVI距平聚类图和NDVI距平类别过程线可以佐证，约有7%的耕地上作物长势低于平均水平。7月底内蒙古及长城沿线区玉米主产区黏虫发生面积比例为4%，大斑病发生面积比例为8%；水稻主产区稻飞虱发生面积比例为35%，稻纵卷叶螟发生面积比例为19%。

表4-7 2016年中国内蒙古及长城沿线区农情指标

时段	耕地种植比例	最佳植被状况指数	复种指数	
	距平/%	当前值	当前值/%	距平/%
1～4月	—	—		
4～7月	-1	0.88	102	0
7～10月	3	0.91		
10月至次年1月	—	0.6		

全球大宗粮油作物生产形势

51

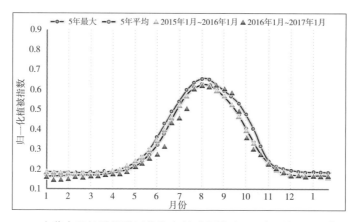

图4-13　内蒙古及长城沿线区作物生长过程线（2016年1月～2017年1月）

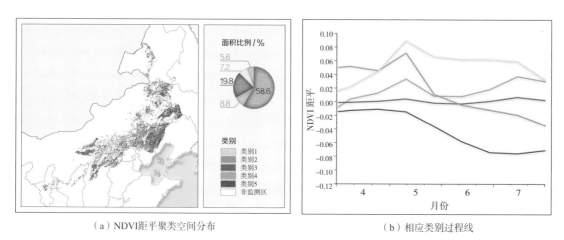

（a）NDVI距平聚类空间分布　　　　　　　（b）相应类别过程线

图4-14　2016年4～7月内蒙古及长城沿线区NDVI距平聚类空间分布（a）及相应的类别过程线（b）

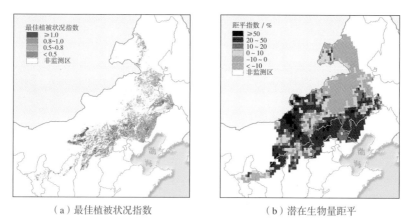

（a）最佳植被状况指数　　　　　　　　（b）潜在生物量距平

图4-15　2016年4～7月内蒙古及长城沿线区最佳植被状况指数（a）及潜在生物量距平（b）

随后，作物快速生长，从8月末至9月中旬，长势达到并超过过去5年最佳水平。但是降水来得太迟，在作物关键期的旱情对长势和单产有很大的影响。另9月中下旬内蒙古及长城沿线区水稻主产区稻飞虱发生面积比例为60%，稻纵卷叶螟发生面积比例为35%，纹枯病发生面积比例为55%。9月末后，由于作物处于成熟和收获期，偏差的长势对作物影响较小，强降水对作物的收割影响有限。10月后，该区秋收作物已收割，随后气温逐渐降低，没有作物生长，11月以来多次降雪和降雨过程为2017年春耕作物提供了充足的水分条件。然而，由于大部分地区温度高于平均水平，这可能会导致土壤储备的水分过早消耗，可能会影响春季作物种植和早期生长。

结合最新的遥感数据，估算结果显示，与去年相比，内蒙古和陕西的秋粮作物（玉米和大豆）单产均有不同程度的降低。

4.4 黄淮海区

2016年，黄淮海区农业气象条件总体略高于平均水平，有利于作物生长和产量形成。与过去15年平均水平相比，全区2016年全年降水量偏高13%，气温较平均水平偏高0.1℃，光合有效辐射偏低3%（表4-8），全年农业气象条件总体高于平均水平，有利于区域内作物的生长，直接促使全区潜在生物量同比增加16%。冬小麦生育期内（2015年10月～2016年6月），气象条件持续良好，降水量较平均水平偏高41%，气温偏低0.8℃。其中冬小麦越冬后返青期内（2016年1～4月）降水量较平均水平偏高23%，气温偏高0.5℃。充足的降水及温暖的气候有利于冬季及越冬期后冬小麦的生长，作物长势不断趋好并高于过去5年平均水平。冬小麦返青后至玉米收获期间（2016年4～9月），降水量、气温与平均水平基本持平。

表4-8　2016年黄淮海区农业气象指标

时段	降水量		温度		光合有效辐射		潜在生物量
	当前值/mm	距平/%	当前值/℃	距平/℃	当前值/(MJ/m²)	距平/%	距平/%
4～9月	619	−1	23.1	−0.1	1729	−2	2
1～12月	855	13	14.7	0.1	2772	−3	16
10月至次年6月	455	41	10.2	−0.8	1984	−3	39

黄淮海区耕地种植比例总体较过去5年平均水平略有偏低。其中，4～7月和7～10月的耕地种植比例处于过去5年的平均水平，1～4月和10月至次年1月的耕地种植比例较平均水平分别偏高1%和偏低6%（表4-9）。然而，虽然该区耕地利用强度略有降低，但是在持续良好的农业气象条件下，全区作物长势均表现良好，作物产量并未受到实质的影响。

表4-9 2016年黄淮海区农情指标

时段	耕地种植比例	最佳植被状况指数	复种指数	
	距平/%	当前值	当前值/%	距平/%
1～4月	1	0.72		
4～7月	0	0.86	157	-2
7～10月	0	1.34		
10月至次年1月	-6	0.7		

　　2016年4～10月，黄淮海区降水偏少，光合有效辐射偏低，不利于该区作物生长，由此导致潜在累积生物量减少，作物单产下降。其中4～7月，温度和光合有效辐射分别偏低0.5℃和5%，然而全区降水量总体偏高14%，使得在这段时间内作物生长及产量没有明显的下降。7～10月，降水偏低5%，光合有效辐射偏低4%，水分胁迫和光照不足在一定程度上抑制了作物的生长，导致该区河北中部、河南东部、江苏北部及山东半岛部分区域的潜在累积生物量明显偏低（图4-16）。此外，农业部于2015年11月2日出台了《"镰刀弯"地区玉米结构调整的指导意见》以适当调减非优势区玉米种植面积，河北作为政策覆盖区域也受到一定影响，从而导致黄淮海地区的复种指数偏低2%。

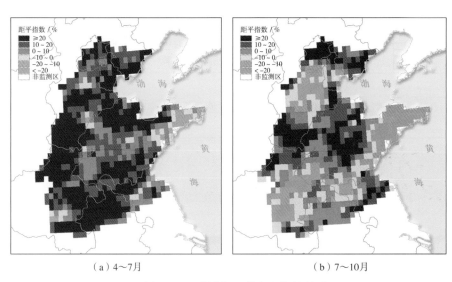

（a）4～7月　　　　　　　　　（b）7～10月

图4-16 黄淮海区潜在生物量距平

全区作物生长过程线（图4－17）显示，黄淮海区全年作物长势总体偏差。其中，冬小麦冬季生长期内（1～4月）作物长势明显低于平均水平，然而由于该期间冬小麦尚未返青且无其他作物，所以对作物总体长势和产量影响不大；夏收时期（5～7月）作物长势由平均水平逐渐降低，在6月底至7月初降至最低水平，但是在冬小麦关键生长期内作物长势处于平均水平，可以推测冬小麦产量并未受到太大影响；在玉米生长和收获期内（7～10月）作物生长过程线表现与上一时期相似，也可以推测玉米产量并未受到太大影响。因此，虽然全区作物生长过程线显示全年作物长势总体较差，但是作物实际生长状况和产量所受影响不大，这与农业气象指标及潜在生物量的结果相一致。

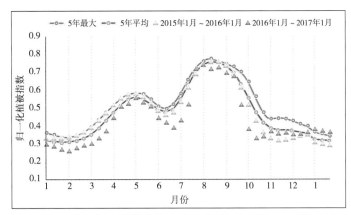

图4－17　黄淮海区作物生长过程线（2016年1月～2017年1月）

此外，农业部等十部门于2016年6月底联合印发《探索实行耕地轮作休耕制度试点方案》。根据方案，我国将在地下水漏斗区、重金属污染区和生态严重退化地区开展休耕试点。其中，地下水漏斗区试点区域主要在严重干旱缺水的河北省黑龙港地下水漏斗区（沧州、衡水、邢台等地）。通过连续多年实施季节性休耕，实行"一季休耕、一季雨养"，将需抽水灌溉的冬小麦休耕，只种植雨热同季的春玉米、马铃薯和耐旱耐瘠薄的杂粮杂豆，减少地下水用量。

4.5　黄土高原区

黄土高原区主要包括甘肃、宁夏、陕西、山西和河南西北部，该区的主要作物包括春小麦、冬小麦、玉米、大豆和蔬菜。2016年全年区域内的降水和温度均高于过去15年平均水平（降水偏多31%，温度偏高0.2℃），导致全年潜在生物量偏高19%。2015年10月～2016年6月（冬小麦全生育期）降水偏多53%，温度偏低0.8℃；2016年4～9月（覆盖春季、秋季作物主要生育期）降水偏多15%，温度与平均水平持平。光合有效辐射与降水变化趋势相反，三个时段均有所偏低（表4－10）。2016年1月～2017年1月，黄土高原区作物长势总体较差，整体差于2015年同期水平及过去5年平均水平，但在12月中下旬到监测期结束，作物长势略好于2015年同期水平及5年平均水平（图4－18）。特别需要指出的是，2016年1～4月，甘肃、宁夏的中部地区，陕西北部及山西中北部的部分地区，最佳植被状况指数极高（大于1），表明该区作物长势达到过去5年最佳水平。全区复种指数比过去5年平均水平偏低4%，表明2016年该区农田利用率较低（表4－11）。同时，耕地种植比例在1～4月偏高3%，在7～10月偏低5%，表明2016年黄土高原区的冬季作物种植面积增加，夏季作物种植面积减少。

表4—10　2016年中国黄土高原区农业气象指标

时段	降水量		温度		光合有效辐射		潜在生物量
	当前值/mm	距平/%	当前值/℃	距平/℃	当前值/(MJ/m²)	距平/%	距平/%
4～9月	551	15	18.7	0.0	1766	−1	6
1～12月	756	31	10.4	0.2	2850	−2	19
10月至次年6月	380	53	6.1	−0.8	2045	−3	42

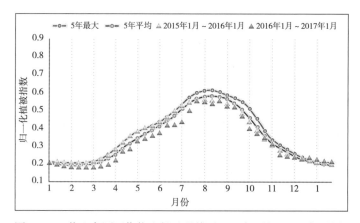

图4－18　黄土高原区作物生长过程线（2016年1月～2017年1月）

表4—11　2016年中国黄土高原区农情指标

时段	耕地种植比例	最佳植被状况指数	复种指数	
	距平/%	当前值	当前值/%	距平/%
1～4月	3	0.85		
4～7月	−5	0.80	113	−4
7～10月	−5	0.94		
10月至次年1月	−5	0.70		

　　由NDVI距平聚类空间分布及相应的类别过程线可以看出，4月上旬前，大部分地区作物长势接近平均水平，但至4月末，河南西北部作物长势低于近5年平均水平（图4-19）；而在4～7月，作物长势有所波动，河南省西北部、甘肃东部和陕西中部作物长势最佳，除6月上旬外，其余时段作物长势均好于平均水平。与此相反，由于温度偏低，甘肃中部和宁夏南部，作物长势状况较差（图4-20）。在7～10月，基于NDVI聚类图和过程线与最佳植被状况指数图的变化区域在空间上一致（图4-21）。由于监测期内降水显著增加，山西和陕西两省的北部地区是黄土高原区作物长势最好的区域；相反，受旱情的影响，甘肃与宁夏的作物长势明显偏差。尽管部分地区9月下旬植被指数明显低于平均水平，但该现象是作物收获期提前所致，并非由于作物长势的恶化（图4-22）。

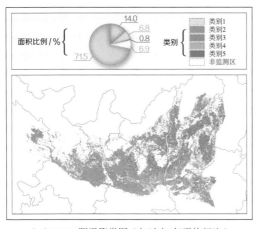

（a）NDVI距平聚类图（与过去5年平均相比）

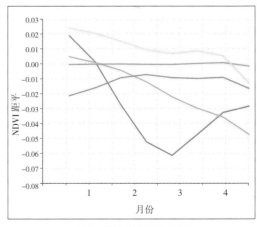

（b）NDVI距平类别过程线

图4-19　黄土高原区NDVI距平聚类空间分布（a）及相应的类别过程线（b）（2016年1～4月）

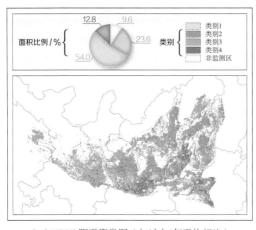

（a）NDVI距平聚类图（与过去5年平均相比）

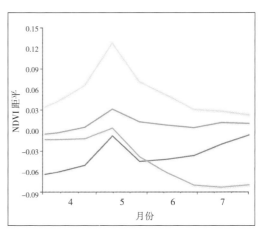

（b）NDVI距平类别过程线

图4-20　黄土高原区NDVI距平聚类空间分布（a）及相应的类别过程线（b）（2016年4～7月）

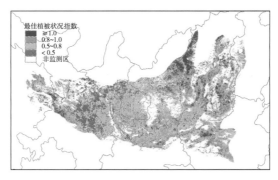

图4-21　黄土高原区最佳植被状况指数（2016年7～10月）

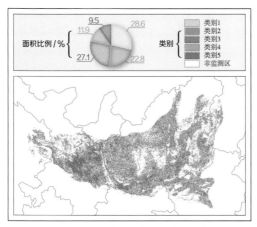

（a）NDVI距平聚类图（与过去5年平均相比）

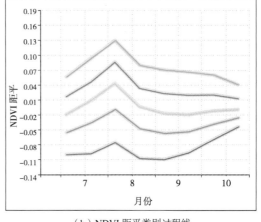

（b）NDVI距平类别过程线

图4-22　黄土高原区NDVI距平聚类空间分布（a）及相应的类别过程线（b）（2016年7～10月）

此外，降水偏多、温度适宜，为该地区病虫害的扩散蔓延提供了有利的环境条件。2016年5月，蚜虫等虫害的发生繁衍及白粉病、纹枯病等流行病害的传播都在一定程度上影响了黄土高原地区。其中，该地区受蚜虫发生态势的影响最为严重（图4-23）。

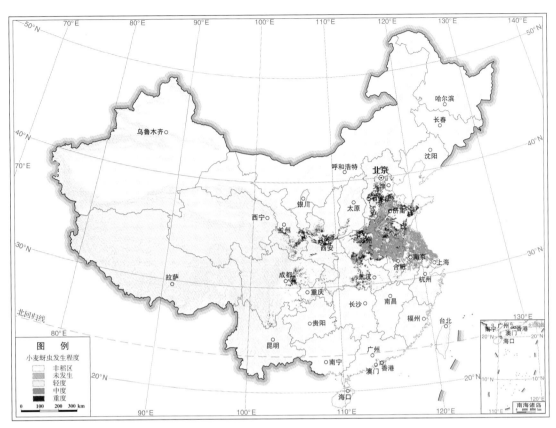

图4-23 2016年5月中国冬小麦主产区蚜虫发生状况分布图

为响应国家开展重点区域"轮作休耕试点"的行动，河北西部山区及周边地区应实行"一季休耕、一季雨养"，将需抽水灌溉的冬小麦休耕，只种植雨热同季的春玉米、马铃薯和耐旱耐瘠薄的杂粮杂豆，减少地下水用量。根据农业部关于"镰刀弯"地区玉米结构调整的指导意见，冀北、晋北应以发展耐旱型杂粮杂豆、马铃薯、经济林果为主，陕甘农牧交错区以发展杂粮杂豆为主，因地制宜发展饲料油菜；在生态脆弱区，积极发展耐盐耐旱的沙生植物等。力争到2020年，在北方农牧交错区，调减籽粒玉米种植面积3000万亩以上。

4.6 长江中下游区

长江中下游区包括湖北、湖南、江西、福建、上海、浙江、江苏、安徽、河南南部、广东和广西北部，该区的主要作物为冬小麦、油菜、一季稻、双季早稻和晚稻。夏粮作物冬小麦和油菜每年10月播种，来年5月收获；早稻3月底播种，7月收获。秋粮作物一季稻和晚稻分别于4月和6月播种，9～10月收获。

2016年全年（1～12月），长江中下游区降水较平均水平显著偏高40%，而温度和光合有效辐射分别偏低0.2℃和8%，导致潜在生物量偏高11%（表4-12）。在夏粮作物生长季

（10月至次年6月），降水较平均水平显著偏高60%，而温度和光合有效辐射分别偏低0.6℃和11%；在秋粮作物主要生长季（4～9月），降水较平均水平偏高52%，温度和光合有效辐射分别偏低0.5℃和5%。CropWatch农情指标监测结果显示，除2016年4～7月监测期内耕地种植比例与平均水平持平外，其他3个监测期（1～4月、7～10月、10月至次年1月）耕地种植比例均偏低（分别偏低5%、1%和8%）（表4－13）；全年复种指数较平均水平偏高5%。2016年各监测期最佳植被状况指数为0.67～0.84。

表4－12 2016年中国长江中下游区农业气象指标

时段	降水量		温度		光合有效辐射		潜在生物量
	当前值/mm	距平/%	当前值/℃	距平/℃	当前值/(MJ/m²)	距平/%	距平/%
4～9月	1672	52	24.1	−0.5	1508	−5	13
1～12月	2188	40	17.7	−0.2	2432	−8	11
10月至次年6月	1772	60	14.3	−0.6	1646	−11	23

表4－13 2016年长江中下游区的农情指标

时段	耕地种植比例	最佳植被状况指数	复种指数	
	距平/%	当前值	当前值/%	距平/%
1～4月	−5	0.80		
4～7月	0	0.84		
7～10月	−1	0.80	205	5
10月至次年1月	−8	0.67		

由长江中下游区作物生长过程线可知，该区2016年全年作物总体长势持续低于过去5年平均水平（图4－24）。1～5月，长江中下游区充沛的降水与适宜的温度为蚜虫的发生及白粉病和纹枯病的扩散蔓延提供了有利条件。据有关监测结果，5月长江中下游区73.2%的种植区发生蚜虫虫害，37.4%的种植区作物出现白粉病，21.4%的种植区发生纹枯病，这可能是导致该区作物长势低于平均水平的重要因素。5～7月由于过量的降水导致长江中下游区大部分地区遭受不同程度的洪涝灾害。其中，6月底出现的强降水天气导致湖北、江西、安徽和浙江等8省发生严重洪灾。与此同时，受高温高湿环境影响，长江中下游区出现较重的病虫害灾害，7月发生稻飞虱和稻纵卷叶螟的区域分别占水稻总种植面积的45%和28%。受上述因素影响，长江中下游区作物长势明显低于多年平均水平，其中江苏南部、安徽中部和浙江北部长势极差（图4－25）。7～10月作物总体长势低于平均水平，其中江苏南部和安徽中部地区长势显著偏差（图4－26）。2016年10月～2017年1月，作物总体长势由低于平均水平好转为处于平均水平，除江苏南部、安徽中部和湖北中部地区长势显著偏差外，其他大部分地区长势处于或高于平均水平（图4－27）。

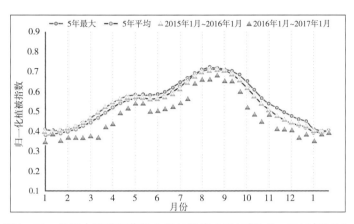

图4-24 长江中下游区作物生长过程线（2016年1月～2017年1月）

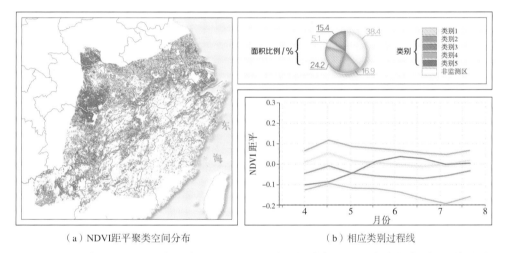

（a）NDVI距平聚类空间分布 （b）相应类别过程线

图4-25 2016年4～7月长江中下游区NDVI距平聚类空间分布（a）及相应的类别过程线（b）

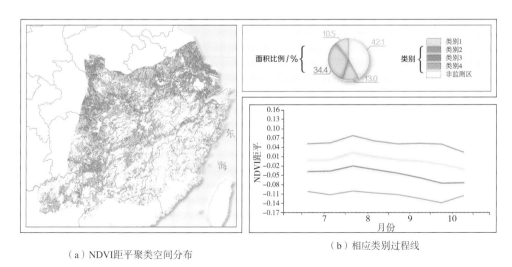

（a）NDVI距平聚类空间分布 （b）相应类别过程线

图4-26 2016年7～10月长江中下游区NDVI距平聚类空间分布（a）及相应的类别过程线（b）

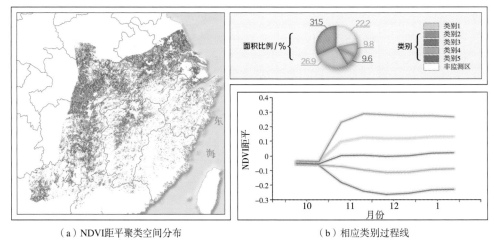

（a）NDVI距平聚类空间分布 （b）相应类别过程线

图4-27　2016年10月～2017年1月长江中下游区NDVI距平聚类空间分布（a）及相应的类别过程线（b）

4.7　西南区

西南区主要种植玉米、一季稻、冬小麦、油菜，以及薯类作物。其中玉米在全区均有种植，通常2～6月种植，7～9月收获；一季稻主要种植在四川东部、云南中部和西北部，以及贵州中部，通常4～5月种植，8～9月收获；冬小麦和油菜主要种植在四川东部、陕西南部，通常9～10月种植，次年5～6月收获。

与过去15年平均水平相比，2016年全年西南区降水偏高17%，温度偏低0.1℃，光合有效辐射偏低4%。与过去5年平均水平相比，潜在生物量偏高5%。2015年10月～2016年6月，降水偏高45%，潜在生物量偏高23%，2016年4～9月潜在生物量偏高5%（表4-14）。

表4-14　2016年中国西南区的农业气象指标

时段	降水量		温度		光合有效辐射		潜在生物量
	当前值/mm	距平/%	当前值/℃	距平/℃	当前值/(MJ/m)	距平/%	距平/%
4～9月	1050	18	21.1	−0.2	1641	−6	5
1～12月	1291	17	15.4	−0.1	2384	−4	5
10月至次年6月	911	45	13.5	0.6	1641	−4	23

2016年1～4月，是中国西南地区玉米和早稻的播种期，以及冬小麦的生育期，总体上，作物长势略低于平均水平。1～2月作物长势处于平均水平，但自3月开始作物长势逐渐转差，不及过去5年平均水平，主要是由于该时段内降水过多。自4月开始，作物长势逐渐恢复至平均水平（图4-28）。2016年5月中国西南地区冬小麦主产区发生蚜虫面积比例达到66.6%，发生白粉病和纹枯病的面积比例分别为19.6%和26.9%。

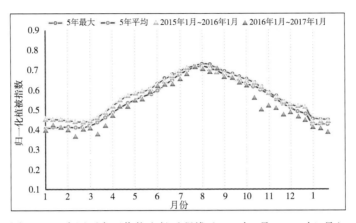

图4-28 中国西南区作物生长过程线（2016年1月～2017年1月）

2016年4～7月，中国西南地区作物长势总体处于平均水平。降水偏多31%，气温维持稳定，略偏低0.3℃，光合有效辐射偏低2%，充足的降水使得潜在生物量与近5年平均水平相比偏高14%（图4-29）。西南地区各省份降水均偏多，差异不明显：贵州、重庆、四川、湖北和湖南分别偏多38%、46%、28%、54%和53%。根据中国华南地区的NDVI空间分布和过程线显示作物长势处于平均或略高于平均水平。潜在生物量图显示，四川东部作物长势低于平均水平。各种指标综合显示，中国西南地区作物长势处于平均水平态势。7月底中国西南地区水稻主产区稻飞虱发生面积比例为35%，稻纵卷叶螟发生面积比例为15%，玉米主产区大斑病发生面积比例为12%。

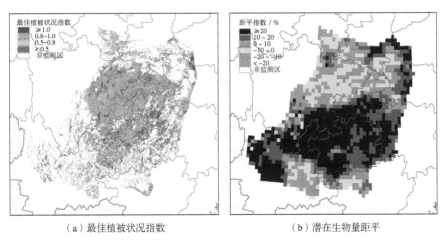

（a）最佳植被状况指数 　　　　（b）潜在生物量距平

图4-29 2016年4～7月中国西南区最佳植被状况指数（a）与潜在生物量距平（b）

中国西南区7～10月的作物长势总体略低于过去5年平均水平，10月恰逢该地区玉米和一季稻收获期，以及冬小麦的种植季节。NDVI过程线在7月低于平均水平，8月初期作物长势逐渐恢复，之后，受降水偏少的影响，9月作物长势再次下降到平均水平以下，10月秋粮作物接近成熟收获期，作物长势恢复至过去5年平均水平。湖北西南部、湖南西北部和重庆东南部地区的潜在累积生物量显著偏低（图4-30）。监测表明，降水偏少是导致潜在累积生物量显著偏低的主要原因，与过去15年同期平均降水量相比，重庆降水偏少11%，湖北降水偏少31%，不利于该地区的作物生长。NDVI距平聚类空间分布和相应的过程线也显示在8～9月，上述地区的作物长势低于平均水平，之后该地区农户加强田间管理，加之农气条件改善，作物长势恢复至平均水平。该区耕地种植比例和复种指数处于过去5年平均水平（表4-15）。然而，其复种指数偏少10%，在一定程度上反映了西南生态严重退化地区休耕政策的实施效果。9月中下旬中国西南水稻主产区稻飞虱发生面积比例为68%，稻纵卷叶螟发生面积比例为60%，纹枯病发生面积比例为51%。

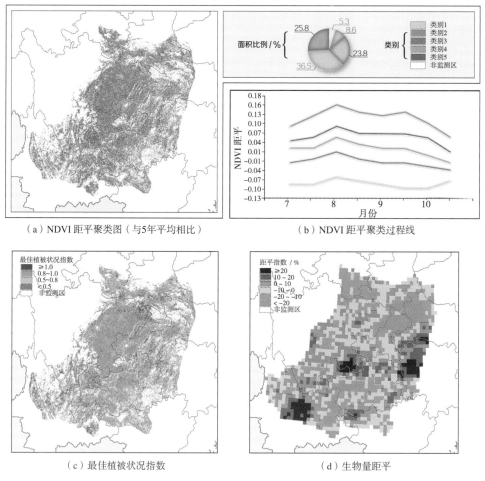

（a）NDVI距平聚类图（与5年平均相比）　　（b）NDVI距平聚类过程线

（c）最佳植被状况指数　　　　　　　　（d）生物量距平

图4-30　2016年7～10月中国西南区作物长势

表4—15 2016年中国西南区的农情指标

时段	耕地种植比例	最佳植被状况指数	复种指数	
	距平/%	当前值	当前值/%	距平/%
1～4月	4	0.66		
4～7月	0	0.9	185	−10
7～10月	—	0.89		
10月至次年1月	0	0.73		

2016年10月～2017年1月是中国西南地区冬小麦的播种期。与过去5年相比，中国西南区的作物长势总体略低于平均水平。农业气象指标监测结果显示，降水偏低5%，光合有效辐射偏低12%，相应的气温偏高0.9℃。西南区作物种植比例与过去5年同期持平。

NDVI距平聚类空间分布和过程线显示（图4-31），重庆西部、贵州西部、湖北和湖南西部，以及四川东部的冬季作物长势低于平均水平，最佳植被状况指数图显示四川东部的VCIx总体位于0.5～0.8，主要原因是持续的寡照天气（重庆偏低22%，贵州偏低16%，湖北偏低22%，湖南偏低24%）和偏高的气温（四川偏高0.9℃，重庆偏高0.7℃，贵州偏高1.2℃）所致。除上述列举的地区之外，中国西南区作物长势整体良好，后期的农业气象条件将会影响长势较差区域的长势走向。

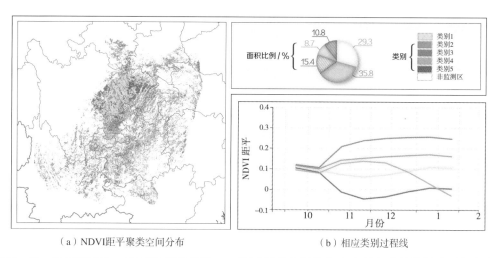

（a）NDVI距平聚类空间分布　　　　　（b）相应类别过程线

图4-31　2016年10月～2017年1月西南区NDVI距平聚类空间分布（a）及相应的类别过程线（b）

4.8 华南区

华南区主要作物为双季稻，主要种植在广西南部、广东南部和福建南部，通常早稻是3～4月播种，6～7月收获；晚稻是6～7月播种，10～11月收获。

全年来看，华南区早稻长势接近过去5年平均水平、晚稻长势低于平均水平。与过去15年平均水平相比，该区2016年全年降水好于正常水平，但温度偏低0.4℃，光合有效辐射偏低4%，其中4～9月降水偏高13%，温度偏低0.3℃。2015年10月～2016年6月，降水偏多达39%，温度仍偏低0.3℃（表4-16）。

2016年1～4月监测期覆盖华南区早稻种植和冬小麦的生长季节，作物长势较为复杂，其中1～2月作物长势整体高于平均水平，3～4月则明显低于平均水平（图4-32），很可能是由降水过多和低温所致（降水偏多99%，接近翻倍；气温偏低1.1℃），4月末作物长势又逐渐恢复至平均水平。

表4-16 2016年华南区的农业气象指标

时段	降水量		温度		光合有效辐射		潜在生物量
	当前值/mm	距平/%	当前值/℃	距平/℃	当前值/(MJ/m²)	距平/%	距平/%
4～9月	1468	13	24.5	-0.3	1525	0	9
1～12月	1851	18	20.2	-0.4	2632	-4	10
10月至次年6月	1242	39	18.6	-0.3	1843	-7	26

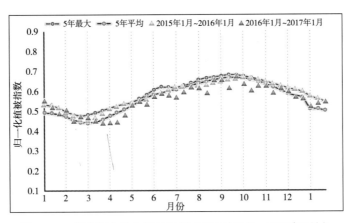

图4-32 华南区作物生长过程线（2016年1月～2017年1月）

NDVI距平聚类图和相应的过程线显示（图4-33），与过去5年平均水平相比，福建南部和广西南部部分地区在3～4月作物长势低于平均水平，同样是由于上述地区降水过多导致的，其中广西偏多96%，福建偏多85%。云南南部和广东南部作物长势处于平均水平，但农气指标有所差异。云南降水处于平均水平，但气温偏低1.1℃，光合有效辐射偏少6%；而广东降水明显高于平均水平，偏多45%，但气温和光合有效辐射处于平均水平。与过去5年平均水平相比，虽然耕地种植比例偏高2%（表4-17），但该地区过多的降水不利于冬季作物生长，夏季播种的作物可能受益于良好的土壤墒情条件。

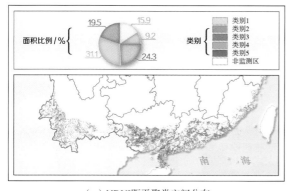

（a）NDVI距平聚类空间分布

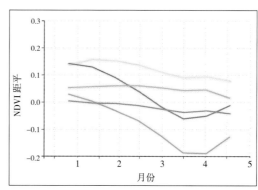

（b）相应类别过程线

图4-33　2016年1～4月中国华南区NDVI距平聚类空间分布（a）及相应的类别过程线（b）

表4-17　2016年中国华南区的农情指标

时段	耕地种植比例	最佳植被状况指数	复种指数	
	距平/%	当前值	当前值/%	距平/%
1～4月	2	0.84		
4～7月	−1	0.89	244	−1
7～10月	−1	0.59		
10月至次年1月	0	0.55		

2016年4～7月，华南地区作物长势总体处于平均水平。其中，降水与平均水平相比偏多12%，福建、广西和广东分别偏多55%、36%和19%。气温偏低0.3℃，光合有效辐射偏高2%。与过去5年平均水平相比，潜在生物量总体偏高12%（图4-34）。NDVI长势过程线显示该地区作物长势在4月低于平均水平，5月开始恢复。尽管在6月再次降低至平均水平以下，从7月即开始恢复至平均水平。该地区几乎所有耕地都种植了作物，种植比例仅比近5年平均偏低1%。7月底中国华南地区水稻主产区稻飞虱发生面积比例为33%，稻纵卷叶螟发生面积比例为18%。

2016年7～10月，华南区作物长势略低于平均水平，监测时段早期（7月底～8月初）为早稻收获的结束期，10月底晚稻进入收获期。7月初，全区作物长势总体处于平均水平，之后受多轮强降水影响，7～9月初，作物长势总体低于平均水平，直到10月才逐渐恢复至平均水平。9月中下旬中国华南水稻主产区稻飞虱发生面积比例为84%，稻纵卷叶螟发生面积比例高达71%，纹枯病发生面积比例也高达72%。

NDVI距平聚类图及相应的类别曲线显示（图4-35），福建东南部、广西西南部、广东南部和云南南部等地区，NDVI始终处于过去5年平均水平，表明上述地区作物单产有望保持在平均水平。该区耕地种植比例保持稳定，但复种指数小幅下降3%，反映出该区域早晚稻双季种植模式向一季稻的缓慢转变。9月初，广东中南部的双季晚稻地区NDVI低于平均水平，但9月下旬开始，作物进入灌浆成熟期，长势恢复到平均水平。

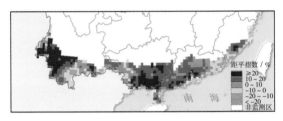

图4-34　2016年4～7月中国华南区生物量距平

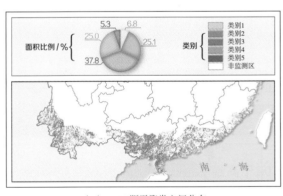

（a）NDVI距平聚类空间分布

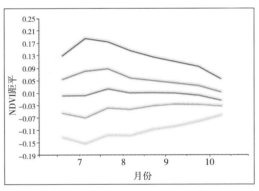

（b）相应类别过程线

图4-35　2016年7～10月中国华南区NDVI距平聚类空间分布(a)及相应的类别过程线(b)

2016年10月～2017年1月内，基于NDVI的作物生长过程线显示（图4-32），中国华南区作物长势略低于过去5年平均水平。本监测时段覆盖该地区晚稻的收获季和冬小麦的播种季。全区NDVI在10～11月中旬低于平均水平，进入12月作物长势逐渐好转并于1月下旬达到过去5年最高水平。全区降水偏低7%，伴随着偏低的光合有效辐射（福建偏少20%，广东偏少14%，广西偏少11%）和偏高的气温（福建偏高1.7℃，广东偏高1.0℃，广西偏高1.2℃，云南偏高0.8℃），综合导致了部分地区作物长势低于平均水平。整体上，西南区的最佳植被状况指数为0.6（图4-36），耕地种植比例与过去5年平均水平持平。

主产区内冬小麦主要分布在云南境内，相应的作物长势总体良好，后续农气条件良好的前提下，预计冬小麦生产形势正常。

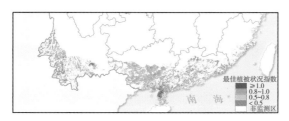

图4-36　2016年10月～2017年1月中国华南区最佳植被状况指数

4.9　小结

与过去15年平均水平相比，2016年夏收作物（冬小麦、油菜和早稻）生育期内农气条件总体偏差，降水显著偏多而光合有效辐射偏少，温度处于平均水平。过量的降水与偏低的光合有效辐射对小麦和油菜等夏收作物的生长及产量造成一定负面影响。中国夏粮总产较2015年偏低2.7%，其中冬小麦同比减产2%。2016年秋收作物（玉米、中稻、晚稻和大豆）主要生长期内农气条件总体正常，温度接近平均水平，降水偏高而光合有效辐射略微偏低。中国大部分区域耕地种植比例与复种指数较过去5年平均水平偏低，对秋粮产量造成较大影响。2016年中国秋收作物中除大豆产量同比增产外，其他作物均出现不同程度的减产。

中国夏粮减产受单产下降与种植面积缩减双重因素影响。其中江苏省夏粮作物种植面积缩减最为显著，同比大幅缩减8.6%。在油菜面积缩减的情况下，由于小麦单产显著高于油菜，造成全省夏粮平均单产的大幅增加，全省夏粮总产量略减0.8%。山东、重庆、陕西等省市夏粮种植面积同样缩减2%以上。华中地区受不利农业气象条件影响，单产同比有不同幅度下降。总体上，仅安徽和湖北两个省份夏粮作物同比增产，其余省份夏粮产量均有不同程度下降。

秋粮作物中，玉米产量并未显著下降，同比仅略减产0.2%。尽管中国出台了《"镰刀弯"地区玉米结构调整的指导意见》以适当调减非优势区玉米种植面积，并取消了玉米最低收购价，但根据高分率遥感数据监测结果，玉米种植面积并未呈现显著缩减的现象。内蒙古和黑龙江两省的玉米种植面积缩减量最多，但也只分别缩减7%和2%，导致玉米产量略微下降。其他玉米主产省的玉米总产量小幅增加，主要得益于有利的农业气象条件；值得一提的是，辽宁省的玉米产量比2015年增加了4%，已从去年的严重干旱中恢复至平均水平。

由于过量的降水和偏低的光合有效辐射，病虫害的发生状况比去年同期更为严重。华中和中国东南部，风暴和台风影响造成降水显著偏多，导致局部地区发生洪灾，对水稻生产产生不利影响。江西、湖北、湖南、浙江和辽宁水稻产量同比均显著下降。由于种植面积增加，大豆产量小幅提升。其中内蒙古的大豆产量同比增幅最大，这主要得益于种植面积的显著增加。

五、全球大宗粮油作物产量 与供应形势分析

5.1 全球和中国大宗粮油作物产量

全球和中国大宗粮油作物产量预测结果已在2016年四期《全球农情遥感速报》季报中公开发布，发布时间分别为2016年5月、8月和11月及2017年2月。本年度报告以全球和中国大宗粮油作物产量预测结果为基础，结合最新的遥感数据和地面观测数据，对31个大宗粮油作物主产国，以及部分国家的省州尺度的2016年农业气象条件、作物胁迫状况、耕地利用强度等进行综合分析与汇总，并利用模型对31个大宗粮油作物主产国，以及部分国家的省州尺度的产量预测结果进行复核，形成了本章中2016年全球和中国大宗粮油作物产量估算结果。

5.1.1 全球大宗粮油作物产量同比增产0.7%

2016年全球大宗粮油作物总产为27.84亿t，较2015年的27.65亿t增产1843万t，增幅为0.7%。其中，玉米产量为9.98771亿t，占全球大宗粮油作物总产的35.9%，与2015年相比增长1.2%，水稻总产7.37596亿t，占全球大宗粮油作物总产的26.5%，同比下降0.8%，小麦总产7.32265亿t，占全球大宗粮油作物总产的26.3%，同比增长1.2%；大豆总产量为3.15663亿t，同比增长2.1%。就CropWatch监测的31个粮油作物主产国而言，玉米、小麦、大豆总产量分别为88838.0万t、63480.8万t和29450.5万t，同比分别增产1.4%、1.5%和1.8%，产量变幅低于全球玉米、小麦、大豆总产量的变幅，表明其他小微生产国的产量增幅超过31个主产国的产量变幅；31个主产国水稻总产量66327.7万t，同比减产0.8%，变幅低于全球水稻总产变幅。2016年全球大宗粮油作物产量及同比变幅详见表5-1。

表5-1 2016年全球大宗粮油作物产量

国家	玉米		水稻		小麦		大豆	
	产量/万t	变幅/%	产量/万t	变幅/%	产量/万t	变幅/%	产量/万t	变幅/%
亚洲								
中国	20419.2	0	20210.3	−1	12129	−1	1328.7	2
印度	1864.9	−1	15678.3	1	8609.9	−6	1217.6	0
巴基斯坦	452.8	−7	914.2	−3	2463.8	−1		
泰国	508	1	3966.1	1			23.1	3
越南	523.4	1	4255	−6				
缅甸	174.6	2	2554.1	−8	18.7	1	12.7	−11

国家	玉米		水稻		小麦		大豆	
	产量/万t	变幅/%	产量/万t	变幅/%	产量/万t	变幅/%	产量/万t	变幅/%
亚洲								
孟加拉国	237.5	6	4772.2	−6	131.7	0		
柬埔寨	77.9	0	858.8	−10			16.6	4
菲律宾	756.5	0	2010.6	3				
印度尼西亚	1831.6	2	6930.4	3			88.4	0
伊朗	269.2	8	276.3	9	1607.3	15	17.4	−1
土耳其	592	0	93.7	2	1898.1	−17	21.8	12
哈萨克斯坦	68.9	5	41.1	4	1819.9	14	27.1	10
乌兹别克斯坦	42.5	7	43.7	10	639.1	−5		
欧洲								
英国					1433.7	−3		
罗马尼亚	1149.1	7	4.7	−4	767.5	7	20.8	8
法国	1470.3	−1	7.8	−8	3798.4	−3	20.8	
波兰	368.1	0			1070.4	3		
德国	460.2	0			2810.6	3		
俄罗斯	1233.7	3	101.7	0	5750.6	6	209.9	3
乌克兰	3077.4	9	10.7	−4	2405.9	3	379.9	2
非洲								
埃塞俄比亚	715.7	10	13.4	5	474.3	12	10	14
埃及	570.1	−4	629.3	−4	1020.7	3	2.8	−1
尼日利亚	1077	4	458.8	1	11.5	3	66.2	4
南非	901.8	−32	0.3	1	170.4	0	110.5	9
北美洲								
美国	36786.2	5	1052.8	6	5687.7	0	11002.4	3
加拿大	1170.1	−1			3329	9	538.6	−1
墨西哥	2378	0	17.7	−4	355	−2	39.9	10
南美洲								
巴西	7043.3	−12	1105.5	−7	754.5	8	9177.4	2
阿根廷	2571	1	169.5	0	1163	−4	5108	−1
大洋洲								
澳大利亚	47	3	150.7	14	3160	25	9.9	7
小计	88838.0	1.4	66327.7	−0.8	63480.8	1.5	29450.5	1.8
其他国家	11039.1	2.9	7431.9	−1.0	9745.7	1.9	2115.8	−1.0
全球	99877.1	1.6	73759.6	−0.8	73226.5	1.6	31566.3	2.1

注：无数据的表格表示无数据或者数据远小于0.1万t。

尽管2016年全球玉米总产量同比增加，但各国产量变化差异显著。南非、巴西、巴基斯坦、埃及2016年玉米产量同比分别下降32%、12%、7%与4%，厄尔尼诺引发的严重旱情是导致南非玉米产量大幅下降的根源。31个农业主产国中，玉米产量增长最显著的国家是埃塞俄比亚、乌克兰、伊朗、乌兹别克斯坦、罗马尼亚和哈萨克斯坦，2016年产量同比分别增加10%、9%、8%、7%、7%、5%，主要归功于生育期内良好的气候条件为玉米生产提供了保障。中国由于《中国种植业结构调整规划（2016～2020年）》文件的发布，玉米种植受政策导向影响种植面积有所缩减，但单产同比增加，中国玉米产量与2015年持平。

2016年年初，厄尔尼诺现象造成的东南亚干旱，导致部分亚洲国家的水稻减产。与2015年相比，柬埔寨、缅甸、孟加拉国、越南、巴基斯坦的水稻产量分别下降了10%、8%、6%、6%、3%。中国幅员辽阔，农业生态分区多样，旱情与洪涝影响仅限于局部地区，中国水稻总产量同比仅下降了1%。欧洲的乌克兰和罗马尼亚水稻产量也表现不佳，同比均减产4%。与玉米增产情况类似，埃塞俄比亚、美国的水稻产量分别增加了5%和6%；乌兹别克斯坦水稻生育期内充沛的降水促使产量同比增加了10%。

由于大部分国家小麦生育期与玉米、大豆和水稻并不重叠，全球各国的小麦产量同比变幅与其他作物存在显著差异。小麦产量同比缩减幅度最大的国家是土耳其，同比减产17%，其次是包括印度、阿根廷、法国和英国在内的部分小麦主产国和主要出口国，小麦产量分别减少了6%、4%、3%和3%。澳大利亚、伊朗和哈萨克斯坦得益于良好的农业气象条件，小麦单产和种植面积同步增加，小麦产量同比分别增加25%、15%和14%。中国作为全球最大的小麦生产国，小麦产量较2015年的历史最高产量减产1.0%。

美国、巴西和阿根廷三个大豆主产国中，美国和巴西大豆产量同比增加3%和2%，而阿根廷、埃及、伊朗、加拿大的大豆产量同比均下降了1%。

5.1.2　中国大宗粮油作物产量同比减产0.6%

2016年中国大宗粮油作物产量为5.40872亿t，较2015年大宗粮油作物总产量减少304.3万t，减幅为0.6%。其中，玉米总产量为20419.2万t，同比略减0.1%，水稻总产量为20210.3万t，同比减产0.9%，小麦总产量为12129.0万t，同比减产1.0%，大豆总产量为1328.7万t，同比增产2.1%。表5-2列出了中国玉米、水稻、小麦和大豆产量及变幅。考虑到不同省份水稻种植制度的复杂性及差异性，表5-3详细列出了早稻、中稻/一季稻及晚稻的分省产量。中国作为全球最大的大豆进口国，在经历了10余年的连续减产之后，2016年农业政策的调整初见成效，大豆产量实现近10余年的首次增产，主要原因是中国大豆种植面积的增加。

表5-2　2016年中国玉米、水稻、小麦和大豆产量及变幅

	玉米		水稻		小麦		大豆	
	产量/万t	变幅/%	产量/万t	变幅/%	产量/万t	变幅/%	产量/万t	变幅/%
河北	1794.4	4.0			1161.5	0.0	18.6	3.2
山西	866.6	−1.2			213.2	1.1	16.7	−3.7
内蒙古	1620.6	−6.7			205.6	10.4	115.9	23.3
辽宁	1570.7	4.1	440.9	−8.7			42.0	−18.5
吉林	2432.4	1.6	567.0	11.9			68.4	5.5
黑龙江	3173.6	0.5	2092.3	3.0	45.2	3.7	532.7	0.3
江苏	218.6	−2.8	1661.0	−2.1	972.9	1.5	78.1	−1.4
浙江			625.2	−3.2				
安徽	360.8	0.3	1700.7	−3.9	1134.0	2.3	139.7	−1.5
福建			287.3	−0.3				
江西			1675.1	−3.8				
山东	1921.7	2.1			2374.1	0.0	69.8	3.1
河南	1680.8	0.2	385.2	−2.2	2516.0	−3.2	78.8	1.8
湖北			1545.3	−3.4	433.0	0.0		
湖南			2587.2	−2.4				
广东			1099.9	−0.4				
广西			1137.8	0.2				
重庆	210.3	−2.7	473.3	−3.1	117.7	0.0		
四川	721.2	0.5	1493.7	0.3	464.6	−0.6		
贵州	510.5	3.1	540.4	3.5				
云南	613.5	5.5	564.2	6.1				
陕西	342.8	−5.8	101.7	−3.5	401.1	1.2		
甘肃	479.5	−0.4			256.2	−2.7		
宁夏	171.9	−0.4	55.3	2.2	78.8	1.0		
新疆	672.7	1.4						
25个监测省（区、市）小计	19362.6	0.7	18992.5	−1.3	10374.0	−1.2	1160.7	1.5
中国	20419.2	−0.1	20210.3	−0.9	12129.0	−1.0	1328.7	2.1

注：中国粮油作物产量未统计港澳台地区。

表5-3 2016年中国各省早稻、中稻和晚稻的产量及变幅

	早稻		中稻		晚稻	
	产量/万t	变幅/%	产量/万t	变幅/%	产量/万t	变幅/%
辽宁			440.9	−9		
吉林			567	12		
黑龙江			2092.3	3		
江苏			1661	−2		
浙江	79.1	−4	462.5	−3	83.6	−6
安徽	178.2	−3	1319.5	−4	203.0	−4.2
福建	171.2	−1			116	1
江西	728.4	−1	272.1	−5	674.6	−6
河南			385.2	−2		
湖北	227.3	−2	1048.1	−4	269.9	−4
湖南	940.6	0.4	819.4	−4	827.2	−4
广东	522.4	−2			577.5	1
广西	541.8	−3			596.0	3.4
重庆			473.3	−3		
四川			1493.7	0		
贵州			540.4	4		
云南			564.2	6		
陕西			101.7	−3		
宁夏			55.3	2		
监测省(区、市)小计	3389.1	−1.3	12296.6	−1	3347.7	−2.2
其余省份	135.9	−30	853.8	11	187.4	0.0
中国	3525.0	−2.8	13150.4	0	3535.0	−2.1

注:中国粮油作物产量未统计港澳台地区。

由于中国玉米最低收购价的取消,部分土壤及气候条件不适宜种植玉米的区域,农民改种其他作物。然而,政策的引导并没有使得中国玉米种植面积发生较大变化。基于覆盖中国农业主产区的16m分辨率高分一号遥感数据,结合大数据分析技术对中国4万余张农田照片(图5-1)进行作物种植成数挖掘,监测出2016年中国玉米种植面积仅比2015年下降0.8%,内蒙古和黑龙江两省的玉米种植面积缩减量最多(分别减少22.2万hm²和10.3万hm²,同比分别缩减7%和2%)。其他玉米主产省的玉米总产量小幅增加,主要得益于有利的农业气象条件;值得一提的是,辽宁省的玉米产量比2015年增加了4.1%,已从去年的严重干旱中恢复至平均水平。部分其他省份的玉米产量也有较大变化,如陕西玉米减产5.8%(主要由于种植面积的缩减),云南玉米增产5.5%(得益于单产的增加)。

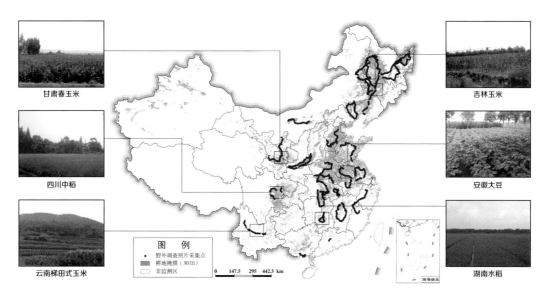

图5-1 秋粮作物种植成数地面信息采集路径

由于大豆种植面积增加，大豆产量实现了10余年来的首次增产。其中，内蒙古的大豆产量增幅最大，主要原因是种植面积比2015年大幅增加26.5%，促使产量增加23.3%。虽然辽宁省大豆单产较2015年的干旱年恢复性增加7%，大豆面积的大幅缩减仍然导致全省大豆产量同比减少18.5%；大豆产量变幅较大的省份还包括河北、山西、吉林和山东，河北、吉林和山东分别增产3.2%、5.5%和3.1%，山西大豆减产3.7%。

2016年中国水稻总产量小幅下降，主要原因是早稻和晚稻产量分别缩减2.8%和2.1%，中稻/一季稻产量同比几乎持平。由于过量的降水和偏低的光合有效辐射，水稻产区病虫害的发生状况比2015年更为严重。我国华中及东南部地区，风暴和台风影响造成降水显著偏多，导致局部地区发生洪灾，对水稻生产产生不利影响。幸运的是，不利条件并未产生全国性的负面影响。与2015年相比，吉林、辽宁和云南三个省的水稻产量变化较大，其中吉林增产11.9%，辽宁减产8.7%，云南增产6.1%，这三个省水稻产量的变化主要受水稻种植面积变化主导。

小麦主产省份中，仅3个冬小麦主产省份（江苏、安徽和陕西）和3个春小麦主产省区（内蒙古、黑龙江和宁夏）呈现增产趋势；其中江苏和安徽两省冬小麦增产的原因是种植面积和单产均有一定幅度增加，而陕西省冬小麦增产主要是因为种植面积同比增加4.0%，在11个省份中增幅最大，但单产同比下降2.6%，陕西省冬小麦增产1.2%。河南省作为主要的冬小麦生产省份，产量同比下降3.2%，小麦减产的原因是单产下降3.8%，四川和甘肃冬小麦产量也有不同程度下降，内蒙古、黑龙江和宁夏三个省区春小麦增产的主要原因是作物种植结构调整带来的小麦种植面积的增加。

2016年中国夏粮总产量为1.24685亿t，同比缩减2.7%；秋粮（包括玉米、一季稻、晚稻、春小麦、大豆、杂粮、薯类等）总产量为4.19199亿t，与2015年相比，小幅减产

168.4万t，减幅为0.4%。全年粮食总产量（包括谷类、豆类和块茎类作物）为5.77972亿t，比2015年减产583.8万t，减幅约1.0%。表5-4为详细的各省夏粮、早稻、秋粮和粮食总产量及变幅。

表5-4　2016年中国主要农业省份不同生长季的作物产量

	夏粮		早稻		秋粮		总产	
	产量/万t	变幅/%	产量/万t	变幅/%	产量/万t	变幅/%	产量/万t	变幅/%
河北	1161.5	−1			1812.9	4	2974.4	2
山西	221.8	2			914.7	−1	1136.5	−1
内蒙古					2142.4	−4	2142.4	−4
辽宁					2053.7	1	2053.7	1
吉林					3070	3	3070	3
黑龙江					5833.2	0	5833.2	0
江苏	997.1	−1			2101.2	−2	3098.3	−2
浙江			79.1	−4	636.3	−3	715.5	−3
安徽	1204.4	2	178.2	−3	2057.0	−3	3439.6	−1
福建			171.2	−1	423.4	1	594.6	0
江西			728.4	−1	969.2	−6	1697.7	−4
山东	2410.0	−4			2122.6	2	4532.6	−1
河南	2530.5	−3			2611	0	5141.5	−2
湖北	587.5	0	227.3	−2	1819.6	−4	2634.4	−3
湖南			940.6	0	1910.9	−4	2735.2	−3
广东			522.4	−2	753.1	1	1275.5	0
广西			541.8	−3	1051.4	3	1593.2	1
重庆	231.6	−3			818.1	−3	1049.7	−3
四川	554.1	−2			2676.8	0	3230.9	0
贵州					1234.7	3	1234.7	3
云南					1438.2	6	1438.2	6
陕西	408.5	−7			621.8	−5	1030.3	−6
甘肃	300.2	−2			592.8	0	893	−1
宁夏					309.4	0	309.4	0
小计	10607.2	−2	3389.1	−1.3	39974.4	−0.2	53854.5	−0.6
其他省份	1861.3	−6.6	135.9	−30.0	1945.5	−3	3942.7	−5.9
中国	12468.5	−2.7	3525.0	−2.8	41919.9	−0.4	57797.2	−1

注：中国粮油作物产量未统计港澳台地区。按照播种-收获时间将作物分为夏粮（上年冬季之前播种）、早稻（春末播种，夏季收获）和秋粮（夏季播种，秋季收获）。全年作物产量是夏粮、早稻和秋粮产量的总和。

5.2　中国国内大宗粮油作物产品价格走势预测

5.2.1　中国大豆价格预测波动明显

基于"价格螺旋"预测模型与国际大豆消费率（消费总量占生产总量的比例），解析2006年12月～2016年12月大豆国内收购价格的变化趋势。当前国际大豆消费率处于均衡区间，中国大豆价格处于均衡区间，模型预测显示中国大豆价格将沿趋势线波动，且波动幅度会逐渐加强（图5－2）。

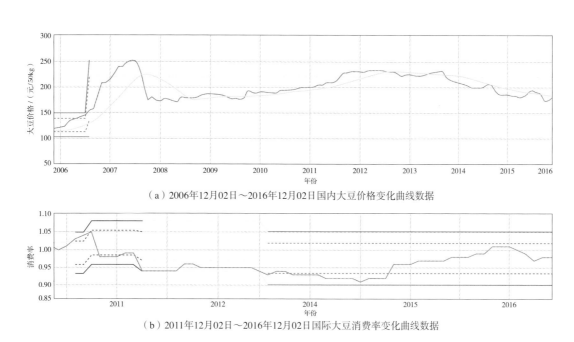

（a）2006年12月02日～2016年12月02日国内大豆价格变化曲线数据

（b）2011年12月02日～2016年12月02日国际大豆消费率变化曲线数据

图5－2　国内大豆价格变化曲线（a）及国际大豆消费率变化曲线（b）

5.2.2　中国粳稻价格预测上升

基于"价格螺旋"预测模型与中国稻谷消费率，解析2006年12月～2016年12月粳稻国内收购价格的变化趋势。该品种的变化追踪效果得到了明显验证：模型在2016年9月便实现了早期预警，判定粳稻价格"已经进入到了顶部的消费紧张状态"。综合判断，随着供求关系的变化，近期中国粳稻价格下行趋势将减缓。目前价格已经回落至趋势线附近，若价格能保持在趋势线附近5个月，模型将认定价格处于上升趋势（图5－3）。

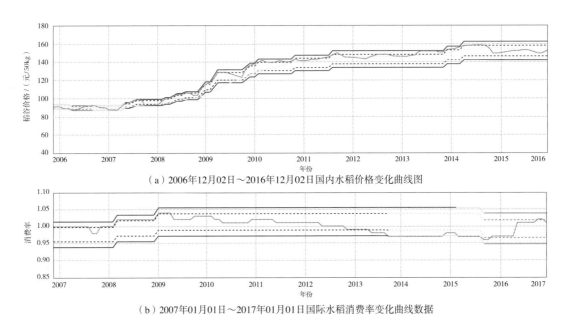

（a）2006年12月02日～2016年12月02日国内水稻价格变化曲线图

（b）2007年01月01日～2017年01月01日国际水稻消费率变化曲线数据

图5-3　国内稻谷价格变化曲线（a）及国际稻谷消费率变化曲线（b）

5.2.3　中国玉米价格预测回升

基于"价格螺旋"预测模型与中国玉米消费率，解析2011年12月～2016年12月玉米国内收购价格的变化趋势。当前玉米价格已经触底、消费率已经进入非均衡区间，说明供求状况有利于价格回升；模型给出了玉米价格下降趋势翻转的早期预警（图5-4）。

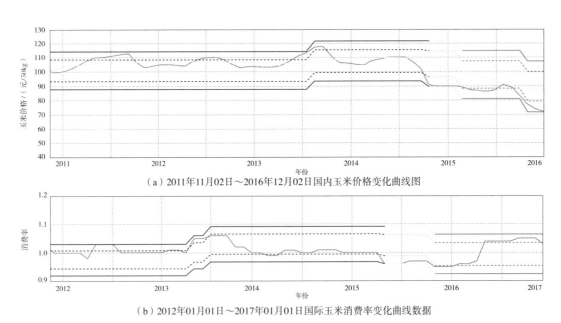

（a）2011年11月02日～2016年12月02日国内玉米价格变化曲线图

（b）2012年01月01日～2017年01月01日国际玉米消费率变化曲线数据

图5-4　国内玉米价格变化曲线（a）及国际玉米消费率变化曲线（b）

5.2.4　中国小麦价格预测上升

基于"价格螺旋"预测模型与中国小麦消费率，解析2006年12月~2016年12月小麦国内收购价格的变化趋势。当前小麦价格和消费率都处于均衡区间，2016年年末小麦价格已经由前期的"下降趋势将逐渐趋缓"反弹到了价格趋势线之上，如价格保持在趋势线之上5个月以上，模型将认定价格处于上升趋势（图5-5）。

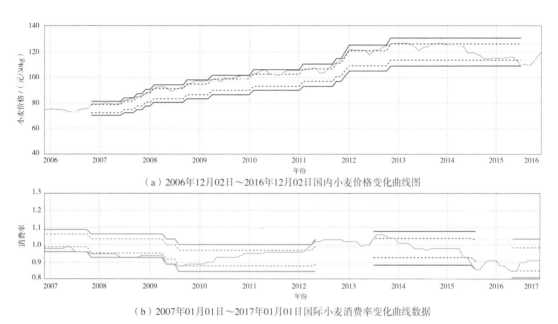

（a）2006年12月02日~2016年12月02日国内小麦价格变化曲线图

（b）2007年01月01日~2017年01月01日国际小麦消费率变化曲线数据

图5-5　国内小麦价格变化曲线（a）及国际小麦消费率变化曲线（b）

5.3　全球大宗粮油作物供应形势

5.3.1　玉米供应达历史最高

美国、阿根廷、巴西、法国、乌克兰、印度、南非和罗马尼亚等国是全球最重要的玉米出口国，这些国家的玉米生产形势直接关系到全球玉米市场的供应形势。受降水异常影响，雨养条件下玉米产量波动剧烈，导致全球玉米主要出口国玉米总产量年际波动明显，部分年份的年际供应数量变化幅度高达5%，不同年份全球玉米供应数量相差超过万吨，其中2007年玉米供应数量最低，仅为59776万t，2009年增加到66508万t，2012年又减少至60268万t，之后增加趋势明显，2016年供应数量达到历史最高，为72347万t，主要得益于近4年来绝大部分全球玉米主要出口国产量稳中有增（图5-6）。

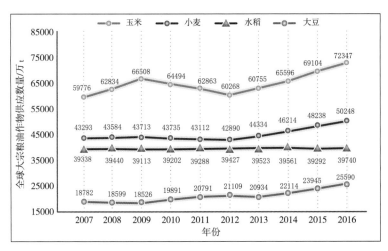

图5-6　全球大宗粮油作物供应形势变化趋势

5.3.2　水稻供应保持稳定

水稻主要出口国多分布在亚洲,包括泰国、越南、巴基斯坦、印度、柬埔寨等国在内的南亚与东南亚诸国贡献了全球水稻出口总量的75%以上。2007年以来,全球水稻主要出口国供应数量稳定在39113万～39740万t,其中2009年水稻供应数量最低,为39113万t,之后受粮价上涨的影响,东南亚各国加强了水稻生产的力度,全球水稻产量保持稳定,水稻供应数量稳步增加。2015年受强厄尔尼诺现象影响,南亚与东南亚水稻生产受到干旱威胁,其中印度及印度尼西亚水稻产量均减产200万t以上,导致全球水稻供应数量小幅下降。2016年随着厄尔尼诺强度的明显减弱,全球水稻总产量出现小幅上涨,促使2016年全球水稻供应数量达到39740万t,同比增加448万t。总体而言,全球水稻主要出口国水稻总产量保持较为平稳的态势,年际供应数量变幅不超过1%(图5-6)。

5.3.3　小麦供应增长明显

美国、法国、加拿大、澳 大利亚、俄罗斯、哈萨克斯坦和德国等国是全球主要的小麦出口国。2012年之前,小麦主要出口国供应数量总体稳定,年际波动较小,2007～2010年供应数量小幅增加,但2011年和2012年的供应数量逐渐减低。2013～2016年全球小麦产量连续四年保持快速增长,小麦供应数量呈线性增长趋势,年度供应数量增加约2000万t,2016年全球小麦供应数量达到50248万t,显著高于2013年以前的供应数量(图5-6)。

5.3.4　大豆供应达历史最高

美国、巴西和阿根廷是全球最主要的大豆出口国,三个国家出口的大豆数量常年占全球大豆出口总量的85%以上。2009年之后全球主产国大豆供应数量逐渐增加,2015年和2016年全球大豆供应数量增加幅度较大,分别达到1831万t和1645万t。2011～2013年,全球大豆供应数量连续三年保持基本稳定。2014年开始,全球大豆出口国产量开始大幅增长,2016年达到2007年以来历史最高水平,为25590万t,较2009年的最多供应数量增加约38%。近10年来,全球大豆供应数量增加趋势显著。

5.4 2017年我国主要粮油品种进出口展望

利用2013～2016年全球主要国家大宗粮油作物产量遥感监测数据，根据农业重大冲击和政策模拟模型（基于GTAP标准模型构建），预计2017年大宗粮油作物品种进口有增加趋势（图5-7）。具体如下。

小麦。根据模型预测结果，2017年我国小麦进口增长5.0%，出口减少7.2%。虽然小麦效益偏低，但南北方冬小麦越冬状况和长势总体良好，生产条件有利，预计2017年小麦进口量稳中略增。

稻谷。根据模型预测结果，2017年稻谷进口增长6.0%，出口减少1.5%。目前，国内外价格差仍有拉大趋势，预计2017年稻谷进口保持略增势头，但仍在配额范围以内。

玉米。根据模型预测结果，2017年我国玉米进口减少8.6%，出口减少4.3%。目前，国内玉米供需形势依然宽松，价格低迷，抑制进口，预计2017年玉米进口稳中趋降。

大豆。根据模型预测结果，2017年我国大豆进口增长0.6%，出口减少3.5%。受种植结构调整政策和玉米价格下跌影响，大豆产量略有增加。预计2017年大豆进口增幅不大。

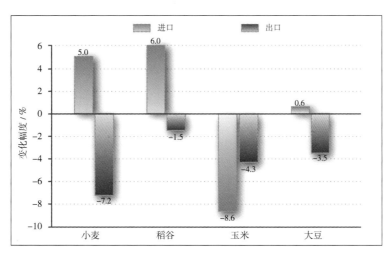

图5-7 2017年我国四大粮食作物进出口量变化幅度

六、主 要 结 论

（1）2016年全球大宗粮油作物总产为27.84亿t，较2015年的27.65亿t增产1843万t，增幅为0.7%。其中，玉米产量为99877.1万t，占全球大宗粮油作物总产的35.9%，与2015年相比增长1.2%，水稻总产73759.6万t，占全球大宗粮油作物总产的26.5%，同比下降0.8%，小麦总产73226.5万t，占全球大宗粮油作物总产的26.3%，同比增长1.2%；大豆总产量为31566.3万t，同比增长2.1%。其中，厄尔尼诺引发南非和东南亚严重旱情，导致南非玉米产量大幅下降，降幅达32%，柬埔寨、缅甸的水稻产量分别下降了10%、8%。小麦产量同比缩减幅度最大的国家是土耳其，同比减产17%。美国和巴西大豆产量同比增加3%和2%，而阿根廷、埃及、伊朗、加拿大的大豆产量同比均下降了1%。

（2）2016年全球大宗粮油作物供应形势稳中有增。2016年全球玉米供应数量达到历史最高，为7.2347亿t。2016年随着厄尔尼诺强度的明显减弱，全球水稻总产量出现小幅上涨，促使2016年全球水稻供应数量达到3.974亿t，同比增加448万t。2016年全球小麦供应数量达到5.0248亿t，显著高于2013年以前的供应数量。2016年全球大豆产量达到2007年以来历史最高水平，其供应量为2.559亿t，较2009年的最多供应数量增加约38%。

（3）2016年中国大宗粮油作物产量为5.40872亿t，其中，玉米总产量为20419.2万t，同比略减0.1%，水稻总产量为20210.3万t，同比减产0.9%，小麦总产量为12129万t，同比减产1.0%，大豆总产量为1328.7万t，同比增产2.1%。2016年中国夏粮总产量为1.24685亿t，同比缩减2.7%；玉米、一季稻、晚稻、春小麦、大豆等秋粮作物总产量为4.19199亿t，与2015年相比，小幅减产168.4万t，减幅为0.4%。2016年全年谷类、豆类和块茎类作物等作物总产量为5.77972亿t，比2015年减产583.8万t，减幅约1.0%。

（4）由于中国玉米最低收购价的取消，在部分土壤及气候条件不适宜种植玉米的区域，农民改种其他作物。然而，政策的引导并没有使得中国玉米种植面积发生较大变化。2016年中国玉米种植面积仅比2015年下降0.8%，内蒙古和黑龙江两省的玉米种植面积缩减量最多（分别减少22.2万hm²和10.3万hm²，同比分别缩减7%和2%）。2016年中国大豆种植面积增加，大豆产量实现了10余年来的首次增产。其中，内蒙古大豆产量增幅最大，达到23.3%，河北、吉林和山东分别增产3.2%、5.5%和3.1%。

（5）2017年大宗粮油作物进口有增加趋势。预计2017年我国小麦进口增长5.0%，出口减少7.2%，预计2017年小麦进口量稳中略增。2017年稻谷进口增长6.0%，出口减少1.5%，目前，国内外价格差仍有拉大趋势，预计2017年稻谷进口保持略增势头，但仍在配额范围以内。2017年我国玉米进口减少8.6%，出口减少4.3%。目前，国内玉米供需形势依然宽松，价格低迷，抑制进口，预计2017年玉米进口稳中趋降。2017年我国大豆进口增长0.6%，出口减少3.5%。受种植结构调整政策和玉米价格下跌影响，大豆产量略有增加。预计2017年大豆进口增幅不大。

致　　谢

　　本报告由国家遥感中心牵头组织、中国科学院遥感与数字地球研究所数字农业研究室的全球农情遥感速报（CropWatch）团队具体实施并完成编撰，得到了中华人民共和国科学技术部、国家粮食局，以及中国科学院的项目与经费支持，具体包括：国家高技术研究发展计划（863）（No.2012AA12A307）、国家国际科技合作专项项目（No.2011DFG72280）、国家粮食局公益专项（201313009-02；201413003-7）、中国科学院科技服务网络计划（KFJ-EW-STS-017）、中国科学院外国专家特聘研究员计划（2013T1Z0016）和中科院遥感地球所"全球环境与资源空间信息系统"项目。

　　感谢中国资源卫星应用中心、国家卫星气象中心、中国气象科学数据共享服务网等对年报工作提供的支持。感谢欧盟联合研究中心粮食安全部门（FOODSEC/JRC）的François Kayitakire和Ferdinando Urbano提供的作物掩膜数据；感谢比利时法兰德技术研究院VITO公司的Herman Eerens, Dominique Haesen，以及 Antoine Royer提供的SPIRITS 软件、SPOT-VGT遥感影像、生长季掩膜和慷慨的建议；感谢Patrizia Monteduro 和Pasquale Steduto提供的GeoNetwork产品的技术细节；感谢国际应用系统分析研究所和Steffen Fritz提供的国际土地利用地图。

附　　录

1. 数据

在年报中，全球农业环境评估及环境指标计算所使用的基础数据包括全球的气温、降水、光合有效辐射产品；全球大宗粮油作物生产形势分析所使用的基础分析数据包括潜在生物量、归一化植被指数和植被健康指数等。

1）归一化植被指数

年报所用的归一化植被指数主要是美国国家航空航天局（NASA）提供的2001年1月～2016年1月的MODIS NDVI数据。利用全球耕地分布数据对NDVI数据进行掩膜处理，剔除非耕地地区，确保NDVI数据集适于粮油作物长势监测及估产等研究。此外，年报还使用了比利时VITO提供的法国SPOT卫星VEGETATION传感器的长时间序列（1999～2012年）的NDVI平均数据，分辨率为0.185°。

2）气温

年报生产的气温产品为覆盖全球（0.25°×0.25°）的旬产品，产品时间范围为2001年1月～2016年1月。该产品数据源为美国国家气候中心（NCDC）生产的全球地表日数据集（GSOD），包含全球9000多个站点的气温、露点温度、海平面气压、风速、降水、雪深等观测参量。

3）光合有效辐射

光合有效辐射是影响作物生长的一个重要参数，是指波长范围在400～700nm的太阳短波辐射。年报所用的2001～2013年旬累积PAR数据来自NASA小时尺度的全球产品，统一重采样为0.25°×0.25°；2014～2016年1月的PAR数据由欧盟联合研究中心（EC/JRC）提供。

4）降水

年报生产了2001年1月～2016年1月的旬降水产品，空间分辨率为0.25°×0.25°，覆盖范围为90°N～50°S的陆地。该产品有两个数据源：①第7版的热带测雨卫星（TRMM）遥感降水数据集，空间分辨率为0.25°×0.25°，覆盖范围为50°N～50°S；②气象存档与反演系统产品，空间分辨率为0.25°×0.25°，覆盖范围为50°～90°N。

5）最佳植被状况指数

植被状况指数（VCI）是基于当前NDVI和历史同期最大、最小NDVI计算得到，可表达各时期的作物状况水平。选择每个像元全年最高的植被状况指数为监测季的最佳植被状况指数（VCIx）。该指数的变幅分析基于当前生长季与近5年同期平均值的差值进行，变幅以百分比表示。

6）植被健康指数

植被健康指数可以有效地指示作物生长状况。年报采用温度状态指数（TCI）和植被状况指数加权的方法计算植被健康指数。温度状态指数和植被状况指数数据均可以通过美国国家海洋和大气管理局（NOAA）国家气候数据中心的卫星数据应用和研究数据库下载。

7）潜在生物量

潜在生物量指一个地区可能达到的最大生物量。本年报基于Lieth"迈阿密"模型计算了净初级生产力，并以此作为潜在生物量。迈阿密模型中考虑了温度和降水两个环境要素，单位为克干物质每平方米（gDM/m^2）。

2. 方法

在全球尺度上，利用三个农业环境指标（降水、PAR和气温），以及潜在生物量对全球农业环境进行评估；在7个洲际主产区的监测上，增加了植被健康指数、复种指数、最佳植被状况指数和耕地种植比例四个农情遥感指标对各洲际主产区的作物长势及农田利用强度进行了分析；对全球总产80%以上的31个主产国进行了玉米、小麦、水稻和大豆四种大宗粮油作物的产量分析，对中国通过加入种植结构和耕地比例指标进行了省级尺度的产量分析。图1显示了年报的整体技术方法路线图。

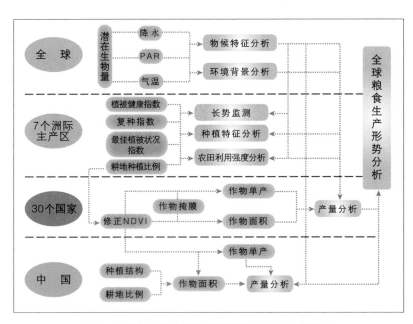

图1 全球大宗粮油作物遥感监测技术方法路线图

1）农业环境指标获取

农业环境指标包括环境三要素（降水、温度、PAR）和潜在生物量，为粮油作物生产形势等农情分析提供大范围的全球环境背景信息。农业环境指标的计算基于25km空间分辨率的光、温、水数据，利用多年平均潜在生物量作为权重（像元的潜在生产力越高，权重值越大），结合耕地掩膜计算降水、气温和PAR在不同区域，以及用户定义时段内的累积值。其中，"降水""气温""PAR"等因子并不是实际的环境变量，而是在各个农业生态区的耕地上经农业生产潜力加权平均后的指标。例如，具有较高农业生产潜力地区的"降水"指标是对该区耕地面积上的平均降水赋予较高权重值，进行加权平均计算得出的一个表征指标；"温度""PAR"指标的计算与此类似。

2）复种指数提取

复种指数（CI）是考虑同一田地上一年内接连种植两季或两季以上作物的种植方式，描述耕地在生长季中利用程度的指标，通常以全年总收获面积与耕地面积比值计算，也可以用来描述某一区域的粮食生产能力。年报采用经过平滑后的MODIS时间序列NDVI曲线，提取曲线峰值个数、峰值宽度和峰值等指标，计算耕地复种指数。

3）耕地种植比例计算

年报中，引入耕地种植比例（CALF）是为了在用户关心时期内，特定区域内的耕地播种面积变化情况。基于像元NDVI峰值、多年NDVI峰值平均值（NDVIm），以及标准差（NDVIstd），利用阈值法和决策树算法区分耕种与未耕种耕地。

4）植被状况分析

年报基于Kogan提出的植被状况指数（VCI），采用"最佳植被状况指数"（VCIx）来描述监测期内当前最佳植被状态与历史同期的比较。最佳植被状况指数的值越高，代表研究期内作物生长状态越好，最佳植被状况指数大于1时，说明监测时段的作物长势超过历史最佳水平。因此，最佳植被状况指数更适宜描述生育期内的作物状况。

5）时间序列聚类分析

时间序列聚类方法是自动或半自动地比较各像元的时间序列曲线，把具有相似特征曲线的像元归为同一类别，最终输出不同分类结果的过程。这种方法的优势在于能够综合分析时间序列数据，捕捉其典型空间分布特征。本报告应用VITO为联合研究中心农业资源监测中心（JRC/MARS）开发的SPIRITS软件（Joint Research Centre and European Commission, 2016），对NDVI时间序列影像（当前作物生长季与过去5年平均的差值），以及降水量和温度（当前作物生长季与过去15年平均的差值）进行了时序聚类分析。

6）基于NDVI的作物生长过程监测

基于NDVI数据，绘制研究区耕地面积上的平均NDVI值时间变化曲线，并与该区上一年度、过去5年平均、过去5年最大NDVI的过程曲线进行对比分析，以此反映研究区作物长势的动态变化情况。

7）作物种植结构采集

作物种植结构是指在某一行政单元或区域内，每种作物的播种面积占总播种面积的比例，该指标仅用于中国的作物种植面积估算。作物种植结构数据通过利用种植成数地面采样仪器（GVG）在特定区域内开展地面观测，来估算每一区域各种作物的种植比例。

8）作物种植面积估算

中国、美国、加拿大、澳大利亚和埃及的作物种植面积和其他国家的作物种植面积估算方法有所不同。对于中国、美国、加拿大、澳大利亚和埃及，报告利用作物种植比例（播种面积/耕地面积）和作物种植结构（某种作物播种面积/总播种面积）对播种面积进行估算。其中，中国的耕地种植比率基于高分辨率的环境星（HJ-1）数据和高分一号（GF-1）数据通过非监督分类获取，美国和加拿大等国家的耕地种植比例基于MODIS数据估算；中国的作物种植结构通过GVG系统由田间采样获取，美国和加拿大等国家的作物种植结构由主产区线采样抽样统计获取。通过农田面积乘以作物种植比例和作物种植结构估算不同作物的播种面积。

对于其他无条件开展地面观测的主产国种植面积估算，报告引入耕地种植比率（CALF）的概念进行计算，公式如下：

$$面积_i = a + b \times CALF_i$$

式中，a和b为利用2002~2016年时间序列耕地种植比率（CALF）和2002~2016年FAOSTAT或各国发布的面积统计数据线性回归得到的两个系数，各个国家的耕地种植比率通过CropWatch系统计算得出。通过当年和去年的种植面积值计算面积变幅。

9）作物总产量估算

CropWatch基于上一年度的作物产量，通过对当年作物单产和面积相比于上一年变幅的计算，估算当年的作物产量。计算公式如下：

$$总产_i = 总产_{i-1} \times （1 + \Delta 单产_i） \times （1 + \Delta 面积_i）$$

式中，i为关注年份；Δ单产$_i$和Δ面积$_i$分别为当年单产和面积相比于上一年的变化比率。

对于中国，各种作物的总产通过单产与面积的乘积进行估算，公式如下：

$$总产 = 单产 \times 面积$$

对于31个粮食主产国，单产的变幅是通过建立当年的NDVI与上一年的NDVI时间序列函数关系获得。计算公式如下：

$$\Delta 单产_i = f（NDVI_i，NDVI_{i-1}）$$

式中，$NDVI_i$和$NDVI_{i-1}$为当年和上一年经过作物掩膜后的NDVI序列空间均值。综合考虑各个国家不同作物的物候，可以根据NDVI时间序列曲线的峰值或均值计算单产的变幅。

10）全球验证

以上各遥感农情指标及产量的验证是基于全球28个研究区的地面观测工作而进行的。其中，国内的观测站点包括山东禹城、黑龙江红星农场、广东台山、河北衡水、浙江德清等试验站；国外观测验证区包括俄罗斯、南美洲阿根廷、美国大豆与玉米主产区等地的地面观测点。另外，通过与正大集团及东北地理所的合作，获取了中国2000多个样方的作物单产调查数据，为国内省级尺度的作物生产形势监测提供了数据与验证支持。

参 考 文 献

国家测绘局. 中华人民共和国地图——农业区划版. http://219.238.166.215/mcp/MapProduct/Cut/%E5%86%9C%E4%B8%9A%E5%8C%BA%E5%88%92%E7%89%88/900%E4%B8%87%E5%86%9C%E4%B8%9A%E5%8C%BA%E5%88%92%E7%89%88(%E5%8D%97%E6%B5%B7%E8%AF%B8%E5%B2%9B)/Map. htm. 2008-6-1.

孙颔. 1994. 中国农业自然资源与区域发展. 南京：江苏科学技术出版社.

吴炳方，范锦龙，田亦陈，等. 2004. 全国作物种植结构快速调查技术与应用. 遥感学报, 8 (6): 618～627.

吴炳方，李强子. 2004. 基于两个独立抽样框架的农作物种植面积遥感估算方法. 遥感学报, 8 (6): 551～569.

吴炳方，田亦陈，李强子. 2004. GVG农情采样系统及其应用. 遥感学报, 8(6): 570～580.

张淼，吴炳方，于名召，邹文涛，郑阳. 2015. 未种植耕地动态变化遥感识别方法. 遥感学报，19(4): 1993～2002.

中国气象局2016年4月新闻发布会. http://www. scio. gov.cn/xwfbh/gbwxwfbh/xwfbh/qxj/Document/1473467/1473467. htm. 2016-5-15.

Climate gov. 2016. https://www. climate. gov/sites/default/files/geopolar-ssta-monthly-nnvl--1000X555--2016-07-00. png and https://www. climate. gov/enso. 2016-8-15.

Cropwatch Bulletin in May. 2016. http://www. cropwatch.com.cn/htm/cn/files/2016821058343833. pdf.

Cropwatch Bulletin in August. 2016. http://www. cropwatch.com.cn/htm/cn/files/eng-all. pdf.

Cropwatch Bulletin in November. 2016. http://www. cropwatch.com.cn/htm/cn/files/2016_November_Bulletin_英文. pdf.

Cropwatch Bulletin in February. 2017. http://www.cropwatch.com.cn/htm/cn/files/eng 2017-01all. pdf.

European Commission. 2014. FoodSec Meteodata Distribution Page. http://marswiki.jrc.ec.europa.eu/datadownload/index. php.

FAO. 2017. Global Administrative Units Layers (GAUL). http://www.fao.org/geonetwork/srv/en/metadata.show?currTab=simple&id=12691.

Fang J X. 2011. New perspective of price—The law of the spiraling price. China Price, 9: 17～18.

Grieser J, Gommes R, Cofield S, et al. 2006. World maps of climatological net primary production of biomass, NPP. ftp://tecproda01. fao. org/public/climpag/downs/globgrids/npp/npp. pdf. http://www. fao. org/nr/climpag/globgrids/NPP_en. asp. 2016-5-16.

Jain M, Mondal P, DeFries R, et al. 2013. Mapping cropping intensity of smallholder farms: A comparison of methods using multiple sensors. Remote Sensing of Environment, 134: 210~223.

Joint Research Centre, European Commission. 2016. Web tools. http://mars. jrc. ec. europa. eu/mars/Web-Tools. 2016-12-16.

Kogan F. 2001. Operational space technology for global vegetation assessment. Bulletin of the American Meteorological Society, 82: 1949~1964.

Kogan F. 1990. Remote sensing of weather impacts on vegetation in non-homogenous areas. International Journal of Remote Sensing, 11:1405~1419.

Li Q, Wu B. 2012. Crop planting and type proportion method for crop acreage estimation of complex agricultural landscapes. International Journal of Applied Earth Observation and Geoinformation, 16: 101~112.

NASA. 2014. Level 1 atmosphere archive and distribution system (LAADS Web). http://Ladsweb. nascom. nasa. gov/data/search. html. 2016-5-16.

NASA. 2014. Global change master directory (GCMD). http://gcmd. gsfc. nasa. gov. 2016-5-17.

NASA. 2014. Goddard Earth Sciences Data and Information Services Center (GES DISC). http://disc. sci. gsfc. nasa. gov/mdisc/. 2016-6-16.

NASA. 2014. Tropical rainfall measuring mission. http://trmm. gsfc. nasa. gov. 2016-5-16.

NOAA. 2014. NOAA STAR Center for satellite applications and research. ftp://ftp. star. nesdis. noaa. gov/pub/corp/scsb/wguo/data/gvix/gvix_weekly. 2016-6-16.

Wu B, Meng J, Li Q, et al. 2014. Remote sensing-based global crop monitoring: Experiences with China's CropWatch system. International Journal of Digital Earth, 7(2):113~137.

Wu B, Rene G, Zhang M, et al. 2015, Global crop monitoring: A satellite-based hierarchical approach. Remote Sensing, 7: 3907~3933.

Wu B, Zhang M, Zeng H, et al. 2013. New indicators for global crop monitoring in CropWatch—Case study in Huang-Huai-Hai Plain. IOP Conference Series: Earth and Environmental Science. IOP Publishing, 17(1): 012050.

Zhang M, Wu B, Meng J, et al. 2013. Fallow land mapping for better crop monitoring in Huang-Huai-Hai Plain using HJ-1 CCD data. IOP Conference Series: Earth and Environmental Science. IOP Publishing, 17(1): 012048.

第 二 部 分
"一带一路"
生态环境状况

全球生态环境
遥感监测
2017
年度报告

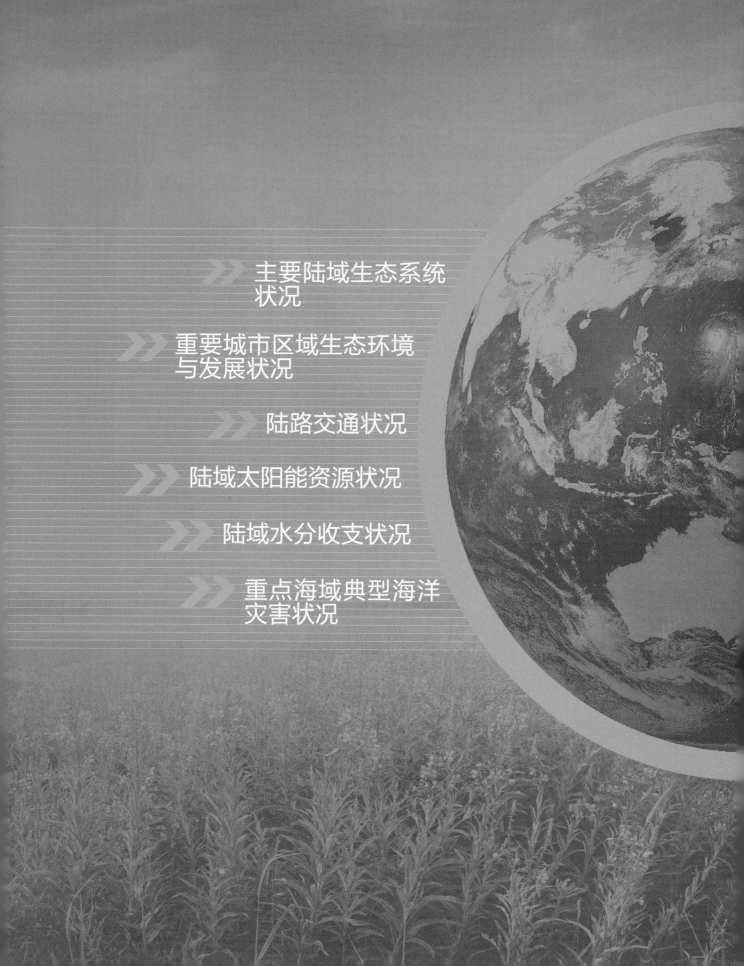

主要陆域生态系统
状况

重要城市区域生态环境
与发展状况

陆路交通状况

陆域太阳能资源状况

陆域水分收支状况

重点海域典型海洋
灾害状况

全球生态环境
遥感监测
2017
年度报告

一、引　言

1.1　背景与意义

1.1.1　"一带一路"倡议背景与发展

2013年9月和10月，习近平主席在出访中亚和东南亚国家期间，先后提出了共建"丝绸之路经济带"和"21世纪海上丝绸之路"（简称"一带一路"）重大倡议。2015年3月28日，国家发展和改革委员会、外交部和商务部联合发布《推动共建丝绸之路经济带和21世纪海上丝绸之路的愿景与行动》（以下简称《愿景与行动》）。2017年5月14～15日，"一带一路"国际合作高峰论坛在北京顺利召开，习近平主席发表题为《携手推进"一带一路"建设》的主旨演讲。"一带一路"建设从无到有，由点及面，取得了超出预期的进展和成果。"一带一路"是中国的，更是世界的，不是中国一家的独奏，而是沿线国家的合唱。中国本着开放的态度，欢迎世界各国的参与。

"一带一路"沿线各国资源禀赋各异，经济互补性较强，是世界上跨度最广、潜力最大的合作区。《愿景与行动》提出基础设施互联互通是"一带一路"建设的优先领域，在尊重相关国家主权和确保安全的基础上，需抓住交通基础设施的关键通道、关键节点和重点工程，优先打通缺失路段，畅通瓶颈路段，提升道路通达水平。《愿景与行动》还提出积极推动水电、核电、风电、太阳能等清洁、可再生能源合作和环保产业等领域合作，特别强调在建设和投资贸易过程中要践行绿色发展新理念，倡导绿色、低碳、循环、可持续的生活生产方式，加强生态环保合作，规避可能遇到的风险，共建绿色丝绸之路。

1.1.2　"一带一路"生态环境监测的必要性

2015年6月联合国发布了题为《新的征程和行动——面向2030》的报告，提出了17个可持续发展目标。当今世界面临着巨大的挑战，部分国家遭受着自然资源枯竭和环境严重恶化带来的不利影响，包括干旱和不可逆转的气候变化问题等，这些问题已经严重威胁到人类生存和地球本身的安全。"一带一路"沿线区域生态系统复杂多样，生态环境要素异动频繁，形成了一个相互关联的命运共同体。沿线区域生态环境总体较为脆弱，既有世界最高的高原、山地，又有富饶的平原、三角洲；既有雨量丰沛的热带雨林，又有极度干旱的荒漠、沙漠和异常寒冷的极地冰原，生态环境一旦破坏将难以恢复。同时，工业化、城市化进程加快造成了这些区域资源消耗飙升、空气污染、水污染、土地退化、生物多样性减少等一系列生态环境问题，全球气候变化导致海平面上升，海洋灾害频发，严重地影响了区域的可持续发展。在全球变化大背景下，"一带一路"沿线国家和地区面临共同应对全球气候变化等重大资源环境风险和可持续发展难题。生态环境是一个不可分割的整体，生态环境问题不仅仅是个别国家或区域的问题,必须从全局、宏观的角度进行考量,需要各国乃至全球的共同努力来协同应对。因此,"一带一路"建设必须坚持生态文明理念,先行开展生态环境监测,为全面实现生态环境可持续发展提供有力的决策依据,共建绿色"一带一路"。

1.1.3　卫星遥感是监测生态环境状况的重要手段

为全面协调"一带一路"建设与生态环境可持续发展,亟须快速获取宏观、动态的全球及区域多要素地表信息,开展生态环境监测。遥感是大尺度生态环境监测的重要手段之一,具有宏观、及时获取地面信息的能力,具有信息获取快、覆盖范围广、周期性强等独特优势,可客观地评价区域的生态环境状况。中国已经具备天、空、地一体化综合观测能力,呈体系化和规模化发展;建立了涵盖各部门的应用体系和综合技术研发体系;具备卫星组网、实现多种遥感产品的业务化生产的能力。通过遥感影像可监测地表覆盖类型的动态变化,为了解生态系统现状提供准确的信息;通过时间序列定量遥感产品,为生态系统演变机理分析提供客观依据;通过获取区域生态环境背景信息,为科学认知"一带一路"区域生态环境本底状况提供数据基础;同时,通过遥感技术快速获取生态环境要素动态变化,发现其时空变化特点和规律,为科学评价"一带一路"建设的生态环境影响提供科技支撑。

1.2　监测范围与内容

1.2.1　监测范围

本着"一带一路"开放性和合作共赢的原则,及其所涉及的主要区域地理位置、自然地理环境、社会经济发展特征,以及与中国交流合作的密切程度等,本书监测范围由2015年报告的亚洲、欧洲、非洲东北部,扩大到亚洲、非洲、欧洲和大洋洲的全部,覆盖170多个国家和地区。为便于区域对比分析,本书将"一带一路"监测陆域划分为西亚区、南亚区、东亚区、东南亚区、中亚区、俄罗斯、大洋洲区、欧洲区、非洲北部区和非洲南部区十大分区(图1-1)。"一带一路"监测海域主要包括西北太平洋、西南太平洋和印度洋3个大洋海域,以及日本海、中国东部海域、中国南部海域、爪哇-班达海、孟加拉湾、阿拉伯海、地中海、黑海和北海9个主要海区。

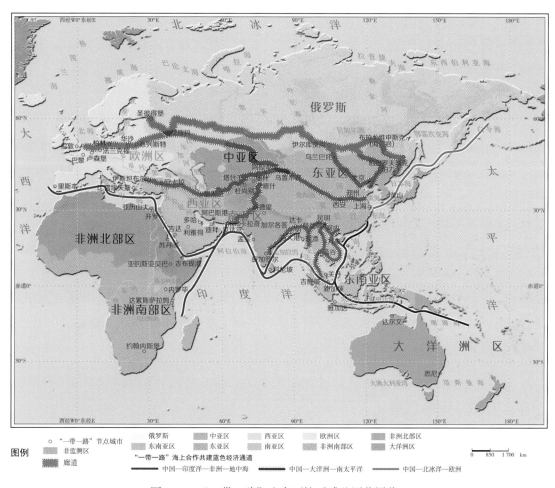

图1-1　"一带一路"生态环境遥感监测范围分区

1.2.2　监测内容

本章基于多源、多尺度、多时相卫星遥感数据，尤其是国产卫星遥感数据，如2010～2015年的风云卫星（FY）、海洋卫星（HY）、环境卫星（HJ）、高分卫星（GF）、陆地卫星（Landsat）和地球观测系统（EOS）Terra/Aqua卫星等，利用中国国家科技计划支持的多源协同定量遥感产品生产系统（MuSyQ系统）等对遥感数据进行标准化处理和模型运算，生产定量遥感产品数据集。本书以2015年为生态环境基准年，基于定量遥感产品数据集对"一带一路"监测区生态环境现状和时间序列变化进行遥感监测与评估。与2015年年报相比，本书监测内容有了进一步的深化和完善，主要体现在以下几个方面：①陆域生态系统状况分析中，土地覆盖产品由2015年年报中使用的250m分辨率提高到30m分辨率，分辨率的提高有利于更为精准的分析各类生态系统结构和状况；增加了植被生产潜力的分析；分析了农、林、草三大主要生态系统类型的状况及时间序列变化，并结合光、温、水条件开展了胁迫性因素分析，为生态系统变化起因分析等提供可靠的依据；②重要城市生态环境与发展状况：结合地形、土地覆盖/土地利用类型、交通能力、灯光数据及变化、城市热岛等指标，从更多方面开展城市生态环境状况监测与评价，为城市环境的宜居性评价提供更为全面的数据支撑；③陆路交通现状：从路网密度和道路对生态景观格局的影响出发，开展陆路交通现状评价，对"一带一路"经济走廊路网的通达性做了全面的评估；④增加了陆域太阳能资源状况分析，并对监测区太阳能的发电潜力做了评估，为未来发展清洁能源规划提供决策依据；⑤增加了陆域水分收支状况分析，分析区域水分收支时空分布格局，为维护监测区水资源安全提供依据；⑥重点海域海洋灾害状况：从灾害角度出发，分析了主要海洋灾种对海洋航线的潜在影响，对规避风险和降低损失有非常重要的指导意义。

本书最终形成"一带一路"生态环境遥感监测年度报告及相关产品数据集，并面向政府和公众进行公开发布。一方面，相关成果可以为"一带一路"倡议的实施提供数据支持、信息支撑与知识服务；另一方面，生态环境保护与合作是"一带一路"倡议的重要内容之一，中国率先将生态环境遥感监测数据、产品免费共享给相关国家，在数据共享和管理方面有新的突破；通过与沿线国家开展合作，共同应对全球和区域的挑战，共同促进区域可持续发展，共建绿色丝绸之路。

二、主要陆域生态系统状况

本章利用"一带一路"陆域30m分辨率生态系统类型产品，分析了2015年陆域生态系统宏观结构，以及各生态系统空间格局；利用1km分辨率叶面积指数、植被覆盖度、森林地上生物量和光温水胁迫因子等产品分析了2015年主要植被生态系统生产潜力、生长状况及近五年植被变化状况。主要结果如下。

（1）陆域不同地区地带性气候资源禀赋差异悬殊，生态系统结构差异明显。森林、荒漠、草地、农田、水域和城市等六大生态系统面积占比依次为34.73%、24.10%、23.44%、15.01%、2.15%、0.57%，东南亚区、非洲南部区、俄罗斯、大洋洲区、欧洲区以森林生态类型为主，中亚区和非洲北部区以草地和荒漠生态类型为主，南亚区以农田生态类型为主，东亚区农田、森林、草地和荒漠生态系统分布较为均衡。

（2）陆域森林主要分布在俄罗斯、非洲南部区、欧洲区、东亚区和东南亚区；2015年"一带一路"陆域森林地上生物量总量为2813亿t，比2010年增加了约1%；各区生物量占比依次为32.82%、26.71%、10.59%、8.80%、7.74%，增量分别为2.32%、－1.38%、0.57%、7.58%、－2.33%。增量最大的为东亚区，这与人工造林活动关系密切；生物量减少的为非洲南部区和东南亚区，主要受森林砍伐及森林火灾影响。欧亚大陆北部寒温带与寒带森林、非洲中南部和东南亚区赤道附近热带雨林是全球森林碳库的重要组成部分。其中，欧亚大陆北部寒温带与寒带森林碳蓄积量最大，但由于生长期较短，年平均叶面积指数小，森林固碳能力较弱；非洲中南部和东南亚区赤道附近的热带雨林，平均叶面积指数和森林地上生物量最高，是"一带一路"陆域生态系统中生产力水平最高的森林。

（3）陆域天然草地主要分布在蒙古高原、欧洲南部、非洲中南部、澳大利亚内陆。俄罗斯南部和欧洲温带草原、非洲中南部热带草原，光温水条件适宜，年最大植被覆盖度和年平均叶面积指数都较高；俄罗斯北部苔原带受温度和光照胁迫因子限制，青藏高原高寒草地受高原低温限制，生长期较短，夏季最大植被覆盖度较高，但年平均叶面积指数较低；非洲撒哈拉沙漠南缘草地受水分胁迫因子限制，年最大植被覆盖度和年平均叶面积指数都较低。2015年受厄尔尼诺事件影响，非洲中南部和澳大利亚北部的热带草原区降水下降，气候干旱，草地年平均叶面积指数最大降幅为3.79%；中亚温带草原、俄罗斯北部苔原由于降水增加，草地年最大覆盖度最高增幅达7.51%。

（4）陆域农田生态类型主要分布在俄罗斯西部、东南亚区、南亚区、东亚区东部、欧洲区、澳大利亚南部，其中东南亚区以多季作物为主，年平均叶面积指数高于2，南亚区德干高原和大洋洲区以单季作物为主，年平均叶面积指数低于1。2015年受厄尔尼诺事件影响，南亚区水稻主产区、欧洲区玉米和小麦主产区、澳大利亚南部的农田区，由于降水减少、干旱加剧，年平均叶面积指数变化分别4.10%、5.13%、－1.97%，造成大宗粮油作物产量减产1.8%～6.9%。

2.1 生态系统宏观结构

"一带一路"陆域跨越地理范围广、生态系统类型多样，陆域总面积为9257.16万km²，其生态系统主要由农田（1389.52万km²）、森林（3214.75万km²）、草地（2170.07万km²）、水域（199.56万km²）、城市（52.47万km²）和荒漠生态系统（2230.79万km²）构成，其中，森林、荒漠、草地是面积占比最大的3个类型。

"一带一路"陆域各个分区间生态系统结构差异很大，且各分区内生态系统在陆域中的面积占比与各生态系统在本区域内的分布比例不完全一致（图2-1）。其中，东南亚区、非洲南部区、俄罗斯、大洋洲区、欧洲区森林生态系统广布。东南亚区、非洲南部区、俄罗斯、欧洲区森林生态系统面积分别占各区总面积的72.02%、54.79%、46.81%和43.45%，其次为草地和农田生态系统，水域、城市和荒漠生态系统面积较小；而大洋洲区森林生态系统面积覆盖广（43.12%），荒漠生态系统和草地生态系统均有大量分布，但农田生态系统面积较小。中亚区草地生态系统面积占陆域面积的一半以上，荒漠生态系统占31.42%。南亚区农田生态系统分布占比最大，占总面积的38.06%，森林、荒漠和草地生态系统次之。非洲北部区和非洲南部区生态系统结构差异明显，非洲北部区与西亚区类似，荒漠生态系统均超过区域总面积的60%，草地和农田生态系统次之；而非洲南部区则以森林生态系统为主（54.79%），其次为草地和农田。相对而言，东亚区农田、森林、草地和荒漠生态系统分布较为均衡（表2-1）。

表2-1 "一带一路"监测区各区生态系统面积

	农田		森林		草地		水域		城市		荒漠	
	面积/万km²	比例/%	面积/万km²	比例/%	面积/万km²	比例/%	面积/万km²	比例/%	面积/万km²	比例/%	面积/万km²	比例/%
俄罗斯	203.28	12.10	786.38	46.81	584.54	34.79	62.74	3.73	2.04	0.12	41.12	2.45
东南亚区	81.40	18.18	322.46	72.02	25.13	5.61	9.41	2.10	4.33	0.97	5.02	1.12
东亚区	177.47	15.21	318.54	27.30	272.11	23.32	35.18	3.01	14.08	1.21	349.52	29.95
非洲北部区	182.51	12.73	135.02	9.42	224.26	15.65	4.26	0.30	1.34	0.09	886.07	61.81
非洲南部区	292.28	18.58	862.19	54.79	343.56	21.83	27.46	1.75	4.92	0.31	43.11	2.74
南亚区	190.14	38.06	118.49	23.72	62.04	12.42	15.96	3.19	4.07	0.81	108.94	21.80
欧洲区	140.11	23.88	254.88	43.45	148.76	25.36	19.52	3.33	16.79	2.86	6.56	1.12
西亚区	83.63	13.59	36.4	5.91	67.86	11.02	4.56	0.74	2.9	0.47	420.21	68.27
中亚区	20.87	5.21	12.37	3.09	226.18	56.52	14.38	3.59	0.68	0.17	125.73	31.42
大洋洲区	17.83	2.09	368.02	43.12	215.63	25.27	6.09	0.71	1.32	0.16	244.51	28.65

"一带一路"生态环境状况

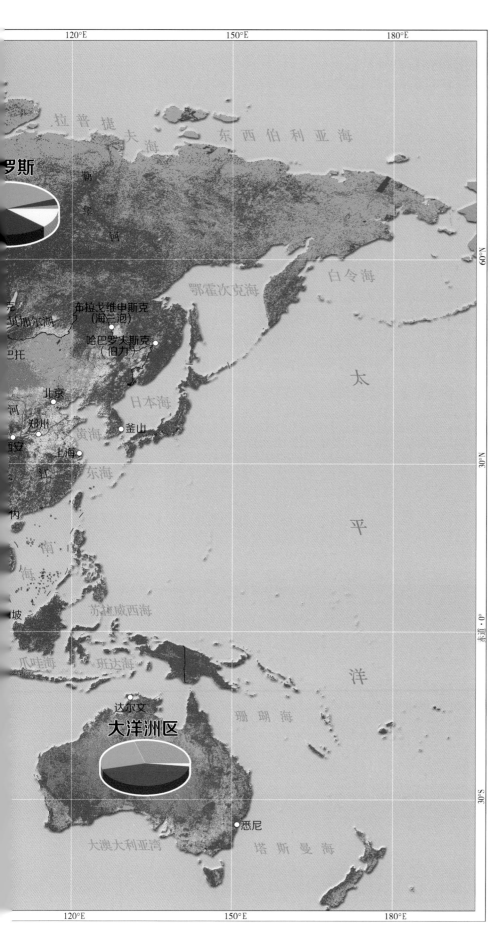

图2-1 2015年"一带一路"陆域生态系统构成

2.1.1　森林生态系统空间分布特征

森林生态系统是以乔木和灌木为主体的生物群落。2015年"一带一路"陆域森林生态系统面积3214.75万km²。其中非洲南部区森林生态系统面积最大，为862.19万km²，占整个"一带一路"陆域森林生态系统总面积的26.82%，其次为俄罗斯和大洋洲区，森林生态系统面积分别为786.38万km²和368.02万km²，中亚区森林生态系统面积最小，仅有12.37万km²。

亚洲的森林生态系统主要分布于亚洲北部西伯利亚高原、勒拿河沿岸高原、朝鲜半岛、中国东北平原、云贵高原、长江中下游平原、中南半岛和赤道附近的马来群岛（图2-2）。亚洲地域广袤，受区域气候条件和人类活动的影响，亚洲各区域森林生态系统类型与分布差异显著。其中，俄罗斯森林生态系统资源丰富，占总面积的46.81%，区内主要森林生态系统类型为北方针叶林生态系统，呈条带状横跨整个亚洲大陆，占据亚洲森林生态系统总面积的50%以上。东南亚区位于亚热带和热带，受气压带、风带的季节移动，以及热带季风、赤道暖流的影响，常年高温多雨，主要森林生态系统类型为亚热带常绿阔叶林生态系统和热带雨林生态系统，森林生态系统面积占比高达72.02%。东亚区、南亚区、西亚区和中亚区森林生态系统面积分别占总面积的27.30%、23.72%、5.91%和3.09%。东亚区森林生态系统主要分布在朝鲜半岛、中国东北平原（以针叶林与针阔混交林为主）和云贵高原（亚热带常绿阔叶林为主）。此外，南亚区、西亚区和中亚区森林分布较为破碎。

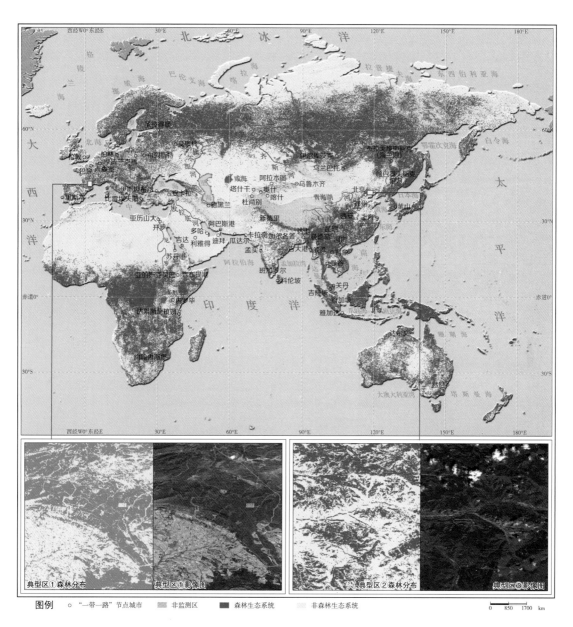

图例　○"一带一路"节点城市　▨非监测区　▇森林生态系统　▨非森林生态系统　0　850　1700 km

图2-2　"一带一路"陆域森林生态系统分布

大洋洲区森林生态系统占全区面积的43.12%，其中，灌丛面积广布，主要分布在维多利亚大沙漠边缘等地区，森林主要分布在澳大利亚北部、东部及南部的沿海地区，以及新几内亚与新西兰等地区，森林类型以热带雨林和湿润森林为主。

欧洲区森林生态系统面积占全区面积的43.45%，主要类型为温带阔叶林和混交林、北方针叶林，此外还包括少量的温带针叶林、地中海森林/疏林/灌丛。其中北方针叶林主要分布在气候寒冷的北欧地区，温带阔叶林和混交林则基本遍布欧洲的其他地区，地中海沿岸一带主要是地中海森林/疏林/灌丛，温带针叶林主要生长在阿尔卑斯山脉、喀尔巴阡山脉。

非洲森林生态系统主要分布在非洲南部区，占全区面积的54.79%，非洲北部区森林资源稀少，仅占区域面积9.42%。非洲的森林生态系统主要包括森林和灌丛，森林分布在10°S～10°N、10°～30°E的热带地区，灌丛主要分布在5°～15°N的萨赫勒地区、15°～25°S的区域（图2－2）。森林生态系统类型主要包括湿润森林、季节性干旱森林等。其中，夏季受热带赤道辐合带北移影响，西南季风带来丰沛的水汽，在刚果河流域、几内亚湾沿岸形成湿润森林。埃塞俄比亚高原东坡和马达加斯加东部沿海受东南信风影响，也形成热带湿润森林景观。季节性干旱森林主要分布在非洲中部南端和非洲东部。

"一带一路"陆域森林面积前10位国家及其人均森林面积如图2－3所示。俄罗斯以大于750万km^{2}的森林面积居于榜首，但其人均森林面积（545.93km^2/万人）低于澳大利亚（1283.09km^2/万人）和中非（1122.75km^2/万人）。中国和印度森林面积分别排在第三位和第六位，但人均森林面积仅为19.42km^2/万人和6.95km^2/万人。

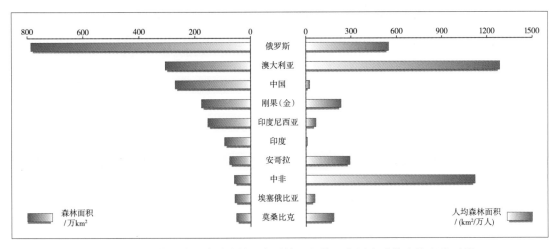

图2－3 "一带一路"陆域森林生态系统面积前10位国家及其人均森林面积

2.1.2　农田生态系统空间分布特征

2015年"一带一路"陆域的农田生态系统总面积1389.52万km²，广泛分布于亚欧大陆西部、南亚区、东亚区、非洲萨赫勒区域南缘和澳大利亚西南和东南沿岸。其中非洲南部区、俄罗斯农田生态系统面积最大，分别为292.28万km²和203.28万km²，分别占"一带一路"陆域农田生态系统的14.63%和21.03%，其次为南亚区、非洲北部区、东亚区、欧洲区，分别为190.14万km²、182.51万km²、177.47万km²和140.11万km²。大洋洲区农田生态系统面积最小，仅有17.83万km²。

亚洲农田生态系统主要分布在60°N以南的西西伯利亚平原、印度半岛、中南半岛、中国东北平原、华北平原，以及长江中下游平原（图2－4）。亚洲横跨五个温度带，各区域农业区位条件差异显著，农作物在不同区域受到不同因素的制约。整体而言，农田主要分布在年降水量500mm以上，年均温>8℃的平原地区。其中，东亚区、东南亚区、南亚区绝大部分区域属于热带和亚热带，季风气候显著，光照、热量和降水充足，非常适宜发展农业，是世界上主要的水稻产区。南亚区农田生态系统面积占比最高，达38.06%，东南亚区和东亚区占比分别为18.18%和15.21%。中亚区和西亚区主要属于温带大陆性气候和热带草原气候，夏季满足农业生产的温度需求，因此农田分布主要受水分的制约。农田多集中在降水较为丰富的哈萨克斯坦，灌溉条件较好的阿姆河流域、锡尔河流域、美索不达米亚平原和大高加索地区。此外，农田生态系统还分布在沙漠中地下水灌溉条件较好的绿洲。俄罗斯和东亚青藏高原地区冬季漫长，光热资源不足；西亚地区和南亚的印度河平原一带受水分条件制约，均不适宜农业发展。

大洋洲区农田生态系统主要分布在澳大利亚东南沿海的墨累-达令盆地（140°～150°E）。大洋洲区农田生态系统分布主要受水分的制约。农田几乎全部分布在年降水量大于500mm的澳大利亚西南沿海和东南沿海。此外，受海洋性气候控制的新西兰（包括南岛与北岛）也有较高比例的农田分布。

欧洲区气候温和，农业资源丰富，农田生态系统面积占区域总面积的23.88%。除北欧和中欧北缘的沼泽区受温度制约或排水条件较差以外，其他地区光热适宜、降水量丰富，适宜作物生长，农田分布广阔且相对均匀。

非洲大部分区域属于热带和亚热带，光热条件充足，农田分布的主要制约因素是水分条件。其中，非洲北部区的农业生产区主要集中在地中海沿岸，非洲南部区的农田生态系统集中在年降水量大于500mm的西部地区、萨赫勒地区以南，以及东非大裂谷谷地及几内亚湾北部（图2－4）。

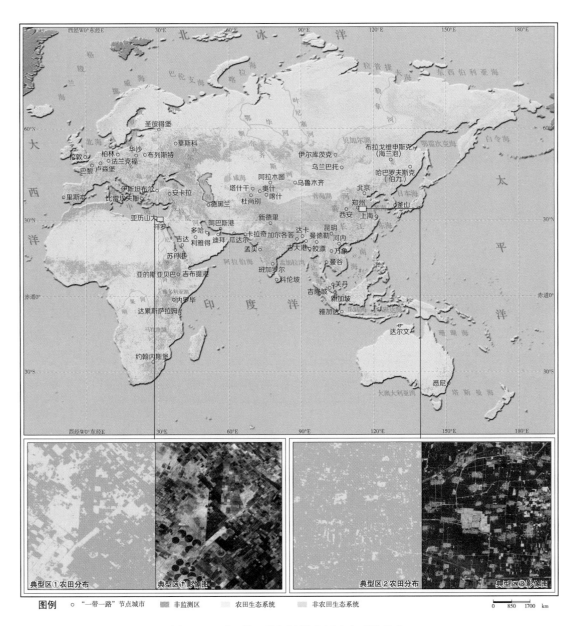

图2-4　"一带一路"陆域农田生态系统分布

　　"一带一路"陆域农田生态系统面积前10位国家及其人均面积如图2-5所示。俄罗斯是监测区域农田生态系统总面积（203.28万km²）、人均面积（141.11km²/万人）最大的国家。农田生态系统总面积排在第2、3位的中国和印度由于人口众多，人均面积远低于其他国家。此外，尼日利亚、埃塞俄比亚、坦桑尼亚、苏丹、南非等非洲国家人均面积很大，但由于农业生产方式比较落后，每年需大量进口粮食。

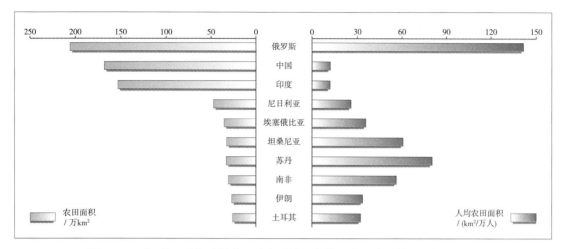

图2-5 "一带一路"陆域农田生态系统面积前10位国家及其人均农田面积

2.1.3 草地生态系统空间分布特征

"一带一路"陆域的草地生态系统总面积为2170.07万km²，广泛分布在亚欧大陆中部、非洲萨赫勒区域和澳大利亚东北沿岸，东西绵延近200个经度，南北跨越110个纬度。其中俄罗斯、非洲南部区草地生态系统面积最大，分别为585.54万km²和343.56万km²，分别占"一带一路"陆域草地生态系统总面积的26.98%和15.83%，其次为东亚区、中亚区、非洲北部区和大洋洲区。东南亚区草地生态系统面积最小，仅有25.13万km²。中亚区草原生态系统总面积仅排在第4位，但草地生态系统在该区内占比最大，达56.52%。

草地生态系统在亚洲大陆上分布最为广泛。其中，俄罗斯草地主要分布在高纬度寒冷地区，呈带状横跨整个亚洲北部（图2-6）。中亚区地处亚洲大陆腹地，降水较少且梯度明显，自蒙古高原至哈萨克丘陵，从东向西依次分布草甸草原、典型草原、干旱草原和荒漠草原。此外，东亚区的青藏高原由于海拔高，温度低，草地类型主要为高寒草甸和高寒草地。

大洋洲区北部地处热带草原气候带，在金伯利高原南侧与巴克利高原分布有条带状的热带稀树草原带。

欧洲区草地生态系统的类型主要为温带草原及寒带苔原两类，其中寒带苔原主要分布在欧洲北部。

非洲北部区草地生态系统主要分布在15°N附近的萨赫勒地区狭长地带。非洲南部区的下几内亚高原、加丹加高原、南非高原、德拉肯斯堡山地，以及马达加斯加岛西部也有草地生态系统分布，主要以山地草原及热带稀树草原为主。

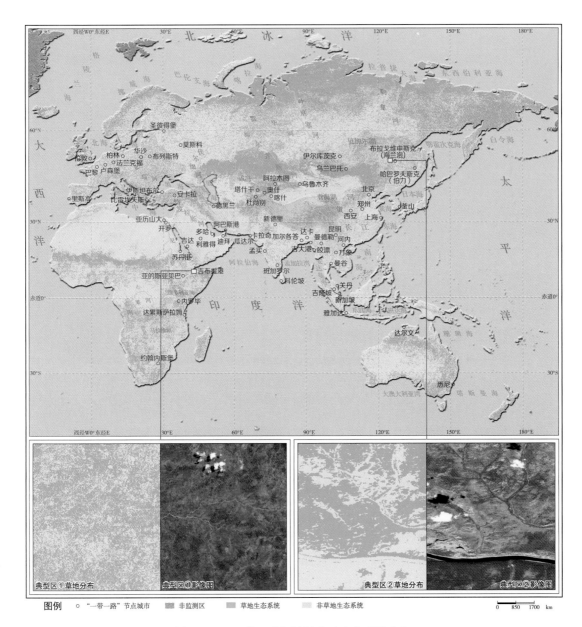

图例 ○"一带一路"节点城市　▨非监测区　▨草地生态系统　▨非草地生态系统　　0 850 1700 km

图2-6　"一带一路"陆域草地生态系统分布

　　"一带一路"陆域草地生态系统面积前10位国家及其人均草地面积如图2-7所示。俄罗斯和蒙古分别是区域草地生态系统总面积（585.54万km^2）和人均草地面积（2476.74 km^2/万人）最大的国家。

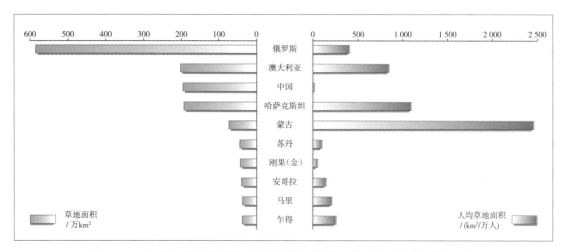

图2-7 "一带一路"陆域草地生态系统面积前10位国家及其人均草地面积

2.1.4 水域生态系统空间分布特征

"一带一路"陆域的水域生态系统总面积为199.56万km²。其中俄罗斯水域生态系统面积最大，为62.74万km²，其次为东亚区和非洲南部区，非洲北部区水域生态系统面积最小，仅有4.26万km²。此外，中亚区水域生态系统面积为14.38万km²，但水域生态系统占比第二，达3.59%。

亚洲水域生态系统空间分布不均，水域生态系统资源主要集中于大江大河流域，以及较大的湖泊盆地。亚洲水系多发源于亚洲中部山地、高原，呈放射状注入太平洋、印度洋和北冰洋，其中，最长的河流是长江，其次是以额尔齐斯河为源的鄂毕河（图2-8）。中亚区、东亚区、俄罗斯分布有一些大湖，如咸海、贝加尔湖、巴尔喀什湖、青海湖、奥涅加湖、拉多加湖，其中贝加尔湖是世界第三大淡水湖。此外，青藏高原湖泊群和长江中下游湖泊群呈串珠状分布。

欧洲区河网稠密、湖泊众多，水量丰沛，水域生态系统资源较为丰富，但水域生态系统的空间分布极其不均匀。北欧地区湖泊众多，水域生态系统面积远高于欧洲区其他地区。相对于亚洲区而言，欧洲区河流较为短小，但内河航运发达，如莱茵河和多瑙河都是世界上最具航运价值的河流。此外，欧洲还拥有众多的湖泊，且多小湖群。湖泊主要分布在北欧地区和阿尔卑斯山地区，斯堪的纳维亚半岛是欧洲湖泊分布最集中的地区，有大小湖泊10万多个，其中芬兰境内湖泊众多，有"千湖之国"美称；东欧-中欧平原北部一带的湖泊密度大，但多为小湖，面积不大且深度较小；阿尔卑斯山区也是湖泊集中区。欧洲的湖泊多由冰川作用形成，如阿尔卑斯山麓就分布着许多较大的冰碛湖和构造湖。

受降水量和地形的影响，非洲区水域生态系统主要分布在赤道和35°E附近（即非洲南部区）。刚果河是非洲南部区最大的水系。此外，非洲南部区东部存在一些大的淡水湖，其中维多利亚湖是非洲面积最大的湖，也是尼罗河支流白尼罗河的源头。发源于埃塞

俄比亚高原的尼罗河是非洲北部区的主要水系。大洋洲水域生态系统面积较小，仅有6.09
万km²，主要水系有墨累-达令河水系。

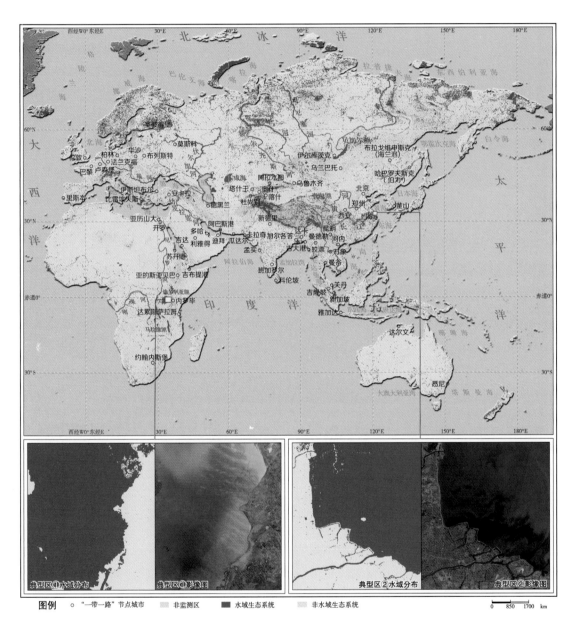

图2-8 "一带一路"陆域水域生态系统分布

水域生态系统面积前10位国家及其人均水域面积如图2-9所示。俄罗斯和哈萨克斯坦
分别是监测区域水域生态系统总面积（62.74万km²）和人均水域面积（36.73km²/万人）
最大的国家。

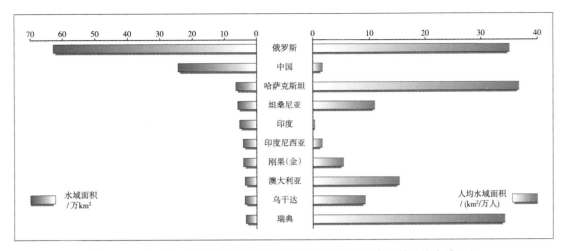

图2-9 "一带一路"陆域水域生态系统面积前10位国家及其人均水域面积

2.1.5 城市生态系统空间分布特征

"一带一路"陆域的城市生态系统分布不平衡。由2015年城市生态系统分布图（图2-10）来看，欧洲区是"一带一路"各大区城市化最高的地区，城市面积高达16.79km^2，占比达到2.86%；其次为东亚区（1.21%）、东南亚区（0.97%）和南亚区（0.81%）。从空间分布特征来看，城市生态系统主要分布在平原、河口三角洲和沿海地区。大洋洲城市主要分布在大陆及较大岛屿的边缘地带，如澳大利亚东西海岸。非洲的城市主要分布在地中海沿岸、几内亚湾沿岸、南非等地。这些区域集中了亚洲、大洋洲、非洲和欧洲的主要人口和GDP。

"一带一路"陆域城市生态系统面积前10位国家及其人均城市面积如图2-11所示。中国以大于10.81万km^{2}的城市生态系统面积居于榜首，远高于其他国家，但人均城市面积（0.79km^2/万人）远低于德国（3.32km^2/万人）和乌克兰（3.33km^2/万人）。

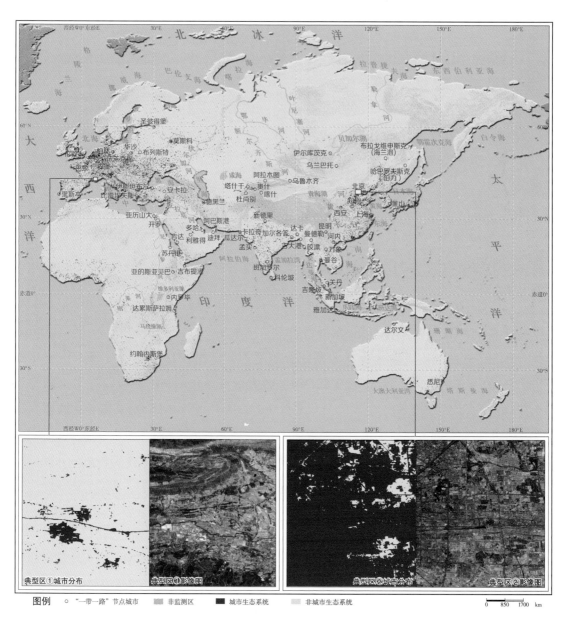

图2-10 "一带一路"陆域城市生态系统分布

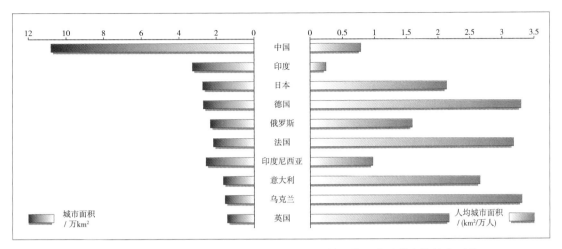

图2-11 "一带一路"陆域城市生态系统面积前10位国家及其人均城市面积

2.1.6 荒漠生态系统空间特征

"一带一路"陆域的荒漠生态系统总面积为2230.79万km²。其中非洲北部区荒漠生态系统面积最大，为886.07万km²，其次为西亚区和东亚区，东南亚区荒漠生态系统面积最小，仅有5.02万km²。西亚区荒漠生态系统面积列第二位，但荒漠生态系统覆盖率最高，达到西亚区面积的68.27%。

亚洲的荒漠生态系统集中分布在西亚区与东亚区的阿拉伯半岛、伊朗高原、塔里木盆地和阿拉善高原（图2-12）。在15°～30°N，由于副热带高气压带和东北信风带交替控制，副热带高压带气流下沉，而东北信风带来干燥的大陆气团，难以产生降水，形成阿拉伯半岛的众多沙漠。伊朗高原、塔里木盆地和阿拉善高原深居内陆，以大陆性干旱半干旱气候为主，加之山地阻挡了湿润的海洋气流，形成塔克拉玛干等沙漠。

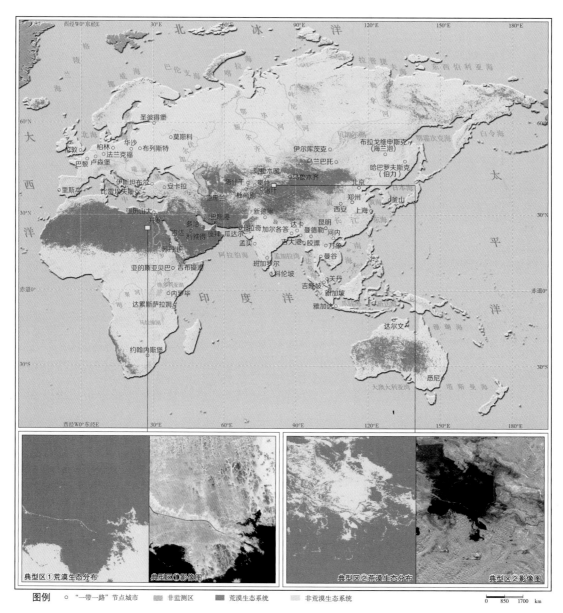

图例 ○ "一带一路"节点城市 ■ 非监测区 ■ 荒漠生态系统 □ 非荒漠生态系统   0 850 1700 km

图2-12 "一带一路"陆域荒漠生态系统分布

　　大洋洲区的荒漠生态系统主要分布在南回归线附近的大沙沙漠、维多利亚大沙漠。由于常年受副热带高压控制，加上西岸的西澳大利亚寒流的影响，这些区域异常干旱。

　　非洲北部区荒漠生态系统（主要是沙漠）面积为886.07万km²，占非洲北部区总面积的61.81%，限制了非洲北部区的人类生存空间和生产活动。就整个非洲而言，荒漠生态系统是仅次于森林生态系统的非洲第二大生态系统类型，约占非洲大陆面积的1/3，占世界荒漠生态系统面积的41.65%。北部非洲区荒漠生态系统分布最为集中，主要分布在15°～30°N的撒哈拉沙漠地带。该区域受副热带高气压带和东北信风带交替控制，难以产生降水，形成世界上最大的沙质荒漠。此外，非洲南部区的纳米比亚西部受南回归线附近副热带高压和西岸的本格拉寒流影响，形成了纳米贝沙漠。

"一带一路"陆域荒漠生态系统面积前10位国家及其人均荒漠生态系统面积,如图2-13所示。

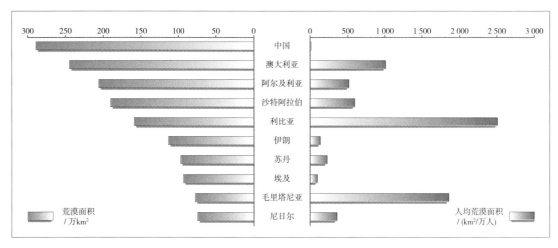

图2-13 "一带一路"陆域荒漠生态系统面积前10位国家及其人均荒漠生态系统面积

2.2 生态系统植被生产潜力及胁迫

太阳辐射、热量、水分等气候要素是植物生长发育不可缺少的气候因子,决定了植被分布及类型。光温水生产潜力也称为气候生产潜力,是指除光照、温度、水资源条件对植被的限制外,其他的环境因素(二氧化碳、养分等)和作物群体因素处于最适宜状态,作物利用当地的光、温、水资源的潜在生产力,反映的是地区光温水资源综合作用的结果。植被生长胁迫因子则是由1减去植被的光照、温度、水分驱动因子得到,反映了植被生长中主要受到不同因子影响生长的程度。

2.2.1 光温生产潜力

利用月均气温分布及月光能状况分布数据,分析了"一带一路"陆域光温生产潜力分布特征(图2-14)。"一带一路"陆域光温生产潜力空间分布格局总体呈现为西南高,东北低的特征。中国青藏高原由于海拔较高,年均温较低,年光温生产潜力较低,在30t/hm²以下。西亚的阿拉伯半岛、伊朗等部分地区,以及非洲的埃塞俄比亚、苏丹等部分地区,由于光热同期,光温生产潜力可达200t/hm²以上,为区域最高值;俄罗斯西部的光温生产潜力大于东部,且由于纬度较高,年均温和年总太阳总辐射量较低,光温生产潜力整体较低,存在区域最低值,在5t/hm²以下。东亚区的中国东部沿海地区年光温生产潜力从东北地区的45t/hm²,向南增加到南部沿海地区的100t/hm²,向西增加至西北地区的100 t/hm²。欧洲的光温生产潜力大体呈现由南向北逐渐减少的趋势,中部由于海拔较高,年均温较低,光温生产潜力较低。

东南亚的马来群岛和非洲中部地区位于赤道附近,光温生产潜力分布相对均匀,年光温生产潜力达到150t/hm²左右。大洋洲西部光温生产潜力普遍大于160t/hm²,东部光温生产潜力则在100t/hm²左右,呈现由西到东递减的趋势。

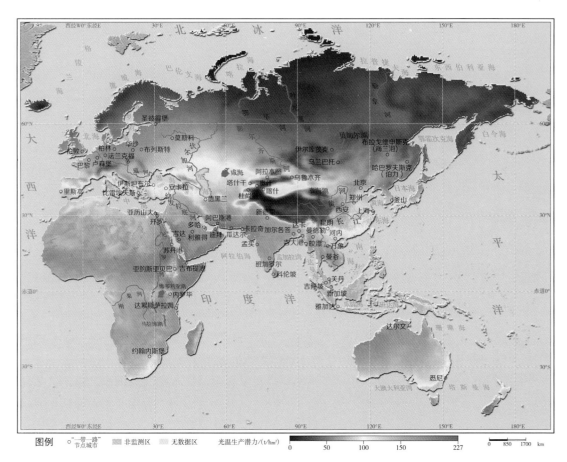

图2-14　2015年"一带一路"陆域光温生产潜力分布

2.2.2　光温水生产潜力

利用月均气温分布数据、月降水量分布数据、月蒸散量分布数据，以及月光能状况分布数据，分析了"一带一路"陆域光温水生产潜力分布特征（图2-15）。光温水生产潜力空间分布格局总体呈现赤道低纬度地区高、大陆东岸较高的特征。光温生产潜力大的地区，植被覆盖不一定茂密甚至没有植被，因此相比光温生产潜力，光温水生产潜力更能反映出地区内植被受环境影响的真实的生产能力。就光温水生产潜力在监测区的分布来说，非洲北部的撒哈拉沙漠地区、阿拉伯半岛的南部地区光温水生产潜力在10t/hm²以下。其他生产潜力较低的地区有：光温水生产潜力在30t/hm²以下的东亚的西北地区、伊朗高原、中亚、青藏高原、俄罗斯北部、索马里半岛、非洲南部的卡拉哈迪沙漠地区，以及阿拉伯半岛的北部和光温水生产潜力在50t/hm²以下的澳大利亚的西部。光温水生产潜力较高的地区则有：非洲刚果河流域、东南亚的印度尼西亚，以及马达加斯加岛的东部沿海，由于雨热同期，降水丰沛，其光温水生产潜力可达120t/hm²以上，为区域最高值；中国东南沿海、中南半岛、大洋洲的东海岸以及印度半岛东南地区，全年光热水较为充足，因而光温水生产潜力也较高，大致为80t/hm²以上。

中低纬度的沙漠干旱地区，光温与光温水生产潜力的差值可达180t/hm²。非洲北部的撒哈拉沙漠地区和南部的卡拉哈迪沙漠地区、索马里半岛、阿拉伯半岛、伊朗高原、澳大利亚中西部、南亚西部地区光温生产潜力很高，但受水分条件限制，植被生产潜力大幅降低。而中国东南部、澳大利亚东海岸、欧洲和南非东部水分条件较好，植被生产潜力保持了较高的水平。

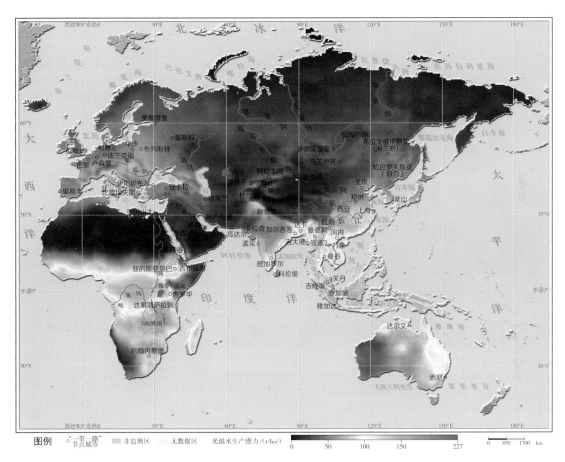

图2-15　2015年"一带一路"陆域光温水生产潜力分布

2.2.3　光温水胁迫因子

　　"一带一路"陆域光温水胁迫因子空间分布差异显著（图2-16）。在20°N以北和25°S以南，光照和温度胁迫因子随纬度升高影响增大；在22°N和22°S处水分胁迫因子影响最大，随纬度变化向南、北地区的影响逐渐降低。欧亚大陆40°N以北的寒温带与寒带区域，气候寒冷，植被生长受温度和光照胁迫为主。在高海拔地区，如青藏高原、帕米尔高原、兴都库什山脉、托罗斯山脉、天山山脉、昆仑山脉等，植被生长受温度胁迫为主。欧洲区西部和东亚区南部，气候温和湿润，植被生长受光照胁迫为主。位于40°N～40°S间的热带、亚热带和温带荒漠区，含西亚区的阿拉伯半岛和伊朗高原、南亚区的印度半岛、中亚区的图兰低地、东亚区的准噶尔盆地、吐鲁番盆地和腾格里沙漠，以及澳大利亚的西部沙漠区，气候干燥，植被生长受水分胁迫为主。赤道附近的非洲南部区刚果河流域、东南亚区的印度尼西亚、马来西亚、菲律宾、新几内亚等地的热带雨林区，以及非洲南部区的马达加斯加岛，雨热同季、降水丰沛，光温水条件充足，植被生长不受光温水因子胁迫。

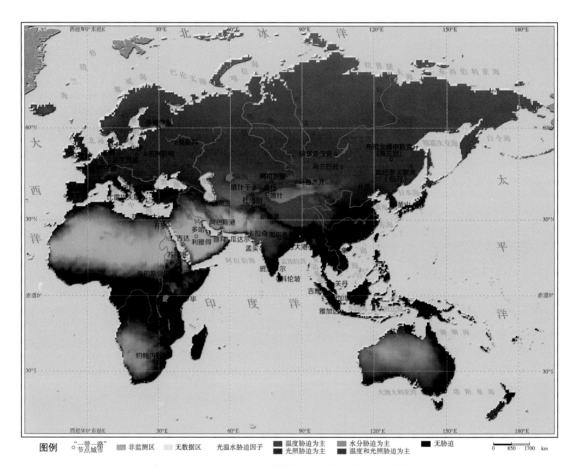

图2-16   "一带一路"陆域植被生长的光温水胁迫因子

2.3   主要植被生态系统状况和变化特征

2.3.1   森林生态系统状况和变化

"一带一路"陆域森林分布广阔，主要集中在西伯利亚-西欧一带、东北亚东北部及东南部、东南亚、非洲中部和大洋洲环东海岸，以及新西兰和塔斯马尼亚岛。2015年监测区森林的地上生物量总量为2813亿t，主要分布在俄罗斯、非洲南部区、欧洲区、东亚区、东南亚区（图2-17），依次为923亿t、751亿t、298亿t、248亿t和218亿t（图2-18）。

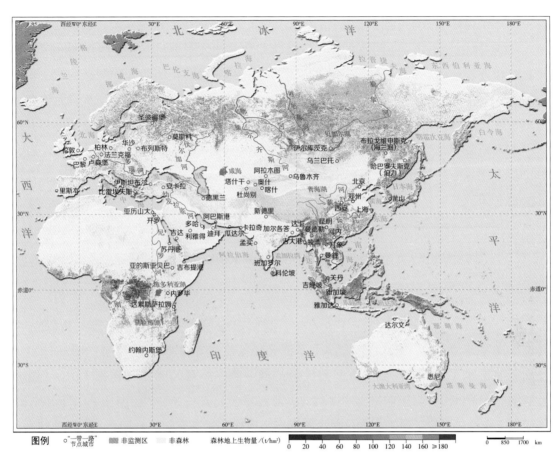

图2-17 2015年"一带一路"陆域森林地上生物量分布

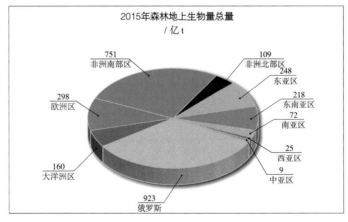

图2-18 2015年"一带一路"陆域森林地上生物量总量分区占比

2015年森林年平均叶面积指数（ALAI）分布（图2-19）和森林光温水胁迫因子分布（图2-20）显示，赤道附近的东南亚区、非洲南部区刚果河流域及大洋洲区东部由于光温水条件充足，生长着繁茂的热带雨林。由于热带雨林全年生长，年平均叶面积指数最大；其中非洲南部区刚果河流域热带雨林年平均叶面积指数接近6，单位面积森林地上生物量约为141t/hm²。东亚区东北部、西伯利亚和北欧区的寒温带与寒带森林，由于中纬度地区受光照和温度的影响，以及生长期较短，年平均叶面积指数仅为2左右，单位面积森林地上生物量约为113t/hm²。非洲北部区、西亚区、中亚区、南亚区的森林资源匮乏。

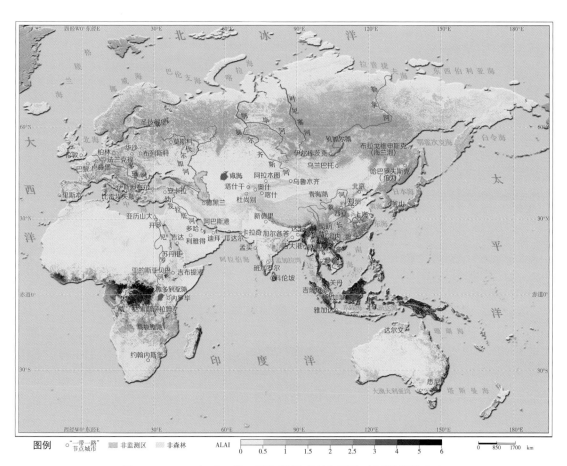

图2-19　2015年"一带一路"陆域森林年平均叶面积指数分布

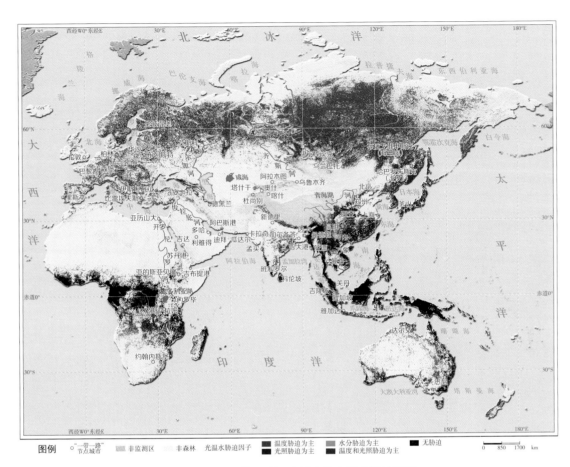

图例 ○"一带一路"节点城市 ▨非监测区 ▨非森林 光温水胁迫因子 ■温度胁迫为主 ■水分胁迫为主 ■光照胁迫为主 ■温度和光照胁迫为主 ■无胁迫 ⊢0 850 1700 km⊣

图2-20 "一带一路"陆域森林光温水胁迫因子

　　2015年"一带一路"陆域各分区的森林地上生物量与2010年相比，2015年整个区域森林地上生物量总体有所增长，增加27亿t。各地区的统计结果显示（图2-21），2010～2015年，东亚区尤其是中国的森林地上生物量有较大的增长（7.58%），与其推行的森林资源保护政策密切相关；俄罗斯近5年的森林地上生物量有2.32%的增长，主要归因于俄罗斯颁布和实施的《新森林法》使森林扰动明显降低。根据FAO发布的2015年森林资源评估报告，整个非洲地区的森林面积急剧减少；尽管东南亚多数国家的林地面积整体上有所增加，但小部分林业大国（如印度尼西亚、缅甸等）由于砍伐、火灾等因素，林地面积明显减少。因此非洲南部、非洲北部、东南亚地区的森林地上生物量总量在5年内都有较大的下滑，分别为1.38%、2.08%及2.33%；大洋洲虽然由于严重干旱导致森林火灾频发，但总体林地面积有小幅上涨，导致森林地上生物量总体浮动不大；南亚、中亚、欧洲地区森林没有受到过多的扰动，森林地上生物量平稳的增长；西亚地区气候干旱，水资源缺乏，虽然森林面积没有较大的扰动，但森林地上生物量有较小的浮动。

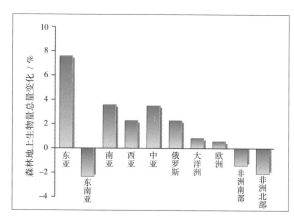

图2－21　"一带一路"陆域分区2015年森林地上生物量相比于2010年的变化

2.3.2　草地生态系统状况和变化

"一带一路"陆域草地（含苔原）分布广泛。其中，俄罗斯草地分布最为广阔，其次分布在非洲南部区、东亚区西部、中亚区北部、非洲北部区南部、大洋洲区北部，以及欧洲区南部。

2015年草地年最大植被覆盖度（MFVC）分布（图2－22）、草地年平均叶面积指数（ALAI）分布（图2－23）和草地光温水胁迫因子分布（图2－24）显示，俄罗斯高纬度苔原带，受温度和光照胁迫为主，光照时间变长、温度升高的情况下，草地生长条件较好，年最大植被覆盖度为0.90～1，但由于生长期较短，年平均叶面积指数低于0.5。非洲南部分布着世界最大的热带草原区，当雨季来临时，光温水条件充足，草地年最大植被覆盖度为0.90～1，由于生长季较长、长势较好，年平均叶面积指数高于2。俄罗斯南部和欧洲温带草原，由于光温水条件适宜，年最大植被覆盖度为0.90～1，年平均叶面积指数为1～2。非洲撒哈拉沙漠南缘草地受水分胁迫因子限制，当有降水时，草地即生长，呈现由干旱区向非干旱区逐渐过渡，年最大植被覆盖度低于0.4，年平均叶面积指数低于0.1。青藏高原的高寒草地，由于处于高海拔区，受温度胁迫显著，当温度升高时，草地生长，年最大植被覆盖度可达0.90左右；随纬度升高，年最大植被覆盖度逐渐下降至0.60左右；但由于生长期较短，年平均叶面积指数低于0.5。

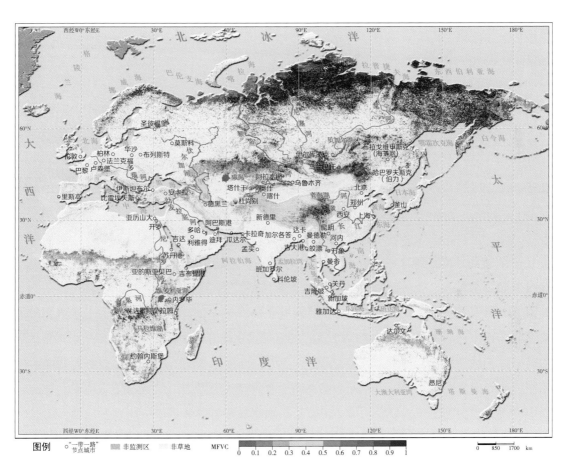

图例 ○ "一带一路"节点城市　▨ 非监测区　□ 非草地　MFVC　0　0.1　0.2　0.3　0.4　0.5　0.6　0.7　0.8　0.9　1　0　850　1700　km

图2-22　2015年"一带一路"陆域草地年最大植被覆盖度分布

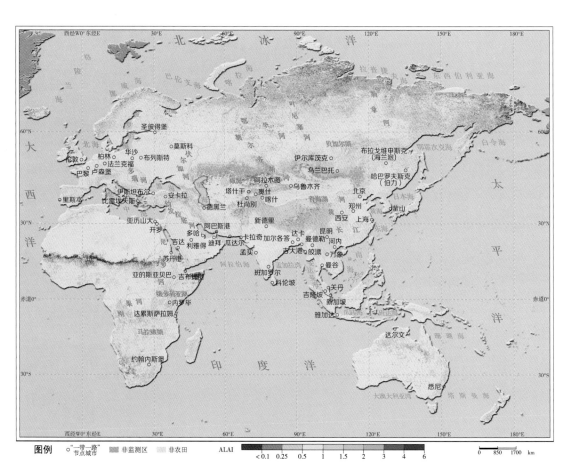

图例　○"一带一路"节点城市　▨非监测区　▨非农田　ALAI　＜0.1　0.25　0.5　1　1.5　2　3　4　6　　0　850　1700　km

图2-23　2015年"一带一路"陆域草地年平均叶面积指数分布

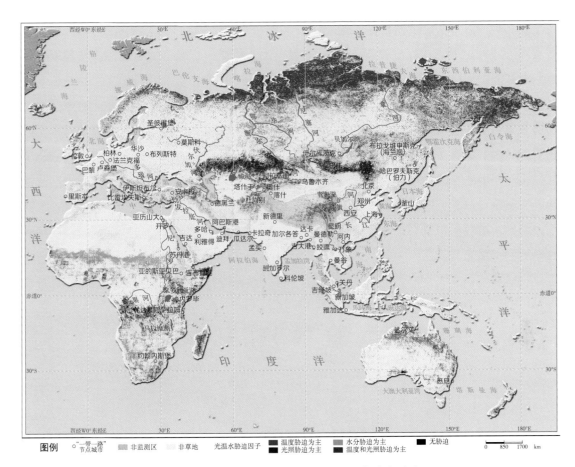

图例 ○ "一带一路"节点城市 ▨ 非监测区 ▨ 非草地 光温水胁迫因子 ■ 温度胁迫为主 ■ 水分胁迫为主 ■ 无胁迫 0 850 1700 km
　　　　　　　　　　　　　　　　　　　　　　　　　　　　　　　　 ■ 光照胁迫为主 ■ 温度和光照胁迫为主

图2-24　"一带一路"陆域草地光温水胁迫因子

2015年草地年最大植被覆盖度与2010～2014年平均年最大植被覆盖度的距平分布（图2-25）显示，草地年最大植被覆盖度显著增加的区域包括俄罗斯泰梅尔半岛和东西伯利亚山地东部、中亚区北部及非洲北部区东南部，由于2015年降水增加，年最大植被覆盖度平均增加约0.10，最大可达0.25。草地年最大植被覆盖度显著下降的区域包括大洋洲东北部、俄罗斯北冰洋沿岸东北部及远东地区、非洲北部区东南部、南非、东亚区北部蒙古至新疆一带，以及青藏高原东南部。2015年受厄尔尼诺事件影响，非洲中南部和澳大利亚北部的热带草原区，降水显著下降、气候干旱，草地年最大植被覆盖度下降最大，达0.40左右。

127

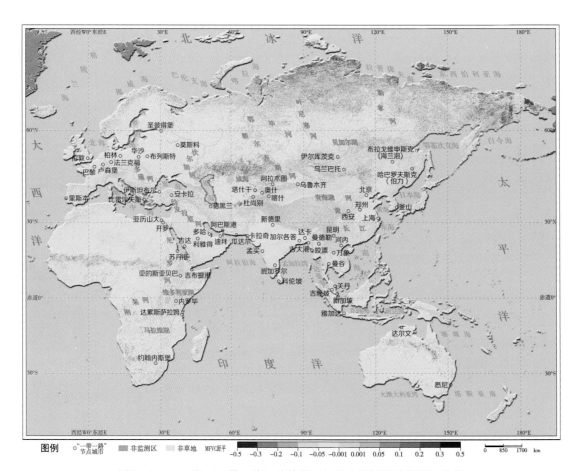

图2-25 2015年"一带一路"陆域草地年最大植被覆盖度距平分布

2.3.3 农田生态系统状况和变化

"一带一路"陆域农田分布空间差异显著。面积最大的、最主要的农田区为北部农田带，主要包括西欧平原、中欧平原、东欧平原、西西伯利亚平原及美索不达米亚平原。其次为南亚和东亚东部地区，主要包括印度河平原、恒河平原、东北平原、华北平原、长江中下游平原、四川盆地等。东南亚、大洋洲南部，以及非洲中部及南部也是农田的主要分布区。

2015年农田年平均叶面积指数分布（图2-26）和农田光温水胁迫因子分布（图2-27）显示，农田年平均叶面积指数差异显著，这与农作物类型、耕作方式及自然气候条件等相关。在气候条件比较好的低纬度地区，如恒河平原、长江中下游平原、东南亚区、大洋洲区南部、尼罗河上游盆地等，光温水条件充足，农田复种指数高，农田年平均叶面积指数为2~3。中纬度农田区主要集中在欧洲区、俄罗斯西南部、东亚区东北部，此区域主要受光照和温度胁迫为主，在春季来临后，光照变长、温度升高，农田年平均叶面积指数为1~2。在一些干旱区也分布有一定的农田，如非洲北部区南部、南亚区西部、中亚区南部和西亚区北部地区，这些区域受水分胁迫为主，依赖降水及人工灌溉，农田年平均叶面积指数不高，为0.5~1。

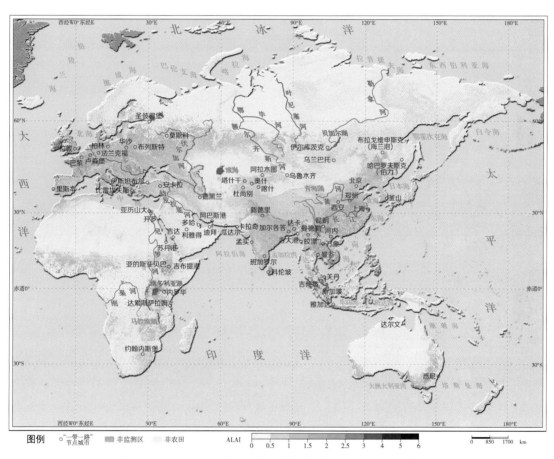

图2-26　2015年"一带一路"陆域农田年平均叶面积指数分布

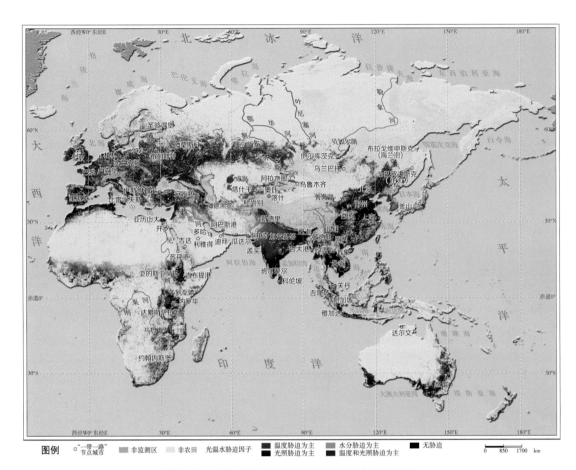

图2-27 "一带一路"陆域农田光温水胁迫因子

　　2015年农田年平均叶面积指数与2010～2014年平均叶面积指数的距平分布
（图2-28）显示，2015年农田年平均叶面积指数整体呈增加趋势。年平均叶面积指数集中
增加的区域主要分布在东南亚区、南亚区、欧洲区西南部、东亚区华北平原和四川盆地农
田区，2015年光温水条件充足，作物长势良好，年平均叶面积指数增加0.5～1。2015年大宗
粮油作物产量增加的地区和代表作物为：华北平原的玉米增幅13%、小麦增幅6.5%、大豆
增幅12.5%；四川盆地玉米增幅1.1%、水稻增幅1.4%、小麦增幅1.7%；中欧平原波兰玉米增
幅3.9%、德国大豆增幅4.5%；东南亚越南玉米增幅1.8%、水稻增幅2.4%。农田年平均叶面
积指数集中下降的区域主要分布在澳大利亚南部、南亚中西部、南非中部、欧洲东部农田
区，2015年的年平均叶面积指数下降0.1～0.5。其中澳大利亚农田区由于2015年低温胁迫增
强，温度降低限制农作物生长，但澳大利亚大宗粮油作物产量总体与2014年持平；南亚区
中西部、南非中部、欧洲东部农田区由于2015年水分胁迫增强，降水减少、干旱加剧，导
致大宗粮油作物产量降低，印度玉米减产6.4%、小麦减产4.5%，南非玉米减产11.8%，法国
玉米减产1.8%、水稻减产6.9%。

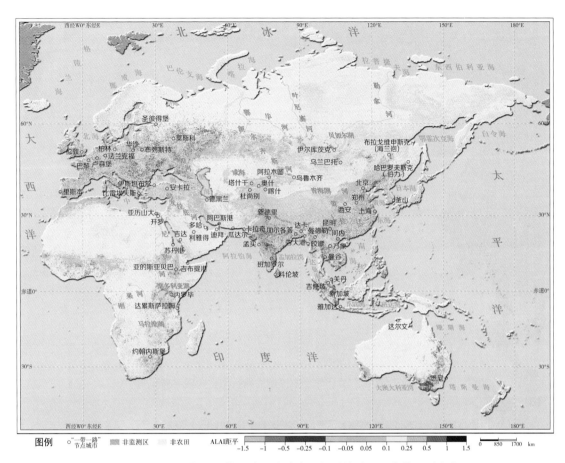

图2-28 2015年"一带一路"陆域农田年平均叶面积指数距平变化

2.4 分区域植被生态系统状况和变化

"一带一路"陆域地理跨度大，生态资源丰富。2015年，俄罗斯森林地上生物量最多，为923亿t，东南亚区森林年平均叶面积指数（3.64）和年最大植被覆盖度（0.99）最高；东南亚区草地和农田的年平均叶面积指数（2.67和2.05）及年最大植被覆盖度（0.97和0.93）最高（表2-2）。2010～2015年，俄罗斯和东亚区森林生物量分别增加21亿t和17亿t，而非洲南部区、东南亚区和非洲北部区森林生物量分别降低11亿t、5亿t和2亿t；俄罗斯和大洋洲区草地年平均叶面积指数分别降低0.52%和3.79%；大洋洲区农田年平均叶面积指数降低1.97%（表2-3）。

表2-2　2015年监测区域主要生态资源数量

区域	森林			草地			农田		
	森林地上生物量/亿t	年平均叶面积指数	年最大植被覆盖度	年平均叶面积指数	年最大植被覆盖度	年平均叶面积指数	年最大植被覆盖度		
俄罗斯	923	1.26	0.98	0.63	0.91	0.95	0.92		
东南亚区	218	3.64	0.99	2.67	0.97	2.05	0.93		
南亚区	72	2.18	0.92	0.34	0.51	0.89	0.76		
中亚区	9	0.89	0.86	0.37	0.67	0.48	0.78		
西亚区	25	1.33	0.77	0.49	0.51	0.46	0.51		
东亚区	248	1.81	0.99	0.50	0.83	1.03	0.93		
欧洲区	298	1.65	0.94	0.98	0.87	1.36	0.89		
大洋洲区	160	1.16	0.63	0.70	0.58	0.98	0.80		
非洲北部区	109	0.90	0.65	0.31	0.37	0.60	0.56		
非洲南部区	751	2.13	0.87	1.19	0.74	1.12	0.76		

表2-3　2010～2015年监测区域主要生态资源距平变化量

区域	森林			草地			农田		
	森林地上生物量/亿t	年平均叶面积指数距平/%	年最大植被覆盖度距平/%	年平均叶面积指数距平/%	年最大植被覆盖度距平/%	年平均叶面积指数距平/%	年最大植被覆盖度距平/%		
俄罗斯	21	-0.44	0.67	-0.52	1.51	2.17	2.09		
东南亚区	-5	3.48	0.56	1.78	0.84	4.06	1.22		
南亚区	2	5.48	0.72	7.59	1.43	4.10	0.53		
中亚区	0	4.31	3.00	7.51	7.51	8.25	7.05		
西亚区	1	4.89	2.39	5.00	6.31	8.83	7.63		
东亚区	17	4.65	0.69	0.76	-2.19	5.60	0.49		
欧洲区	2	3.94	0.45	2.27	-0.24	5.13	0.96		
大洋洲区	1	1.01	1.46	-3.79	-1.55	-1.97	1.78		
非洲北部区	-2	4.41	1.02	6.03	0.78	4.08	0.98		
非洲南部区	-11	2.37	-0.32	1.16	-0.86	0.62	-0.30		

2.4.1　俄罗斯

俄罗斯的生态系统主要包括森林、草地和农田。该区域分布着世界上最大面积的北方针叶林，主要森林类型为落叶针叶林、落叶阔叶林等。2015年俄罗斯森林地上生物量总量为923亿t，比2010年增加21亿t，森林年最大植被覆盖度普遍高于0.95，年平均叶面积指数普遍高于1（图2-29）。俄罗斯北部以高寒草甸为主，草地年最大植被覆盖度为0.50～

0.90，年平均叶面积指数为0.2～1.1。俄罗斯农田主要分布在西西伯利亚平原，以一年一熟的种植模式为主，主要农作物为小麦和玉米，2015年农田年最大植被覆盖度均值为0.92，年平均叶面积指数均值为0.95。

图2－29　2015年俄罗斯年平均叶面积指数分布

2015年俄罗斯年最大植被覆盖度与2010～2014年平均年最大植被覆盖度的距平分布（图2－30）显示，俄罗斯植被年最大植被覆盖度整体呈现增加趋势，区域植被覆盖的总体状况较好。北冰洋沿岸的泰梅尔半岛西部苔原带年最大植被覆盖度距平显著增加，最高增加约0.50。俄罗斯整体受光照和温度因子胁迫，2015年泰梅尔半岛南部及中西伯利亚高原区的温度胁迫明显下降（图2－31蓝色区域），即温度升高，使得分布在此区域的苔原和农田生长明显变好。2015年年最大植被覆盖度显著下降的区域主要分布在俄罗斯西南部伏尔加河西岸的草地，年最大植被覆盖度距平下降约0.30，主要由于该区域的水分胁迫增强，降水减少导致草地生长变差。

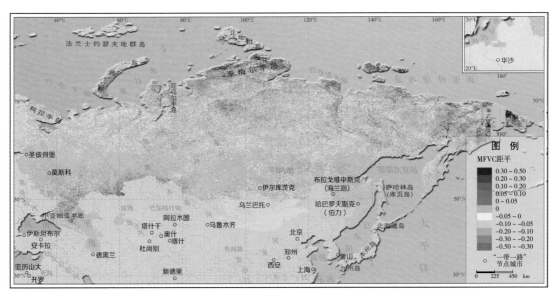

图2-30　2015年俄罗斯年最大植被覆盖度距平分布

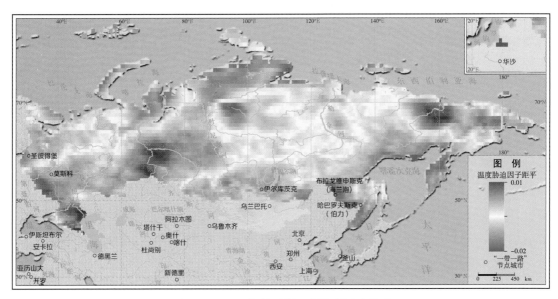

图2-31　2015年俄罗斯温度胁迫因子距平

2.4.2 东南亚区

东南亚区生态系统主要为森林和农田。农田主要分布在中南半岛平坦开阔的冲积平原和三角洲地区，当地以热带季风气候为主，终年高温，分雨旱两季。农田的年平均叶面积指数均值为2.05，农田区包括缅甸中部和泰国东部的一年一熟区，缅甸南部、泰国中南部、越南北部和马来群岛的一年两熟区，以及越南南部和马来群岛部分地区的一年三熟区（图2-32）。森林主要分布在马来群岛、缅甸北部和老挝。马来群岛区域以热带雨林气候为主，终年高温多雨，形成世界上最主要的三大热带雨林之一。森林地上生物量总量为218亿t，比2010年减少5亿t；森林年平均叶面积指数和年最大植被覆盖度普遍较高，年平均叶面积指数均值为3.64，年最大植被覆盖度平均为0.99。

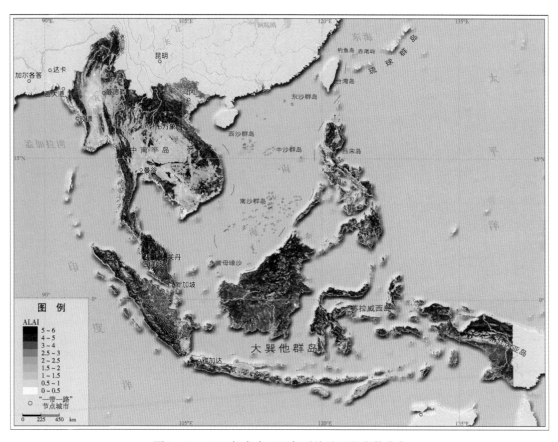

图2-32　2015年东南亚区年平均叶面积指数分布

　　2015年东南亚年平均叶面积指数与2010～2014年平均叶面积指数的距平分布（图2－33）显示，赤道附近的马来群岛和印度尼西亚的热带雨林在2015年年平均叶面积指数出现显著降低，年平均叶面积指数最大降低为1左右。对于复杂的热带雨林而言，气候因子变化对其生长状况影响较小，造成在2015年期间热带雨林年平均叶面积指数显著降低的主要原因是印度尼西亚大量种植棕榈树、苏门答腊岛保护措施不足，区域内热带雨林不断遭到砍伐，以及火烧等扰动的影响，热带雨林的面积进一步减少。2010～2015年印度尼西亚热带雨林森林地上生物量变化图中白色区域为2010～2015年因砍伐或火烧损失的森林区域（图2－34）。

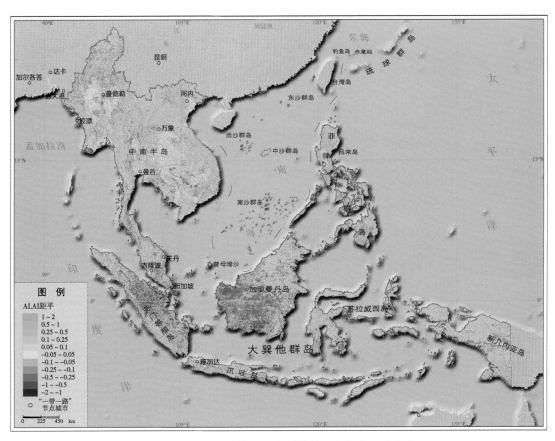

图2－33　2015年东南亚区年平均叶面积指数距平分布

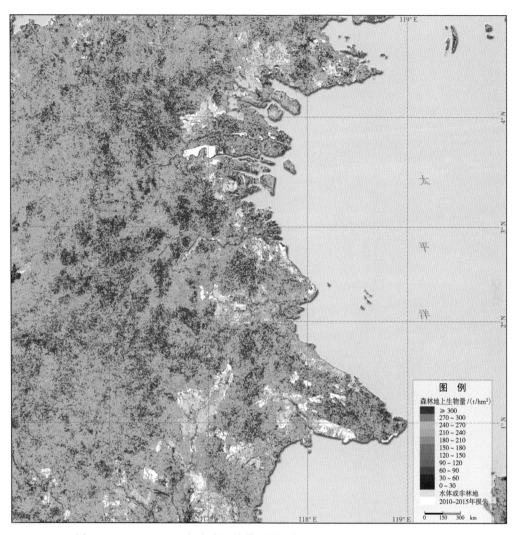

图2－34　2010～2015年东南亚热带雨林（印度尼西亚）森林地上生物量

2.4.3　南亚区

南亚区生态系统主要包括农田和森林。南亚区森林类型以亚热带阔叶林为主，森林地上生物量总量为72亿t，比2010年增加2亿t，孟加拉湾一带森林地上生物量比喜马拉雅山南麓高。南亚区是主要的粮食产区，主要作物类型为水稻、小麦和玉米，作物种植模式包括德干高原及其以东地区的一年一熟制、德干高原北部和恒河平原地区的一年两熟制和孟加拉湾的一年三熟制，农田区年最大植被覆盖度为0.70～0.90（图2－35）。南亚西北部伊朗和巴基斯坦地区分布有较大面积的沙漠和戈壁，年最大植被覆盖度低于0.30。

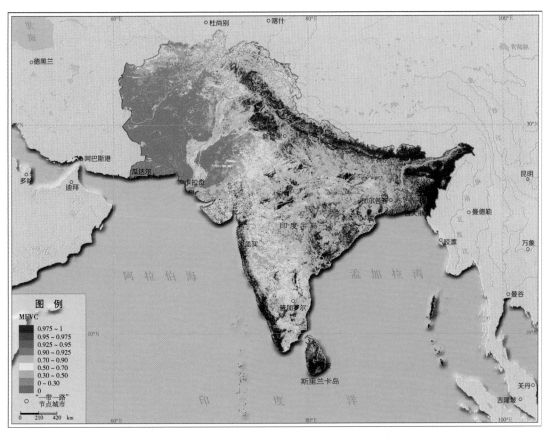

图2－35　2015年南亚区年最大植被覆盖度分布

2015年南亚区年最大植被覆盖度与2010～2014年平均年最大植被覆盖度的距平分布（图2－36）显示，2015年德干高原西北部农田的年最大植被覆盖度距平降低0.30～0.50，2015年水分胁迫因子明显增强（图2－37红色区域），即降水量减少，不利于农作物的生长，由此造成2015年印度的玉米产量减产6.40%、水稻产量减产1.40%、小麦产量减产4.50%。兴都库什山南部、巴基斯坦和阿富汗中部地区的沙漠、戈壁也由于降水减少，水分胁迫增加，年最大植被覆盖度下降约0.10。同样原因，在印度西高止山脉西北部和喜马拉雅山南麓北端草地的年最大植被覆盖度下降约0.40。2015年印度中东部和中北部（图2－37蓝色区域）降水增加，水分胁迫减弱，对应部分区域植被生长长势较好，其中印度河平原北部农田年最大植被覆盖度增加0.30～0.50。

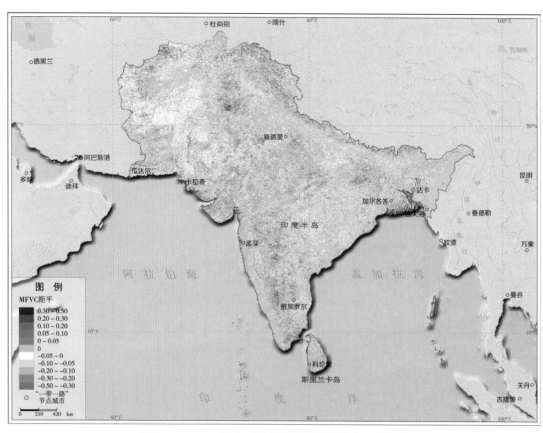

图2-36 2015年南亚区年最大植被覆盖度距平分布

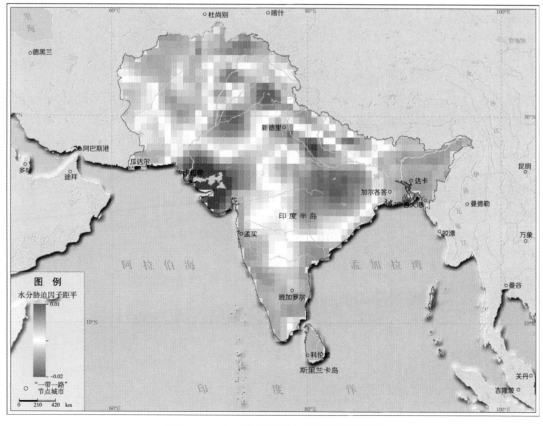

图2-37 2015年南亚区水分胁迫因子距平

2.4.4　中亚区

中亚区生态系统主要有草地、农田和荒漠。中亚区的草地生态系统面积广阔，广泛分布在哈萨克斯坦中北部、吉尔吉斯斯坦和塔吉克斯坦，草地类型年最大植被覆盖度为0.50～0.70，年平均叶面积指数为0.2～0.5。中亚区农作物的种植模式以一年一熟为主，主要分布于哈萨克斯坦北部、阿姆河流域、锡尔河流域、吉尔吉斯斯坦和塔吉克斯坦的费尔干纳盆地，农田类型年最大植被覆盖度为0.70～0.90，年平均叶面积指数为0.5～1。从里海到天山山地之间分布有大面积的荒漠、半荒漠地区，其年平均叶面积指数低于0.2（图2-38）。

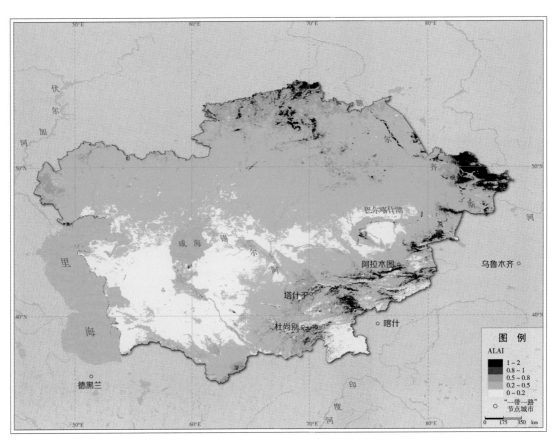

图2-38　2015年中亚区年平均叶面积指数分布

2015年中亚区年最大植被覆盖度与2010～2014年平均年最大植被覆盖度的距平分布（图2－39）显示，中亚区年最大植被覆盖度显著增加区域主要分布在哈萨克斯坦中北部平原区、土库曼斯坦东南部，年最大植被覆盖度最高增加约0.50。中亚区北部受光照和温度因子胁迫（图2－40），2015年温度胁迫增加、水分胁迫降低（图2－41），区域偏寒冷湿润，促使草地长势明显变好。2015年年最大植被覆盖度显著下降的区域主要分布在哈萨克斯坦西北端和东南部、吉尔吉斯斯坦和塔吉克斯坦的草原区，年最大植被覆盖度最大下降约0.50。中亚区南部受水分因子胁迫，年最大植被覆盖度显著下降区域在2015年水分胁迫增强，即降水减少，气候干旱导致草地长势变差。

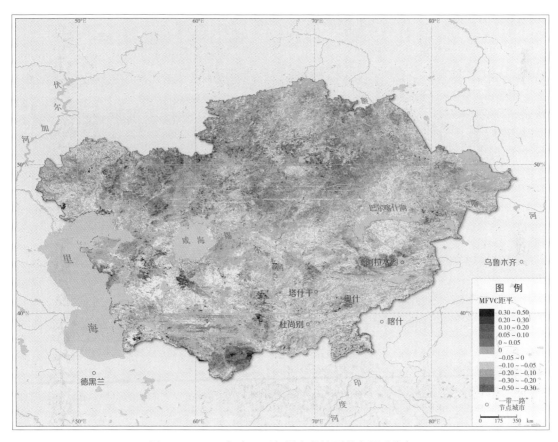

图2－39　2015年中亚区年最大植被覆盖度距平分布

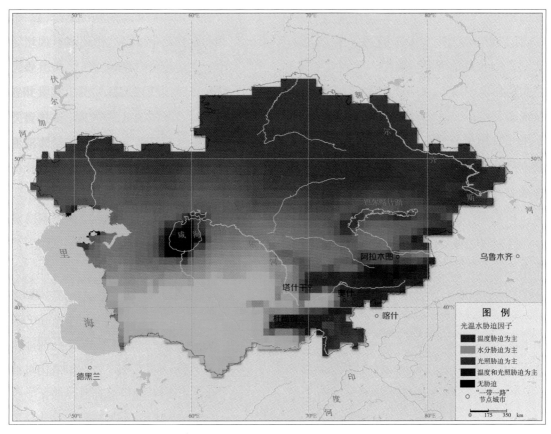

图2-40　中亚区光温水胁迫因子

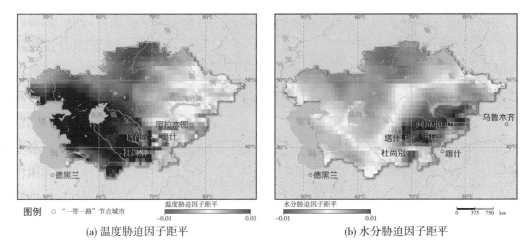

(a) 温度胁迫因子距平　　　　　　　　　　(b) 水分胁迫因子距平

图2-41　2015年中亚区温度和水分胁迫因子距平

2.4.5 西亚区

西亚区生态类型主要是热带和亚热带荒漠及半荒漠（荒漠草原）和稀疏灌丛。西亚大部分区域降水稀少、气候干旱、水资源短缺，草原和沙漠广布。荒漠草原主要分布在土耳其东部和伊朗西北部，稀疏灌丛主要分布在伊朗西南部及沙特阿拉伯西南部，土耳其西部及南部与叙利亚接壤处分布着少量的农作物。2015年西亚区植被年最大植被覆盖度的空间分布呈现随纬度降低而降低的趋势（图2-42）。西亚北部沿海地区的植被年最大植被覆盖度值较高，普遍高于0.97，区域植被长势较好且生长能力强；北部其他地区年最大植被覆盖度普遍高于0.30，最高年最大植被覆盖度达到0.90；沙特阿拉伯及伊朗高原地区年最大植被覆盖度普遍较低，小于0.30。

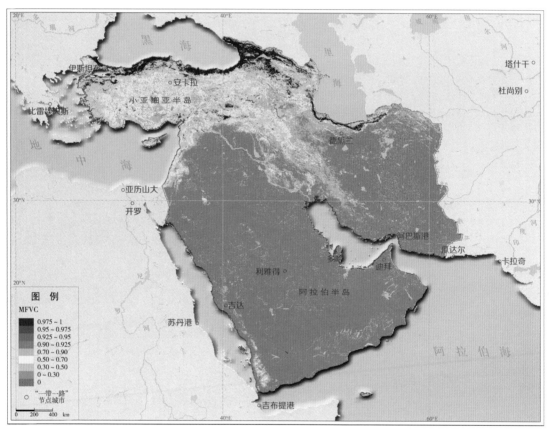

图2-42　2015年西亚区年最大植被覆盖度分布

　　2015年西亚区年最大植被覆盖度与2010～2014年平均年最大植被覆盖度的距平空间分布差异明显（图2–43），区域整体年最大植被覆盖度呈现逐渐降低趋势。西亚区北部受光照和温度因子胁迫（图2–44（a）），土耳其中部、叙利亚和伊拉克北部年最大植被覆盖度增加0.30～0.50，2015年该区域光照增强、温度降低、降水增加（图2–44（b）～（d）），植被生长状况变好。而在沙特阿拉伯、伊朗北部等区域年最大植被覆盖度呈现降低趋势，年最大植被覆盖度降低0.30左右，该区域的光照和温度降低、降水增加（图2–44（c）、（d）），对植被的生长造成一定的影响。伊朗西南部年最大植被覆盖度呈现明显降低趋势，年最大植被覆盖度降低0.30～0.50，主要由于温度降低、降水减少，导致植被生长受到影响。

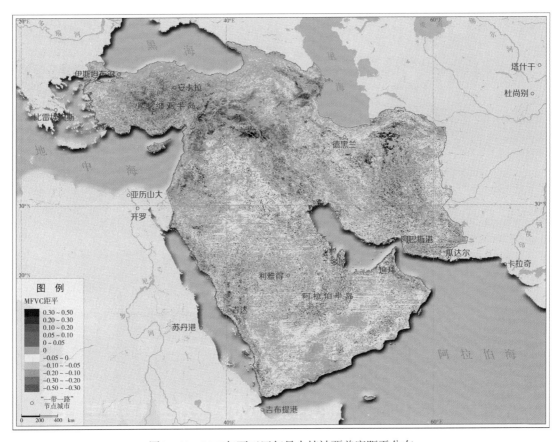

图2–43　2015年西亚区年最大植被覆盖度距平分布

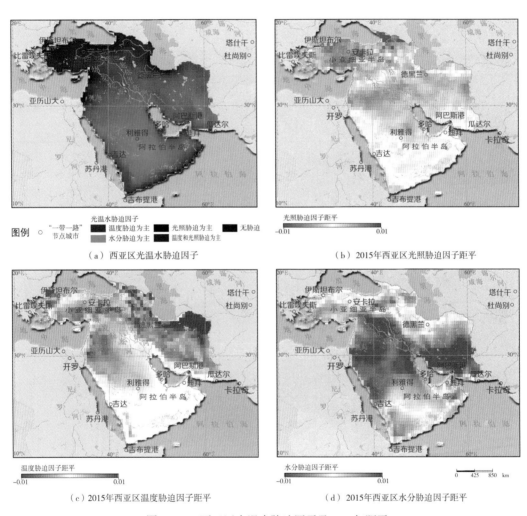

（a）西亚区光温水胁迫因子　　　　　　　　　　（b）2015年西亚区光照胁迫因子距平

（c）2015年西亚区温度胁迫因子距平　　　　　　（d）2015年西亚区水分胁迫因子距平

图2－44　西亚区光温水胁迫因子及2015年距平

2.4.6 东亚区

东亚区的生态系统主要为森林、草地和农田。东亚南部地区为亚热带常绿阔叶林，北部地区为温带落叶阔叶林带，西南部属山地高原气候，由亚热带常绿阔叶林带到亚寒带硬叶林垂直分布。2015年东亚森林地上生物量总量为248亿t，比2010年增加17亿t，森林年最大植被覆盖度普遍高于0.95，年平均叶面积指数为1～3。西北部属大陆性温带草原、沙漠气候，植被带主要是草本科植物和耐旱的树木带。草地年最大植被覆盖度为0.70～0.90，年平均叶面积指数为0.5～1。东亚区的农田主要分布在中国北方平原地区，种植模式多为一年一熟，主要农作物为小麦、玉米，2015年农田年最大植被覆盖度普遍高于0.90，年平均叶面积指数为1～2。东亚区的东北、东南部年最大植被覆盖度普遍高于0.90，植被覆盖程度好；而东亚的西北、西南部地区年最大植被覆盖度普遍低于0.50（图2－45）。

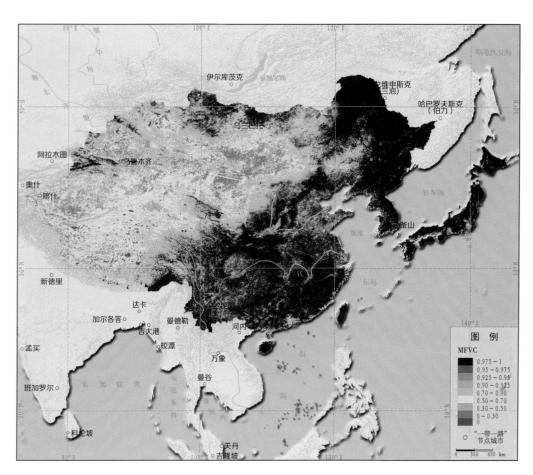

图2－45　2015年东亚区年最大植被覆盖度分布

2015年东亚区年最大植被覆盖度与2010～2014年平均年最大植被覆盖度的距平分布（图2-46）显示，东亚区年最大植被覆盖度整体呈现增加趋势，区域植被覆盖的总体状况较好。东亚区的东北、东南部地区，年最大植被覆盖度显著增加，约0.30；中国的西藏地区及蒙古地区年最大植被覆盖度显著降低，最大降低0.30～0.50。东亚区的青藏高原地区主要受温度胁迫因子控制（图2-47），属山地高原气候，2015年温度胁迫增加（图2-48（a）），区域偏寒冷，影响区域草地和其他植被长势；而蒙古及内蒙古，以及沿中国西北延伸到新疆的条带上主要受水分胁迫因子控制，2015年水分胁迫增加（图2-48（b）），降水减少，草地生长受到水分不足的限制。

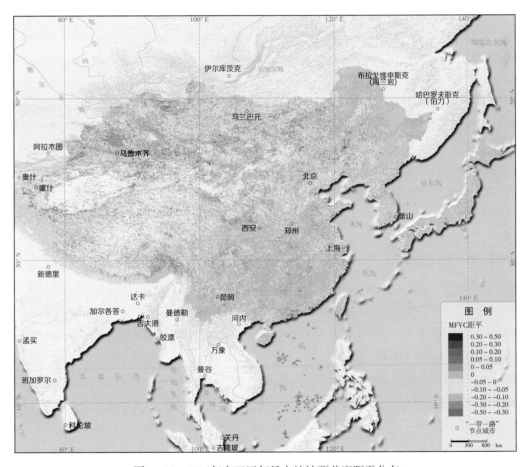

图2-46　2015年东亚区年最大植被覆盖度距平分布

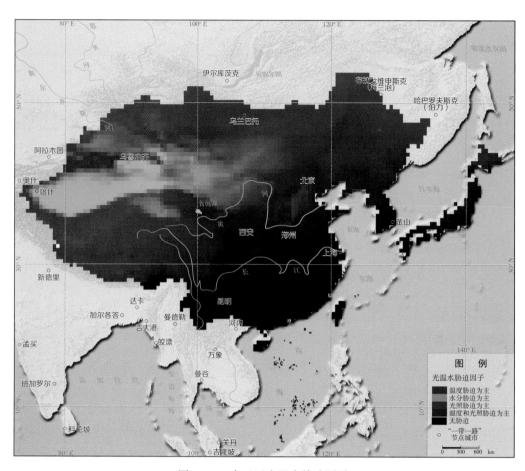

图2-47　东亚区光温水胁迫因子

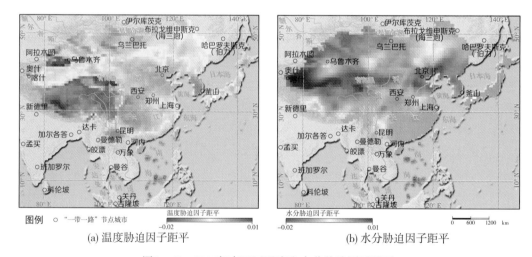

(a) 温度胁迫因子距平　　　　　　　　　(b) 水分胁迫因子距平

图2-48　2015年东亚区温度和水分胁迫因子距平

2.4.7 欧洲区

欧洲区生态系统主要包括森林、农田和草地。森林类型自北向南分别为亚寒带针叶林、温带针阔叶混交林和温带落叶阔叶林，其中亚寒带针叶林主要分布在寒冷的北欧地区，温带针叶林主要生长在阿尔卑斯山脉、喀尔巴阡山脉，温带阔叶林和混交林基本遍布欧洲其他地区。2015年欧洲森林地上生物量总量为298亿t，比2010年增加2亿t，森林年最大植被覆盖度普遍高于0.90（图2-49），年平均叶面积指数均值约1.65。除北欧和中欧北缘的沼泽区受温度制约或排水条件较差以外，欧洲区光热适宜、降水量丰富，适宜作物生长，农田覆盖率普遍较高，以一年一熟的种植模式为主，农田年最大植被覆盖度为0.70～0.90，年平均叶面积指数均值约1.36。欧洲区草地生态系统类型以温带草原和寒带苔原为主，其中寒带苔原主要分布在北欧斯堪的纳维亚山脉北部和阿尔卑斯山脉，温带草原主要分布在东欧平原的南部、南乌克兰、北克里木、下伏尔加等地。草地年最大植被覆盖度为0.50～0.90，年平均叶面积指数均值约0.98。由于欧洲区植被生态系统得到有效保护，区域内植被生长状态较好。

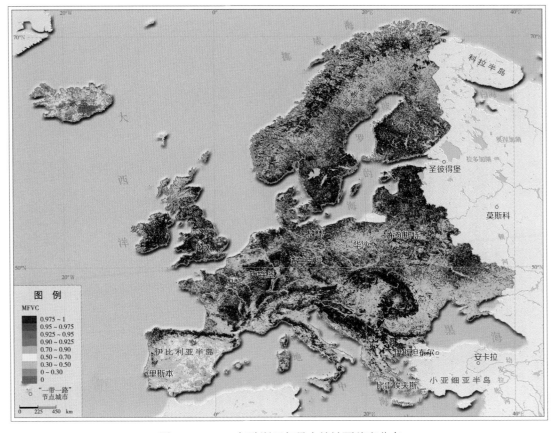

图2-49　2015年欧洲区年最大植被覆盖度分布

2.4.8 大洋洲区

大洋洲区生态系统主要有森林、草地、农田和荒漠。大洋洲区森林以热带雨林和湿润森林为主，主要分布在澳大利亚环东海岸、塔斯马尼亚岛、巴布亚新几内亚与新西兰，森林地上生物量160亿t，比2010年增加1亿t，年最大植被覆盖度平均为0.63，年平均叶面积指数高于2（图2-50）。大洋洲区草地类型包括澳大利亚北部热带草原、澳大利亚南部亚热带草原及新西兰人工草地，年最大植被覆盖度平均为0.58，年平均叶面积指数为0.5～2。大洋洲区农田生态系统主要分布在新西兰和澳大利亚东南沿海的墨累-达令盆地，年最大植被覆盖度平均为0.80，年平均叶面积指数为1～3。在南回归线附近分布大沙沙漠、维多利亚大沙漠，这些区域常年受副热带高压控制，年最大植被覆盖度低于0.30，年平均叶面积指数低于0.5。

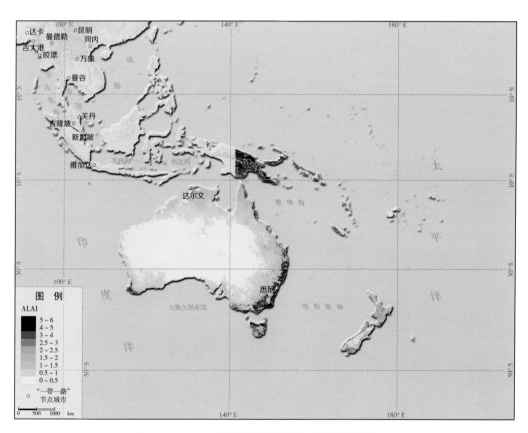

图2-50 2015年大洋洲区年平均叶面积指数分布

2015年大洋洲区年平均叶面积指数与2010～2014年平均叶面积指数的距平分布
（图2-51）显示，巴布亚新几内亚、澳大利亚的东部海岸的植被年平均叶面积指数距平显
著增加0.1～0.25。澳大利亚主要受水分胁迫因子控制（图2-52），巴布亚新几内亚、澳大
利亚东部和西南部区域的水分胁迫降低（图2-53（a）），区域降水量增加，有利于森林
和草地生长。但是澳大利亚中北部和东南部的塔斯马尼亚岛、新西兰植被年平均叶面积指
数显著降低，下降0.1～0.25。澳大利亚中部水分胁迫增加（图2-53（a）），降水减少，
不利于草地生长；而新西兰和澳大利亚东南部的塔斯马尼亚岛由于受到温度和光照因子胁
迫（图2-52），温度胁迫增加（图2-53（b）），区域偏寒冷，影响森林和草地长势。

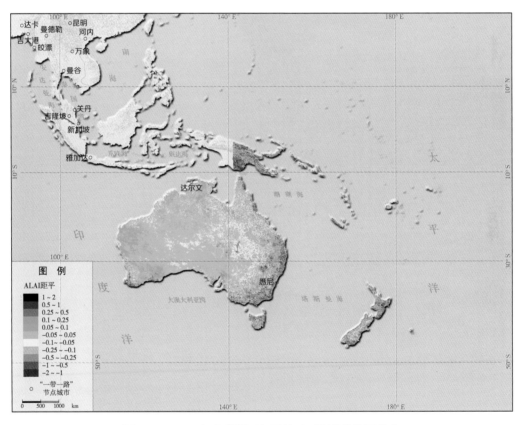

图2-51　2015年大洋洲区年平均叶面积指数距平分布

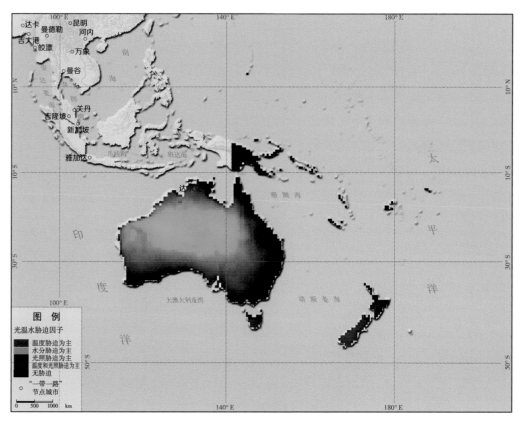

图2-52　大洋洲区光温水胁迫因子

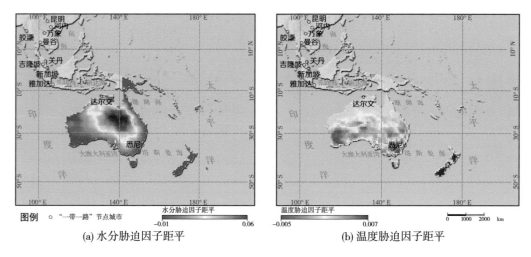

(a) 水分胁迫因子距平　　　　　　　　　　(b) 温度胁迫因子距平

图2-53　2015年大洋洲区水分和温度胁迫因子距平

2.4.9 非洲北部区

非洲北部区生态类型以撒哈拉沙漠为主，周边分布少量草地、农田和森林。森林分布在东南部的埃塞俄比亚、南苏丹等地，最大年平均叶面积指数约为3。草地主要分布在撒哈拉沙漠以南地区，属热带草原，从撒哈拉沙漠南缘向南，年平均叶面积指数由0逐渐增加至1.1左右。农田主要分布在区域西北部摩洛哥和阿尔及利亚北部的地中海气候区，以小麦和大麦为主，年平均叶面积指数约1。2015年非洲北部区的植被无明显变化（图2-54）。

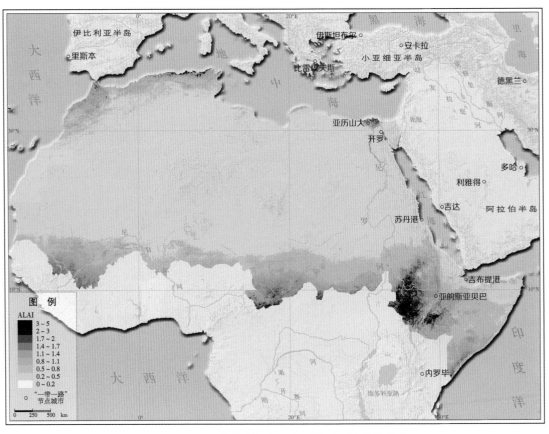

图2-54　2015年非洲北部区年平均叶面积指数分布

2.4.10 非洲南部区

非洲南部区生态系统包括森林、草地和农田。非洲的森林主要为热带雨林，分布在刚果盆地、几内亚湾沿岸和马达加斯加岛东部地区的热带雨林气候区，是仅次于南美洲亚马孙热带雨林的世界第二大热带雨林。2015年非洲南部区森林地上生物量总量为751亿t，比2010年减少11亿t，年平均叶面积指数最大可达6。非洲南部区的草原为热带草原，分布在非洲热带雨林的南北两侧、东非高原的赤道地区，以及马达加斯加岛的西部，呈马蹄形包围热带雨林，是世界上面积最大的热带草原区。2015年刚果盆地向南至非洲西南角的沙漠草地，年最大植被覆盖度由0.95逐渐下降至0.10。非洲农业以经济作物为主，是世界经济作物特别是热带经济作物的重要产地和主要出口地区之一，包括棉花、剑麻、花生、咖啡等。非洲粮食作物中种植最广的是玉米，有少量小麦和稻米。非洲南部区主要包括四个粮食生产区：刚果盆地及几内亚湾沿岸的带状区域，区内高温多雨，作物以热带薯类为主，年平均叶面积指数约3；中非和西非热带草原区，雨季变短，作物以高粱和粟类等抗旱耐热作物为主，年平均叶面积指数约1；东非和南非热带草原区，水分条件优于中、西非热带草原区，作物以玉米为主，年平均叶面积指数约2；南非西南部的地中海气候区，以小麦和大麦等作物为主，年平均叶面积指数约1（图2-55）。

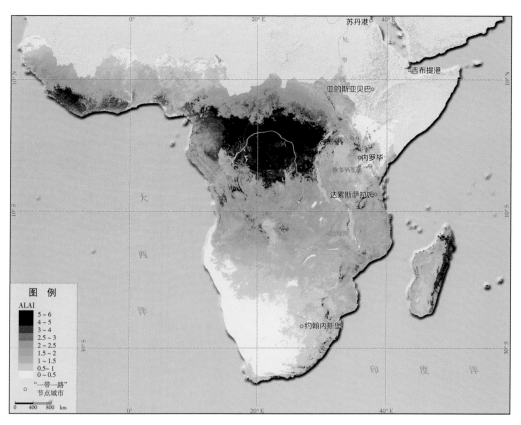

图2-55 2015年非洲南部区年平均叶面积指数分布

2015年非洲南部区年平均叶面积指数与2010～2014年平均叶面积指数的距平分布（图2－56）显示，非洲南部区西北部的几内亚湾沿岸、东部和南部出现了大面积的年平均叶面积指数下降区域，年平均叶面积指数下降0.1～0.5，局部最大下降达1左右。非洲南部区年平均叶面积指数下降的区域主要受水分胁迫因子控制（图2－57（a）），2015年水分胁迫因子明显增高（图2－57（b）），即降水明显减少，影响区域的生态系统类型主要为农田和草地，导致南非玉米减产11.8%、小麦减产2.2%，尼日利亚玉米减产2.1%、水稻减产2.7%、小麦减产4.9%。

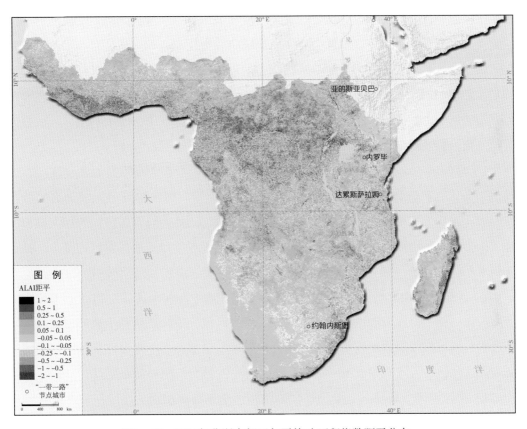

图2－56　2015年非洲南部区年平均叶面积指数距平分布

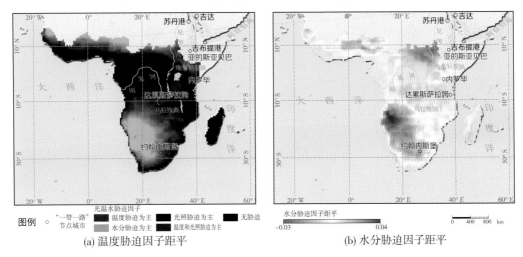

(a) 温度胁迫因子距平　　　　　　　　　　　　(b) 水分胁迫因子距平

图2－57　非洲南部区光温水胁迫因子及2015年距平

155

三、重要城市区域生态环境
与发展状况

  城市土地利用是城市规模、城市开发集约度和城市生态环境状况的集中体现，夜间灯光指数及其变化反映了城市区域社会经济发展现状和变化态势，热岛分布与强度是衡量城市空间结构合理性与城市宜居性的重要指标。本章选取"一带一路"六大经济走廊和海上丝绸之路沿线的23个重要城市区域，开展生态环境背景、热岛状况、发展现状与主要生态环境限制的遥感监测评价。在"一带一路"23个重要城市区域中，土地利用、夜间灯光指数及其变化，以及热岛特征存在着明显的差异。主要结果如下。

  （1）京津冀、莫斯科、中原、曼谷、开罗长期以来一直拥有较高的发展速度，未来发展潜力较大；而巴黎、新加坡、悉尼、雅加达、约翰内斯堡的城市区域具有大城市规模，但近年来发展速度减缓，发展活力远不及前者。这两种不同发展特征的10大城市区域均是"一带一路"沿线国家的首都或重要大都市，城市规模和土地开发集约度高，社会经济发展水平高，在"一带一路"倡议实施中发挥着重要的引领、带动作用。

  （2）关中、天山北坡、伊斯坦布尔、安卡拉、滇中、加尔各答、喀什七大城市区域属于"一带一路"沿线发展中国家的快速发展城市区域，城市规模和土地开发集约度居于中等水平，但城市发展速度较快，潜力巨大，通过加强基础设施建设以及各国之间的合作和交流，这些城市区域有望成为"一带一路"沿线新的增长极和发展亮点。

  （3）阿拉木图、塔什干、卡拉奇、内罗毕、达累斯萨拉姆、亚的斯亚贝巴等城市区域是"一带一路"沿线的重要港口或比较弱小的城市，城市规模小，开发水平低，发展活力不足，未来加强基础设施建设，逐步缩小与发达城市间的差距，可以发展成为"一带一路"建设的重要枢纽和节点城市。

  《愿景与行动》明确指出，要根据"一带一路"走向，陆上依托国际大通道，以沿线中心城市为支撑，以重要经贸产业园区为合作平台，共同打造新亚欧大陆桥、中蒙俄、中国-中亚-西亚、中国-中南半岛等国际经济合作走廊。因此，正确认识经济合作走廊沿线重要城市区域的生态环境与经济发展状况是"一带一路"国际合作的重要基础。城市区域是以综合性大中城市为中心组织起来的空间组合单元，是国家或区域尺度政治、经济、文化、金融和交通中心，通常也是重要的工业、科技和人口中心。凭借其区位优势和综合交通优势，重要城市区域在"一带一路"建设中为连接经济快速发展的亚太经济圈和西部发达的欧洲经济圈起到了重要作用。

为此，本次监测以"一带一路"六大经济走廊为依托，以经济走廊沿线重要城市和海上丝绸之路重要支点城市为核心的城市区域为监测对象，开展生态环境背景、热岛状况、发展现状与主要生态环境限制的遥感监测评价，以期为把握经济走廊上重要城市区域的生态环境现状，认识和充分发挥其引领带动作用提供科学依据。

本次遥感监测共涉及"一带一路"六大经济走廊上17个重要城市区域，以及非洲5个城市区域和大洋洲1个城市区域（图3-1），包括中蒙俄经济走廊上的莫斯科和京津冀；新亚欧大陆桥经济走廊上的中原、关中和巴黎；中国-中亚-西亚经济走廊上的天山北坡、阿拉木图、塔什干、安卡拉和伊斯坦布尔；中国-中南半岛经济走廊沿线上的新加坡、雅加达和曼谷；孟中印缅经济走廊上的滇中和加尔各答；中巴经济走廊上的喀什和卡拉奇；非洲埃及的开罗、肯尼亚的内罗毕、坦桑尼亚的达累斯萨拉姆、埃塞俄比亚的亚的斯亚贝巴、南非的约翰内斯堡和大洋洲澳大利亚的悉尼。监测范围的选取分为两种情况，有明确行政区域边界的城市区域以行政区域边界为监测区域；没有明确行政区域边界的城市区域以核心城市周边150km的范围为监测区域。

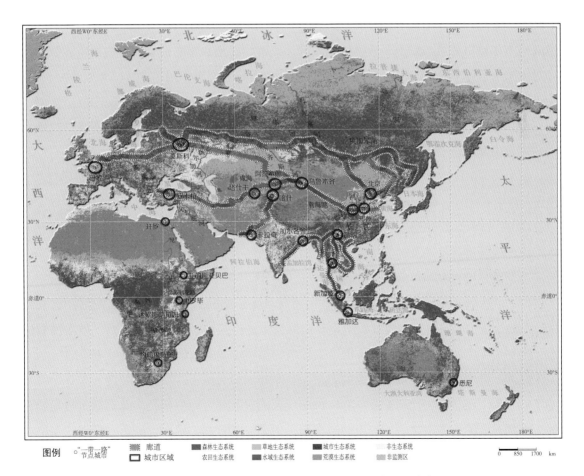

图3-1 "一带一路"监测区域重要城市区域空间分布

157

3.1 城市区域地理环境概况

本次监测选择的23个城市区域其社会经济状况、自然地理环境各不相同，在"一带一路"建设中的地位和发挥的作用也有所差别。

京津冀和莫斯科城市区域是中蒙俄经济走廊沿线上的重要城市区域，其中京津冀城市区域是中国北方最大的经济核心区，莫斯科城市区域是俄罗斯和东欧的政治、经济、文化、金融和交通中心，两者在中蒙俄经济走廊建设中起着重要的引领、带动的作用。

中原、关中和巴黎城市区域是新亚欧大陆桥沿线上的重要城市区域，其中中原城市区域是中国的重要经济增长板块，关中城市区域是中国西北地区重要的经济文化中心和交通中心，而巴黎城市区域在法国乃至整个欧洲都是非常重要的政治、经济、文化、金融和交通中心，三大城市区域的发展对中国西部，以及新亚欧大陆桥沿线有着巨大的辐射作用。

天山北坡、阿拉木图、塔什干、安卡拉和伊斯坦布尔城市区域是中国-中亚-西亚经济走廊沿线上的重要城市区域，其中天山北坡城市区域是中国西部重要发展的综合城市区域，阿拉木图城市区域是哈萨克斯坦的重要经济、工业、科技、文化和交通中心，塔什干城市区域是乌兹别克斯坦对外开展贸易的主要地区，是中亚地区的交通枢纽，而安卡拉和伊斯坦布尔城市区域都是土耳其重要的政治、经济、文化和交通中心，这些城市区域的发展对中国-中亚-西亚经济走廊沿线的建设起着至关重要的促进作用。

新加坡、曼谷和雅加达城市区域是中国-中南半岛经济走廊沿线上的重要城市区域，它们分别是新加坡、泰国和印度尼西亚的政治和经济中心，在中国-中南半岛经济走廊沿线的建设中起着至关重要的作用。

滇中和加尔各答城市区域是孟中印缅经济走廊沿线上的重要城市区域，滇中城市区域是中国面向西南开放的重要桥头堡，而加尔各答城市区域作为印度东部沿海区域，拥有完善的交通运输能力，这两大城市区域的发展对孟中印缅经济走廊沿线区域的建设发挥着重要的作用。

中巴经济走廊沿线上的喀什和卡拉奇城市区域各具特色，喀什是中国的西大门，周边与巴基斯坦、塔吉克斯坦等8个国家接壤或比邻，境内有红其拉甫、吐尔尕特等五个国家一类口岸，可达中亚、南亚、东欧，与第三国通商，具有"五口通八国、一路连欧亚"的独特区位优势，是中国向西开放的重要门户。而卡拉奇城市区域是巴基斯坦铁路、航空网的中心，拥有着重要的输出港口，独特的地区优势为经济走廊的基础建设创造了更好的条件。

此外，开罗是埃及首都及最大的城市，也是非洲最大城市，横跨尼罗河，是整个中东地区的政治、经济、文化和交通中心，位于埃及的东北部。内罗毕是东非国家肯尼亚的首都，也是非洲的大城市之一。达累斯萨拉姆是坦桑尼亚首都、第一大城市和港口、经济中心、文化中心、东非重要港口，是"海上丝绸之路"沿线城市。亚的斯亚贝巴是东部非洲国家埃塞俄比亚的首都，同时也是非洲联盟及其前身非洲统一组织的总部所在地。约翰内斯堡是南非共和国最大的城市，地处世界最大金矿区和南非经济中枢区的中心，和豪登省的其他地区一起构成了南非经济活动的中心。悉尼是澳大利亚第一大城市及新南威尔士州首府，也是商业、贸易、金融、旅游和教育中心，世界著名的国际大都市，并且它是南半球社会最富裕，经济最发达的城市。

各城市区域由于所处的地理位置不同，其自然环境复杂多样。从各城市区域平均海拔来看（表3-1），莫斯科、巴黎、新加坡、曼谷、加尔各答这几个城市区域平均海拔皆低于200m，地势较低，且高程变化不大，多为平原。而关中、天山北坡、阿拉木图、安卡拉和滇中城市区域平均海拔都在1000m以上，地势较高，城市区域内地形主要是高原。雅加达、伊斯坦布尔、塔什干、中原和京津冀城市区域平均海拔在200～900m，且城市区域内高程差较大，地形起伏变化大，对交通和基础设施的开发建设有一定的阻隔作用。

表3-1　经济走廊重要城市区域高程　　（单位：m）

经济走廊及地区	城市区域	平均高程	最小高程	最大高程
中蒙俄	京津冀	567	-52	2832
	莫斯科	173	84	317
新亚欧大陆桥	中原	288	1	2486
	关中	1033	323	3698
	巴黎	130	-16	338
中国-中亚-西亚	天山北坡	1140	224	5138
	阿拉木图	1463	402	4950
	塔什干	837	195	4212
	伊斯坦布尔	322	-37	2531
	安卡拉	1056	115	2399
中国-中南半岛	新加坡	21	-43	178
	曼谷	91	-44	1348
	雅加达	300	-24	3007
孟中印缅	滇中	1947	335	4110
	加尔各答	12	-37	99
中巴	喀什	1454	1212	3085
	卡拉奇	139	-36	1236
非洲和大洋洲	达累斯萨拉姆	127	0	982
	开罗	134	-59	1233
	内罗毕	1626	554	4827
	亚的斯亚贝巴	2092	747	4094
	约翰内斯堡	1416	911	1890
	悉尼	474	0	1346

3.1.1 中蒙俄经济走廊

京津冀城市区域地处华北平原，平均海拔567m，高程自中部向西北逐渐增高，最高海拔2832m，其中东南部地势平坦开阔，海拔不足200m，最低海拔仅有－52m，而西部和北部分布有太行山脉和燕山山脉，地势起伏较大，平均海拔均在1000m以上。

莫斯科城市区域地处俄罗斯欧洲部分的东欧平原中部，该地区地形大部分是平原，平均海拔173m，最低海拔84m，最高海拔317m，南部多丘陵分布（图3－2）。

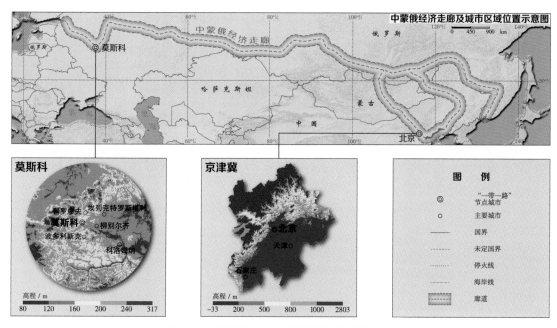

图3－2 中蒙俄经济走廊沿线城市区域高程

3.1.2 新亚欧大陆桥经济走廊

中原城市区域、关中城市区域和巴黎城市区域是新亚欧大陆桥沿线上的三个重要的城市区域。其中中原城市区域地处大陆内部，地形以平原为主，平均海拔288m，城市区域内东部是黄淮海平原，海拔在200m以下；西北部是太行山山脉，地势较高，地形起伏较大，最高海拔2486m。关中城市区域位于黄河中下游地区，地势西高东低，地形起伏较大，平均海拔为1033m，北部是黄土高原，中部为陕西省秦岭北麓的渭河冲积平原，海拔在500m以下，南部为秦巴山地，皆为高原地区，海拔较高，最高海拔为3698m。巴黎城市区域位于法国西北部巴黎盆地的中央区域，地形大部分是低海拔的盆地，地形起伏很小，地势平缓，平均海拔为130m，最高海拔仅为338m，西部和东南地区有少部分丘陵分布（图3－3）。

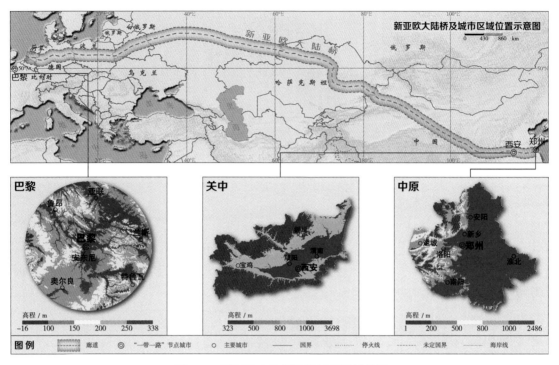

图3-3 新亚欧大陆桥沿线城市区域高程

3.1.3 中国-中亚-西亚经济走廊

天山北坡城市区域、阿拉木图城市区域、塔什干城市区域、伊斯坦布尔城市区域和安卡拉城市区域是中国-中亚-西亚经济走廊沿线上的五个重要城市区域。其中天山北坡城市区域位于天山北麓，准噶尔盆地南缘，平均海拔为1140m，城市区域内地势沿天山北坡自北向南逐渐增高，北部海拔相对较低，在200～500m；南部越靠近天山，坡度越大，海拔越高，最高海拔为5138m。阿拉木图城市区域地处欧亚大陆的腹地，位于哈萨克斯坦东南部和吉尔吉斯斯坦南部，中国天山山脉分支在哈萨克斯坦境内的外伊犁阿拉套山脉北麓，平均海拔为1463m，地势南高北低，北部哈萨克斯坦境内丘陵地带较多，南部吉尔吉斯斯坦境内皆为高原，最高海拔为4950m。塔什干城市区域地处欧亚腹地，涉及多个国家，中心地区位于乌兹别克斯坦的东北部，平均海拔为837m，西部地势相对较低，地形平缓，平均海拔不足500m；自中部向东地势逐渐升高，坡度增大，最高海拔为4212m。伊斯坦布尔城市区域跨欧亚大陆，位于土耳其西北部马尔马拉地区，南临马尔马拉海，北濒黑海，地形以平原为主，平均海拔为322m，仅东南部区域地势较高，分布有山地、高原，最高海拔为2531m。安卡拉城市区域主要位于土耳其中部安纳托利亚高原中部偏北地区，地形起伏较大，多丘陵和山地，以高原为主，地势北高南低，平均海拔1056m左右，最高处2399m（图3-4）。

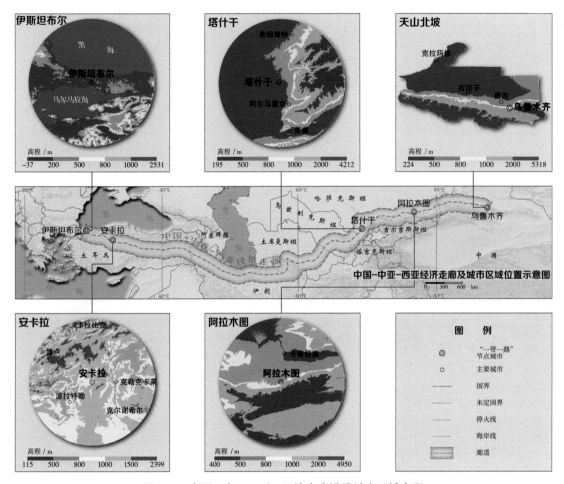

图3-4 中国-中亚-西亚经济走廊沿线城市区域高程

3.1.4 中国-中南半岛经济走廊

新加坡城市区域、曼谷城市区域和雅加达城市区域是中国-中南半岛经济走廊上的三个重要城市区域。其中新加坡城市区域位于新加坡的新加坡岛，北隔柔佛海峡与马来西亚为邻，南隔新加坡海峡与印度尼西亚相望，毗邻马六甲海峡南口。城市区域地势较低，平均海拔仅为21m，最高海拔178m，地形起伏平缓，总体来看从城市区域中心到周围海拔逐渐递减。曼谷城市区域位于泰国中部，南部临海，城市区域地势低洼，平均海拔仅为91m，最高海拔1348m，整个城市区域除外围区域海拔稍高外，绝大多数区域海拔不足100m，而中心区域海拔皆在10m以下。雅加达城市区域处于印度尼西亚爪哇岛西部，西邻巽他海峡，地势南高北低，平均海拔为300m；北部区域为平原，海拔不足200m；南部地势较高，地形起伏较大，最高海拔达到3007m（图3-5）。

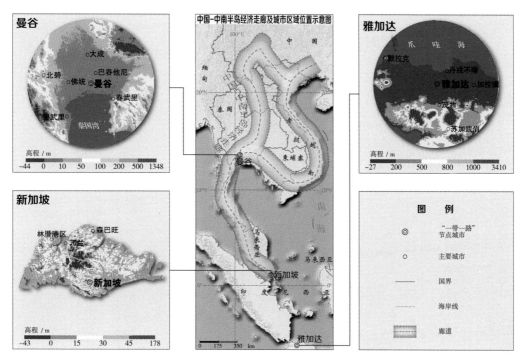

图3-5 中国-中南半岛经济走廊沿线城市区域高程

3.1.5 孟中印缅经济走廊

滇中城市区域和加尔各答城市区域是孟中印缅经济走廊上的两个重要城市区域。其中滇中城市区域地处云贵高原西部，地势北高南低，地形复杂，具有典型的高原湖盆地貌特征，城市区域地处低纬度高海拔地区，地势起伏大，平均海拔为1947m，最高海拔达到4110m。加尔各答城市区域位于印度东部的西孟加拉邦和孟加拉国的接壤处，南部临海，城市区域地势自东南向西北缓慢升高，大多数区域海拔在0～10m，地形平坦，平均海拔12m，最高海拔99m（图3-6）。

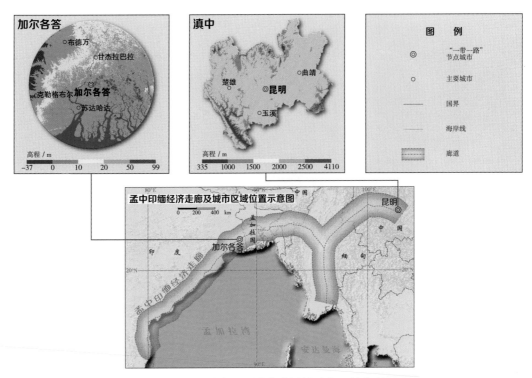

图3-6 孟中印缅经济走廊沿线城市区域高程

3.1.6 中巴经济走廊

喀什和卡拉奇城市区域是中巴经济走廊上的两个重要城市区域。喀什城市区域地处欧亚大陆中部，中国西北部，平均海拔为1454m，最高海拔为3085m。卡拉奇城市区域位于巴基斯坦南部海岸，南濒临阿拉伯海，平均海拔为139m，地势北高南低，地形起伏较小，最高海拔为1236m（图3-7）。

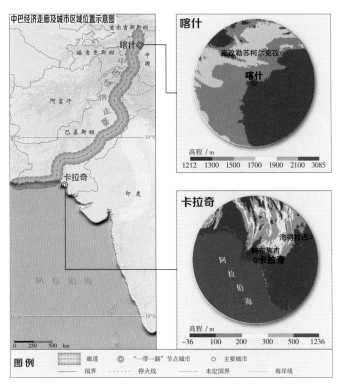

图3-7 中巴经济走廊沿线城市区域高程

3.1.7 非洲和大洋洲地区

达累斯萨拉姆城市区域位于非洲印度洋岸中段，平均海拔为127m，西部地势较高，最高海拔为982m，中部海岸地势平坦，最低海拔为0m。开罗城市区域位于尼罗河三角洲的南端，平均海拔为134m，其东南区域地势起伏较大，最高海拔达1233m，其余大部分区域海拔在200m以内，最低海拔为－59m。内罗毕城市区域地势较高，绝大多数区域海拔在1200m以上，整个区域平均海拔为1626m，海拔自东南向西北逐渐增高，最高海拔4827m，最低海拔554m。亚的斯亚贝巴城市区域地势较高，大多数区域位于高原之上，平均海拔为2092m，中部和北部区域海拔较高，最高海拔为4094m，最低海拔为747m。约翰内斯堡城市区域位于南非东北部瓦尔河上游高地，平均海拔为1416m，最低海拔为911m，最高海拔为1890m，中心区域海拔最高，区域内地势起伏较为平缓。悉尼城市区域位于新南威尔士州的东海岸地区，平均海拔为474m，地势西高东低，最高海拔1346m，最低海拔接近海平面，城市区域中心多为平原，地势起伏较小（图3-8）。

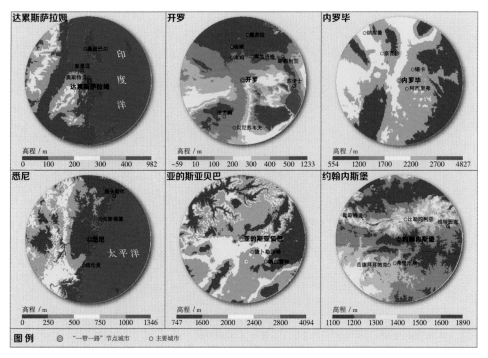

图3-8　非洲和大洋洲城市区域高程

3.2　城市区域土地利用现状与变化特征

经济走廊沿线自然地理环境的显著差异，造成了各个城市区域土地利用和覆被类型组成具有明显的地域性。从遥感监测结果看（表3-2），在23个城市区域中，巴黎和亚的斯亚贝巴耕地面积所占比例最高，均在70%以上，面积分别为5.27万km²和5.65万km²。林地面积所占比例最高的为滇中、莫斯科和悉尼城市区域，林地面积分别为4.53万km²、3.13万km²和2.66万km²，而中国-中亚-西亚经济走廊上的阿拉木图城市区域和天山北坡城市区域，草地面积所占比例最高，均为3.69万km²。从内陆水域面积在各个城市区域的占比看，阿拉木图城市区域面积占比最高，为0.76万km²。而海洋面积，达累斯萨拉姆所占比例最高，达到了3.62万km²。此外，从各城市区域建设用地的分布看，新加坡城市区域建设用地面积占比最高。

表3-2 2015年重要城市区域土地利用类型面积比例

经济走廊及地区	城市区域	农田		林地		草地		陆地水域		建设用地		未利用地	
		面积/km²	比例/%	面积/km²	比例/%	面积/km²	比例/%	面积/km²	比例/%	面积/km²	比例/%	面积/km²	比例/%
中蒙俄	京津冀	82366	45.16	43628	23.92	31943	17.51	5739	3.15	16735	9.18	1972	1.08
	莫斯科	30423	43.07	31276	44.28	864	1.23	690	0.98	7367	10.43	9	0.01
新亚欧大陆桥	中原	188018	65.82	39752	13.92	18449	6.46	6011	2.10	33247	11.64	185	0.06
	关中	24591	44.25	13224	23.79	13648	24.56	843	1.52	3161	5.69	107	0.19
	巴黎	52654	74.55	11335	16.05	757	1.07	107	0.15	5710	8.09	67	0.09
中国-中亚-西亚	天山北坡	14483	16.75	3917	4.53	36809	42.57	3497	4.04	1967	2.27	25805	29.84
	阿拉木图	18776	26.88	4004	5.73	36879	52.80	7581	10.86	1252	1.79	1353	1.94
	塔什干	31606	44.81	5368	7.61	25898	36.71	1136	1.61	3706	5.25	2826	4.01
	伊斯坦布尔	17315	24.52	14374	20.35	722	1.02	1302	1.84	2785	3.94	17	0.02
	安卡拉	39792	56.35	14811	20.97	13082	18.53	1049	1.49	1349	1.91	531	0.75
中国-中南半岛	新加坡	107	16.59	129	19.97	42	6.54	23	3.52	339	52.52	6	0.86
	曼谷	47013	66.06	7446	10.46	964	1.35	820	1.15	1896	2.66	112	0.16
	雅加达	10608	33.10	7771	24.25	511	1.59	511	1.59	1564	4.88	35	0.11
孟中印缅	滇中	19122	20.86	45299	49.43	24505	26.74	1124	1.23	1493	1.63	106	0.11
	加尔各答	28955	63.89	2995	6.61	509	1.12	2420	5.34	6677	14.73	74	0.16
中巴	喀什	3108	39.60	26	0.33	1022	13.02	82	1.04	182	2.32	3429	43.69
	卡拉奇	10280	14.55	11852	16.78	6974	9.87	2641	3.74	739	1.05	8384	11.87
非洲及大洋洲	开罗	28962	40.98	248	0.35	76	0.11	732	1.04	1690	2.39	37442	52.98
	内罗毕	40950	57.55	12775	17.96	15983	22.46	885	1.24	205	0.29	352	0.50
	达累斯萨拉姆	5550	7.86	14119	19.99	8960	12.69	361	0.51	534	0.76	4913	6.96
	亚的斯亚贝巴	56477	79.40	9816	13.80	3530	4.96	747	1.05	303	0.43	255	0.36
	约翰内斯堡	26042	36.70	23602	33.26	14686	20.69	562	0.79	5870	8.27	205	0.29
	悉尼	4852	6.86	26631	37.67	6789	9.60	421	0.59	2156	3.05	75	0.11

从中国境内各个城市区域2010～2015年土地利用类型变化面积看（表3－3），京津冀、关中、天山北坡、滇中、中原、喀什6个城市区域中，只有天山北坡城市区域耕地面积扩张明显，2010～2015年耕地面积净增加1157.89km²，这主要是由于同时期草地和林地开垦所导致，其中草地面积减少1034.94km²，在5个城市区域中的草地面积减少量最突出。中原城市区域城市扩展最明显，2010～2015年建设用地面积净增加1308.65km²，该时期耕地面积减少也最明显，净减少1319.29km²。另外京津冀和关中城市区域城市扩张和耕地、林、草地的减少均比较接近，这两个城市区域土地利用类型变化呈现相似的特点。

表3-3 2010～2015年经济走廊中国城市区域土地利用变化面积   （单位：km²）

城市区域	耕地	林地	草地	水域	建设用地	未利用地
京津冀	−437.65	−25.53	−23.30	−50.98	556.40	−17.06
关中	−447.57	−18.90	−19.51	43.90	433.37	8.81
天山北坡	1157.89	−86.51	−1034.94	−21.10	502.02	−517.36
滇中	−153.15	−57.67	−87.22	24.86	273.19	0
中原	−1319.29	−27.85	−30.59	65.65	1308.65	3.43
喀什	245.98	−1.47	−163.22	3	71.88	−156.17

3.2.1 中蒙俄经济走廊

京津冀城市区域2015年耕地面积82366km²，自2010年以来减少了437.65km²，占比从45.40%降低到2015年的45.16%，建设用地面积16735km²，占比为9.18%，自2010年以来增长556.40km²，在城市区域内面积增长最突出；莫斯科城市区域2015年森林面积共31276km²，比例为44.28%，建设用地面积共7367 km²，占比可达10.43%（图3-9）。

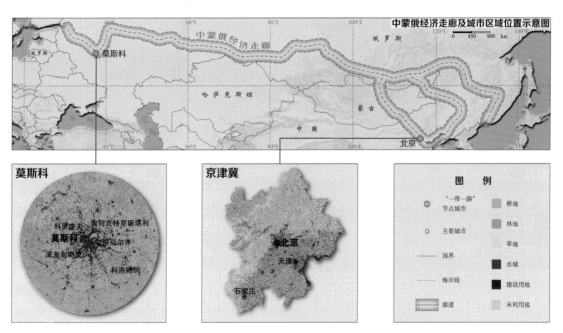

图3-9 中蒙俄经济走廊城市区域土地利用空间分布

3.2.2 新亚欧大陆桥经济走廊

中原城市区域、关中城市区域和巴黎城市区域是新亚欧大陆桥沿线的重要城市区域，三个城市区域土地利用类型均以耕地为主。其中，中原城市区域耕地面积共188018km²，相比2010年减少了1319.29km²，所占比例从66.28%上升至65.82%；建设用地共33247km²，比2010年增加1308.65km²，占比从11.18%增加至11.64%。关中城市区域耕地面积为24591km²，比2010年减少了447.57km²，建设用地占比为5.69%，面积共3161km²，比2010年增长433.37km²；巴黎城市区域耕地面积共52654km²，占比达74.55%，建设用地面积为5710km²，占比达8.09%（图3-10）。

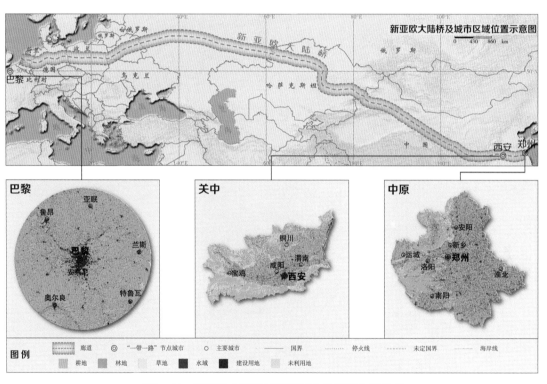

图3-10　新亚欧大陆桥城市区域土地利用空间分布

3.2.3 中国-中亚-西亚经济走廊

中国-西亚-中亚经济走廊沿线的天山北坡城市区域、阿拉木图城市区域、安卡拉城市区域、塔什干城市区域和伊斯坦布尔城市区域土地利用类型构成差异较大。天山北坡城市区域和阿拉木图城市区域均是草地类型占优势，其中天山北坡城市区域草地占比达42.57%，面积共36809km^2，同2010年相比减少1034.94km^2；而建设用地面积为1967km^2，占比为2.27%，比2010年增加了502.02km^2。阿拉木图城市区域草地面积共36879km^2，占比为52.80%，建设用地面积为1252km^2，占比仅为1.79%。安卡拉城市区域和塔什干城市区域均是耕地分布占优势，其中安卡拉城市区域耕地面积共39792km^2，占比可达56.35%，建设用地面积为1349km^2，占比仅为1.91%。塔什干城市区域，耕地面积占比44.81%。除此之外，伊斯坦布尔城市区域海洋面积较大，为3.4万km^2，占比48.3%，陆地覆被以耕地为主，共17315km^2，占比24.52%（图3-11）。

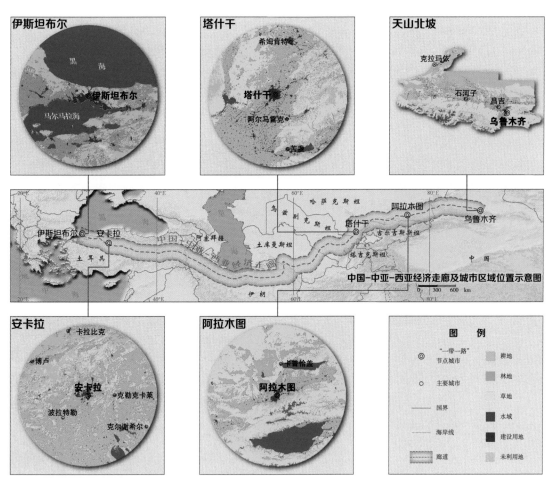

图3-11 中国-中亚-西亚经济走廊城市区域土地利用空间分布

3.2.4 中国-中南半岛经济走廊

中国-中南半岛经济走廊沿线上的曼谷城市区域、雅加达城市区域和新加坡城市区域主要土地利用类型各不相同。曼谷城市区域以农田为主，面积共47013km²，农田面积占土地总面积的比例达66.06%；海洋面积大，为12912km²，占比达18.16%。雅加达城市区域除了海洋分布，农田分布最多，面积为10608km²，占比可达33.10%（图3－12）。而新加坡城市区域主要以城市建设用地为主，建设用地的面积为339km²，占比为52.52%。

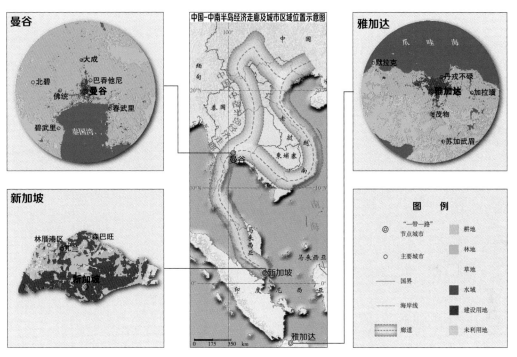

图3－12　中国－中南半岛经济走廊城市区域土地利用空间分布

3.2.5 孟中印缅经济走廊

加尔各答和滇中城市区域土地利用构成分别以耕地和林地为主。其中，加尔各答城市区域耕地面积共28955km²，占比可达63.89%；其次为城市建设用地，面积为6677km²，占比为14.73%。滇中城市区域林地面积共45299km²，占比为49.43%；而建设用地占比仅为1.63%，面积为1493km²，相比2010年增加了273.19km²（图3－13）。

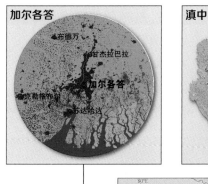
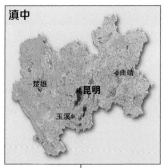
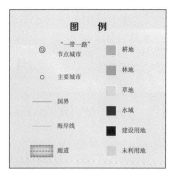

图3-13 孟中印缅经济走廊城市区域土地利用空间分布

3.2.6 中巴经济走廊

中巴经济走廊上的喀什城市区域和卡拉奇城市区域土地利用差异明显。卡拉奇城市区域除海洋外，林地面积分布最广，占比可达16.78%，建设用地面积最小，为739km^2，占比1.05%；喀什城市区域未利用地面积最大，为3429km^2，占比43.69%，而建设用地面积为182km^2，占比2.32%，2010~2015年共增加71.88km^2（图3-14）。

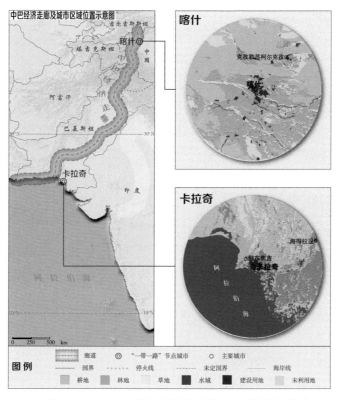

图3-14　中巴经济走廊城市区域土地利用空间分布

3.2.7　非洲和大洋洲地区

开罗市土地利用类型以耕地和未利用地为主，耕地面积共28962km²，未利用地面积共37442km²，水域较少且主要分布在城市的东南方向，面积共达732km²，草地面积在各种土地利用类型面积中所占比例最小，仅有76km²。内罗毕市土地利用类型以耕地为主，耕地面积40950km²，林地和草地所占面积相对耕地面积较低，分别有12775km²和15983km²，水域面积为885km²，城市区域内建设用地面积在各种土地利用类型面积中所占比例最小，仅205km²。达累斯萨拉姆市土地利用类型主要是林地，面积达14119km²，草地和耕地面积次之，分别为8960km²和5550km²，内陆水域面积最小，仅有361km²，而海洋面积却达到了36195km²。亚的斯亚贝巴市大部分区域为耕地，耕地面积为56477km²，超过城市区域总面积一半以上，林地和草地面积相对较大，其余土地类型所占面积都相对较小。约翰内斯堡市土地利用类型主要是耕地和林地，面积分别为26042km²和23602km²，草地面积相对较小为14686km²。悉尼土地利用类型以林地为主，林地面积共26631km²，耕地和草地面积次之，面积分别为4852m²和6789m²，未利用地面积在各种土地利用类型面积中所占比例最小为75m²（图3-15）。

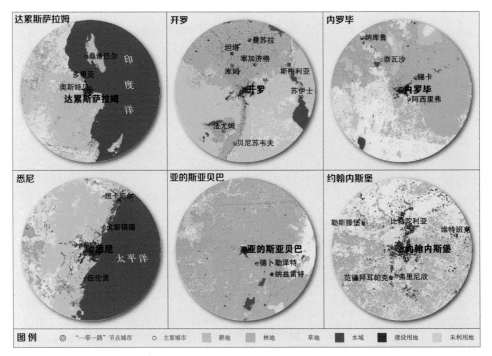

图3-15 非洲及大洋洲城市区域土地利用空间分布

3.3 城市区域发展状况

夜间灯光指数可以直接反映一个地区的繁华程度和社会经济发展状况，灯光指数值越高代表该地区的繁华程度越高，灯光指数年变化率越大说明一个地区的经济发展和人口增长越快。本次遥感监测对"一带一路"经济走廊沿线17个城市区域，以及非洲5个、大洋洲1个城市区域的灯光指数数据进行了系统分析，以期揭示城市区域发展的空间格局现状和未来的发展潜力与方向。

各城市区域2013年灯光亮度差别很大，其中灯光指数最高的是新加坡城市区域，达到62.42，其次为开罗和莫斯科城市区域，分别为20.31和16.62，而亚的斯亚贝巴和达累斯萨拉姆城市区域灯光指数仅为0.69和0.65（表3-4）。从2000～2013年灯光指数变化看，各城市区域灯光指数都在增加，其中灯光指数增加最多的是开罗和曼谷城市区域，分别达到了5.82和5.57，其次为中原城市区域，为4.62，然后是京津冀城市区域，为4.56，而卡拉奇城市区域灯光亮度增加最弱，仅增加0.10。

表3-4　各城市区域灯光指数及其变化

经济走廊及地区	城市区域	2013年灯光指数	2000~2013年灯光指数变化	2000~2013年平均灯光指数变化率
中蒙俄	京津冀	10.25	4.56	0.39
	莫斯科	16.62	4.51	0.46
新亚欧大陆桥	中原	9.12	4.62	0.38
	关中	7.85	4.25	0.35
	巴黎	14.74	1.40	0.25
中国-中亚-西亚	天山北坡	3.21	1.64	0.15
	阿拉木图	1.75	0.97	0.08
	塔什干	3.65	0.40	0.03
	伊斯坦布尔	7.15	2.24	0.23
	安卡拉	3.84	0.63	0.14
中国-中南半岛	新加坡	62.42	0.91	0.09
	曼谷	15.81	5.57	0.48
	雅加达	12.47	2.85	0.27
孟中印缅	滇中	3.49	1.79	0.16
	加尔各答	7.52	2.18	0.19
中巴	喀什	3.45	2.25	0.20
	卡拉奇	2.22	0.10	0.02
非洲及大洋洲	开罗	20.31	5.82	0.61
	内罗毕	1.40	0.57	0.05
	达累斯萨拉姆	0.65	0.22	0.02
	亚的斯亚贝巴	0.69	0.40	0.03
	约翰内斯堡	10.65	1.62	0.19
	悉尼	4.14	0.23	0.04

　　从2013年各个城市区域灯光指数分级面积占比统计结果看（表3-5），各城市区域灯光亮度空间分布格局差别很大。达累斯萨拉姆和亚的斯亚贝巴城市区域的灯光低亮度（灯光指数为0~10）区域面积占比最大，均为98%以上，其次为内罗毕和喀什，面积占比也在96%以上；而新加坡城市区域灯光高亮度（灯光指数在40以上）区面积占比最大，达到了99.48%，其次为开罗面积占比为23.90%，然后是莫斯科和曼谷，面积占比分别为14.17%和12.72%。

表3－5　各城市区域2013年灯光指数分级面积占比统计表　　　（单位：%）

经济走廊及地区	城市区域	灯光指数			
		0～10	10～20	20～40	40以上
中蒙俄	京津冀	69.92	15.15	7.12	7.81
	莫斯科	51.77	19.93	14.13	14.17
新亚欧大陆桥	中原	76.68	12.89	5.71	4.72
	关中	79.05	10.31	5.21	5.43
	巴黎	56.29	24.65	10.29	8.77
中国－中亚－西亚	天山北坡	91.62	4.03	2.10	2.25
	阿拉木图	95.75	2.23	1.17	0.84
	塔什干	90.06	5.95	2.46	1.53
	伊斯坦布尔	82.67	7.22	4.54	5.58
	安卡拉	90.82	4.20	2.39	2.58
中国－中南半岛	新加坡	0.00	0.00	0.52	99.48
	曼谷	51.62	23.29	12.38	12.72
	雅加达	65.94	14.67	8.01	11.38
孟中印缅	滇中	90.93	4.37	2.58	2.12
	加尔各答	79.47	13.00	3.72	3.81
中巴	喀什	96.95	1.24	1.13	0.68
	卡拉奇	95.63	1.70	0.89	1.78
非洲及大洋洲	开罗	51.38	10.16	14.56	23.90
	内罗毕	96.89	1.75	0.79	0.58
	达累斯萨拉姆	98.41	0.70	0.38	0.51
	亚的斯亚贝巴	98.40	0.83	0.40	0.36
	约翰内斯堡	74.06	10.24	6.38	9.32
	悉尼	90.49	3.23	2.52	3.76

　　从2000～2013年各城市区域灯光指数分级变化面积占比看（表3－6），各城市区域灯光指数在0～10的低亮度区域的面积都在减少，灯光指数为10以上的较高亮度的区域面积占比均在增加，但面积增加或减少的幅度差别较大。曼谷城市区域灯光低亮度区面积减少最多，面积减少占比为20.10%，其次为中原城市区域，面积减少占比为15.88%，然后是关中和莫斯科城市区域，减少面积占比分布为14.55%和14.51%；而从灯光指数为40以上的高亮度区域面积增加看，开罗城市区域的面积增加最多，增加面积占比为11.68%，其次为曼谷和莫斯科增加面积占比分别为6.75%和6.74%。

表3-6　各城市区域2000～2013年灯光指数分级变化面积占比统计表　　（单位：%）

经济走廊及地区	城市区域	灯光指数			
		0～10	10～20	20～40	40以上
中蒙俄	京津冀	−11.96	2.90	3.79	5.28
	莫斯科	−14.51	2.72	5.05	6.74
新亚欧大陆桥	中原	−15.88	8.45	3.54	3.89
	关中	−14.55	6.76	3.34	4.45
	巴黎	−7.84	5.64	1.57	0.63
中国−中亚−西亚	天山北坡	−4.84	2.26	1.05	1.53
	阿拉木图	−2.60	1.30	0.78	0.52
	塔什干	−1.23	0.57	0.40	0.26
	伊斯坦布尔	−6.08	2.26	1.46	2.49
	安卡拉	−3.52	1.36	0.79	1.37
中国−中南半岛	新加坡	0.00	0.00	−2.78	2.78
	曼谷	−20.10	7.77	5.58	6.75
	雅加达	−10.47	3.59	2.14	4.74
孟中印缅	滇中	−5.23	2.08	1.59	1.57
	加尔各答	−11.62	8.48	1.71	1.43
中巴	喀什	−6.01	2.95	1.57	1.50
	卡拉奇	−0.37	0.26	−0.03	0.13
非洲及大洋洲	开罗	−7.33	−3.05	−1.29	11.68
	内罗毕	−1.29	0.69	0.34	0.26
	达累斯萨拉姆	−0.66	0.36	0.14	0.16
	亚的斯亚贝巴	−1.01	0.57	0.24	0.20
	约翰内斯堡	−3.97	1.38	0.66	1.93
	悉尼	−0.77	0.22	0.07	0.48

从各城市区域2000～2013年灯光指数年变化率（表3-4）看，各城市区域灯光指数年变化率均高于0，可见2000年以来城市区域灯光亮度均表现为增长趋势。其中开罗和曼谷城市区域灯光指数年变化率最高，分别达到了0.61和0.48，其次为莫斯科城市区域，为0.46，然后是京津冀城市区域，为0.39；而塔什干城市区域、卡拉奇、阿拉木图、新加坡、内罗毕、达累斯萨拉姆、亚的斯亚贝巴和悉尼灯光指数年变化率最低，均小于0.1。

从2000～2013年灯光指数年变化率分级面积占比看（表3-7），各城市区域灯光亮度年变化率的差别很大，在灯光指数变化率为0～0.5的缓慢增长区域，巴黎城市区域的面积占比最大，为73.64%，其次为中原城市区域，面积占比为 55.40%，然后是莫斯科、加尔各答和约翰内斯堡，面积占比也都在40%以上。在灯光指数年变化率大于2的快速增长区域，开罗城市区域的面积占比最大，为6.00%，其次为京津冀、曼谷和关中城市区域，面积占比分别为4.79%、4.64%和4.42%。可见在23个城市区域中开罗、京津冀、曼谷和关中城市区域2000年以来的发展速度，以及未来的发展潜力均非常突出。

表3—7　各城市区域灯光指数年变化率分级面积统计表　　　（单位：%）

经济走廊及地区	城市区域	灯光指数				
		<0	0～0.5	0.5～1	1～2	>2
中蒙俄	京津冀	42.19	33.40	11.99	7.63	4.79
	莫斯科	21.93	45.21	16.43	13.92	2.51
新亚欧大陆桥	中原	24.39	55.40	10.76	6.00	3.46
	关中	46.78	32.52	10.29	5.99	4.42
	巴黎	13.41	73.64	11.70	1.21	0.03
中国-中亚-西亚	天山北坡	74.02	15.20	6.34	2.75	1.69
	阿拉木图	83.12	11.60	3.49	1.33	0.45
	塔什干	76.80	19.84	2.56	0.59	0.22
	伊斯坦布尔	52.92	33.25	7.03	5.16	1.64
	安卡拉	63.61	27.53	4.44	2.96	1.46
中国-中南半岛	新加坡	60.55	33.28	3.73	2.11	0.33
	曼谷	28.42	38.19	17.37	11.38	4.64
	雅加达	42.56	38.85	9.18	7.44	1.96
孟中印缅	滇中	67.74	21.81	5.70	3.01	1.73
	加尔各答	43.92	45.02	7.41	2.96	0.69
中巴	喀什	63.48	21.21	10.39	3.56	1.35
	卡拉奇	84.03	14.68	0.90	0.33	0.05
非洲及大洋洲	开罗	31.57	27.45	13.54	21.44	6.00
	内罗毕	85.20	12.05	1.96	0.71	0.08
	达累斯萨拉姆	95.58	3.12	0.86	0.40	0.04
	亚的斯亚贝巴	93.06	4.88	1.34	0.53	0.19
	约翰内斯堡	43.52	44.30	7.35	3.93	0.90
	悉尼	78.94	18.14	2.08	0.73	0.11

3.3.1 中蒙俄经济走廊

从中蒙俄经济走廊沿线上的京津冀城市区域和莫斯科城市区域灯光指数现状和变化看（图3－16），2013年京津冀城市区域灯光指数为10.25，莫斯科城市区域为16.62，2000～2013年灯光指数分别增加了4.56和4.51，两者的变化比较接近。从灯光指数分布的空间格局看，2013年灯光指数为0～10的低亮度区域京津冀城市区域的面积占比为69.92%，莫斯科城市区域的面积占比为51.77%，而在灯光指数为40以上的高亮度区域京津冀城市区域的面积占比为7.81%，莫斯科城市区域为14.17%。可见京津冀城市区域仍有大面积的灯光低亮度区域有待向高亮度转变，未来发展潜力很大。

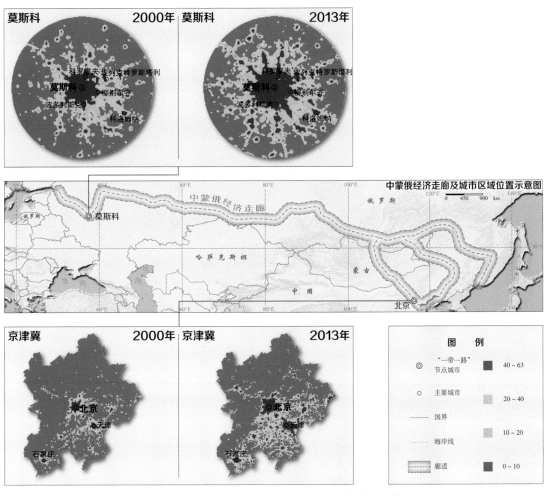

图3－16　中蒙俄经济走廊城市区域灯光指数空间分布

从2000～2013年灯光指数分级面积变化看，灯光指数在0～10的低亮度区域面积中京津冀城市区域的面积占比减少了11.96%，莫斯科城市区域减少了14.51%，而灯光指数在40以上高亮度区域面积京津冀城市区域增加了5.28%，莫斯科城市区域的增加了6.74%。可见，京津冀城市区域2000～2013年社会经济发展的速率明显高于莫斯科城市区域。

2000～2013年京津冀城市区域灯光指数年变化率为0.39，莫斯科城市区域为0.46，两者差别不大。从2000～2013年灯光指数年变化率空间情况看（图3－17），京津冀城市区域灯光亮度快速增长（灯光指数年变化率大于2）的地区主要集中在北京东南方向以北京-天津连线为轴的扇形地带，面积占比为4.79%。莫斯科城市区域灯光亮度快速增长的地区主要集中在莫斯科城市周边，面积占比为2.51%，可见莫斯科城市区域城市扩展基本表现为摊大饼式的模式。

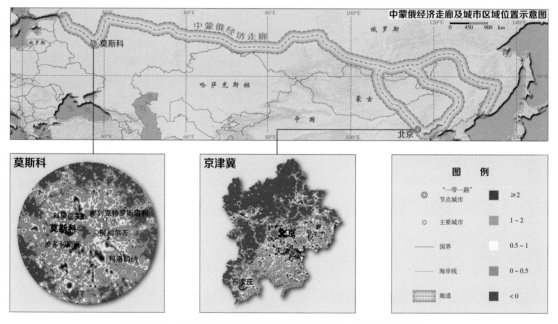

图3－17　中蒙俄经济走廊城市区域灯光指数变化率空间分布

3.3.2　新亚欧大陆桥经济走廊

新亚欧大陆桥经济走廊上的中原、关中和巴黎城市区域，灯光亮度的分布和变化差异较大（图3－18）。在三个城市区域中，2013年巴黎城市区域灯光指数最高为14.74，而2000～2013年巴黎城市区域灯光指数的增加却最小，仅为1.40，而同时期中原城市区域和关中城市区域的灯光指数却分别增加了4.62和4.25。可见，巴黎城市区域经济社会发达程度较高，2000年以来其发展速率低于中原城市区域和关中城市区域。

从灯光亮度的分布看，中原城市区域2000年灯光高亮度的区域仅零星分布，到2013年灯光高亮度的区域面积占比达到了4.72%，同2000年相比增加了3.89%，呈现出以郑州、洛阳、新乡、安阳等城市为核心的高亮度区扩展态势，并且逐步连接成片。巴黎城市区域灯光高亮度区域的分布格局呈现以巴黎为中心的逐步向外扩展的模式，2013年灯光高亮度区域的面积占比为8.77%，同2000年相比仅增加了0.63%，灯光亮度的增加并不明显。关中城市区域2013年灯光高亮度的区域主要集中在西安、咸阳城市周边，面积占比为5.43%，2000年以来灯光高亮度的区域面积净增加4.45%，表现为沿宝鸡-西安-咸阳带状扩展的模式。从灯光指数年变化率空间分布看（图3-19），2000～2013年中原城市区域为0.38，关中城市区域为0.35，而巴黎城市区域的灯光指数年变化率稍低，为0.25。巴黎城市区域灯光亮度快速增长（灯光指数年变化率大于2）区域的面积占比仅为0.03%，而中原城市区域和关中城市区域灯光亮度快速增长区域的面积占比均远高于巴黎城市区域，分别为3.46%和4.42%，可见巴黎城市区域灯光亮度增长速率低于中原城市区域和关中城市区域，进一步发掘其发展潜力是未来城市区域发展的关键。

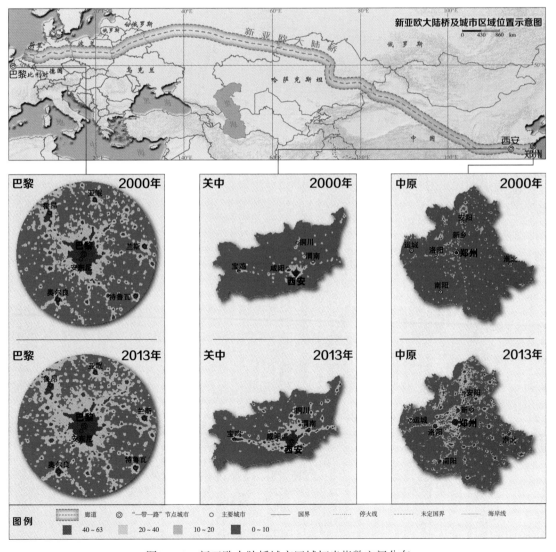

图3-18　新亚欧大陆桥城市区域灯光指数空间分布

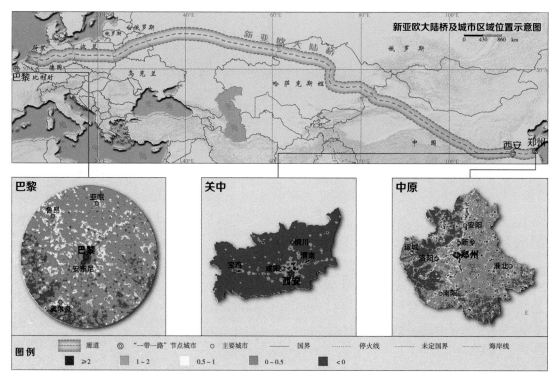

图3-19　新亚欧大陆桥城市区域灯光指数年变化率空间分布

3.3.3　中国-中亚-西亚经济走廊

在天山北坡、阿拉木图、塔什干、伊斯坦布尔和安卡拉五大城市区域中（图3-20），伊斯坦布尔城市区域2013年灯光指数值最高为7.15，而阿拉木图城市区域灯光指数值最低，仅为1.75。2000~2013年伊斯坦布尔城市区域灯光指数增长最明显，增加了2.24，而塔什干城市区域灯光指数增长最小，仅增加了0.40。从灯光指数空间分布情况看，伊斯坦布尔城市区域2013年灯光高亮度区域（灯光指数为40以上）面积占比最多，为5.58%，而阿拉木图城市区域最少，仅为0.84%。2000~2013年灯光高亮度区域面积占比增长伊斯坦布尔城市区域和天山北坡城市区域最明显，分别增加了2.49%和1.53%。

2000~2013年灯光指数年变化率分布如图3-21所示，伊斯坦布尔城市区域灯光指数年变化率最高，为0.23；塔什干城市区域灯光指数年变化率最低，为0.03。灯光指数年变化率大于2的快速发展区域面积，天山北坡城市区域最多，面积占比为1.69%，其次为伊斯坦布尔城市区域，为1.64%，而塔什干城市区域的面积占比最小，为0.22%。

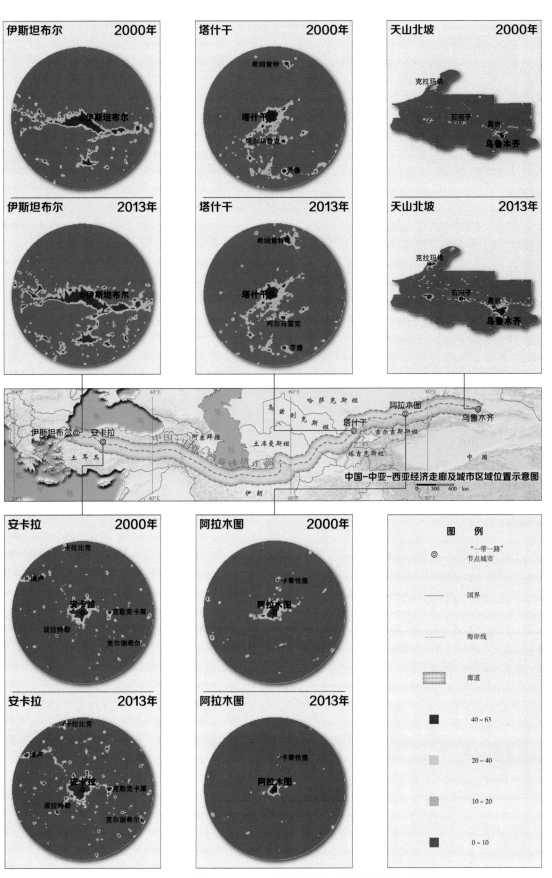

图3-20 中国-中亚-西亚经济走廊城市区域灯光指数空间分布

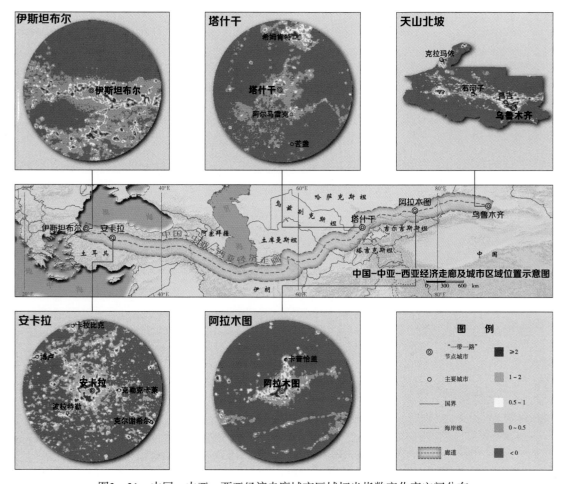

图3-21　中国-中亚-西亚经济走廊城市区域灯光指数变化率空间分布

3.3.4　中国-中南半岛经济走廊

中国-中南半岛经济走廊沿线的新加坡、曼谷和雅加达城市区域灯光指数的差异明显（图3-22），2013年新加坡城市区域灯光指数最高，为62.42，而雅加达城市区域灯光指数最低，为12.47。从不同灯光亮度等级的分布看，雅加达城市区域低亮度区域面积占比最多，为65.94%；而新加坡高亮度区域面积占比最多，为99.48%。从2000～2013年灯光指数变化上来看，曼谷城市区域灯光指数增长最突出，增加了5.57，这主要是由于曼谷城市外围周边高亮度区域扩展所引起。2000年以来曼谷城市区域灯光低亮度（灯光指数在0～10）区域的面积减少了20.10%，而灯光高亮度区域的面积增加了6.75%。

2000～2013年灯光指数变化率（图3-23）曼谷城市区域最高，为0.48，而新加坡城市区域最低，为0.09。这主要是由于新加坡社会经济发达，灯光亮度接近饱和，多年来灯光指数变化不大。从灯光指数年变化率空间分布看，在灯光指数年变化率大于2的快速发展地区，曼谷城市区域的面积占比最多为4.64%，主要分布在曼谷城市周边，以及湄南河沿岸地带。

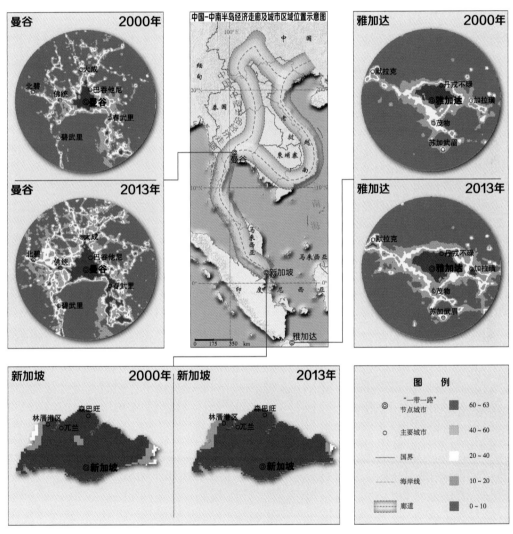

图3-22　中国–中南半岛经济走廊城市区域灯光指数空间分布

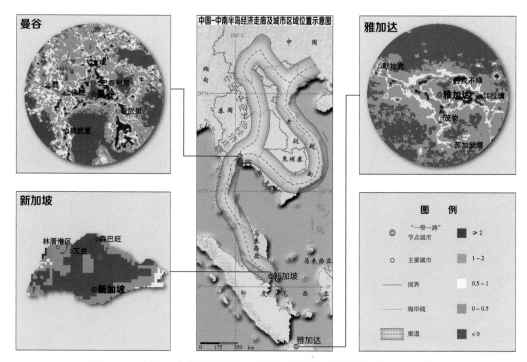

图3-23　中国-中南半岛经济走廊城市区域灯光指数变化率空间分布

3.3.5　孟中印缅经济走廊

孟中印缅经济走廊沿线的滇中和加尔各答城市区域，2013年灯光指数分别为3.49和7.52，2000～2013年二者灯光指数分别增加了1.79和2.18，灯光指数的变化态势基本一致（图3-24）。2013年灯光高亮度区域（灯光指数为40以上）滇中城市区域的面积占比为2.12%，加尔各答城市区域的面积占比为3.81%。2000～2013年灯光高亮度区域的面积，滇中城市区域的面积增加了1.57%，加尔各答城市区域的面积增加了1.43%。

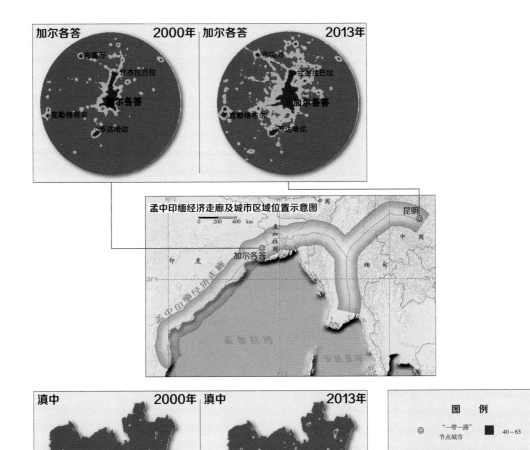

图3-24　孟中印缅经济走廊各城市区域灯光指数空间分布

2000～2013年滇中城市区域和加尔各答城市区域灯光指数变化率非常接近，分别为0.16和0.19（图3-25）。2000～2013年在灯光指数年变化率大于2的快速发展地区滇中城市区域的面积占比为1.73%，加尔各答城市区域的面积占比为0.69%，二者均表现为以城市为中心的扩展趋势。

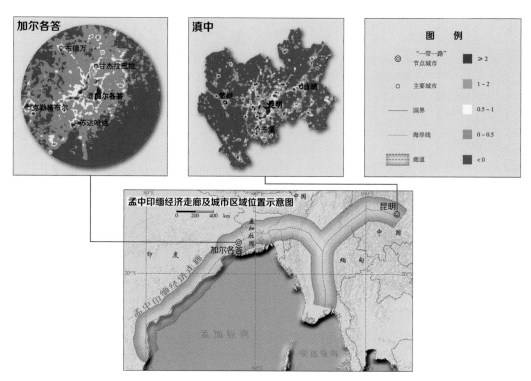

图3－25　孟中印缅经济走廊沿线各城市区域灯光指数年变化率空间分布

3.3.6　中巴经济走廊

中巴经济走廊包括喀什和卡拉奇城市区域，2000年和2013年灯光指数空间分布情况见图3－26，从2013年城市区域平均灯光指数上来看，喀什城市区域为3.45，卡拉奇城市区域为2.22，从2000～2013年城市区域平均灯光指数变化上来看，喀什城市区域增加了2.25，卡拉奇城市区域增加了0.10。从2013年灯光指数为0～10的区域即发展程度较低的区域的面积上来看，喀什城市区域的面积占比为96.95%，卡拉奇城市区域的面积占比为95.63%，从灯光指数大于40的区域即发展程度很高的区域的面积上来看，喀什城市区域的面积占比为0.68%，卡拉奇城市区域的面积占比为1.78%，从2000～2013年城市区域灯光指数分级面积变化量上来看，灯光指数在0～10的区域的面积都在减少，喀什城市区域的面积占比减少了6.01%，卡拉奇城市区域的面积占比减少了0.37%，灯光指数大于40的区域的面积都在增加，喀什城市区域的面积占比增加了1.50%，卡拉奇城市区域的面积占比增加了0.13%。

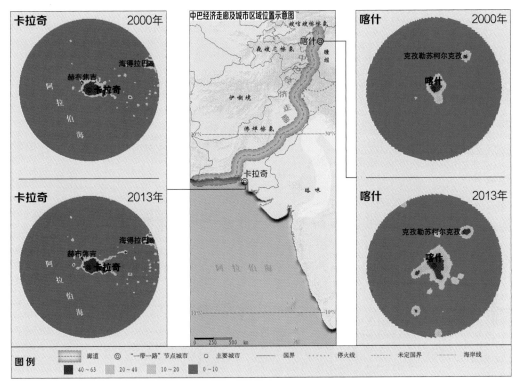

图3-26　中巴经济走廊各城市区域灯光指数空间分布

　　2000～2013年喀什城市区域和卡拉奇城市区域灯光指数变化率相差较大，分别为0.20和0.02（图3-27）。2000～2013年在灯光指数年变化率大于2的快速发展地区喀什城市区域的面积占比为1.35%，而卡拉奇城市区域的面积较小，为0.05%。两个城市区域均表现为以城市为中心向外扩展的趋势，但发展程度不高，总的来说，现阶段两个城市区域还均有很大的发展空间。卡拉奇城市区域位于阿拉伯海东岸，作为巴基斯坦第一大城市，又是沿海港口城市，地理优势十分明显，城市发展潜力大，应充分发挥海上贸易的便捷性和优势，并与内陆城市海得拉巴和中国的喀什城市区域形成海-陆一体的贸易通道，对于促进中巴经济走廊沿线城市和中国西部地区发展具有重要的意义。

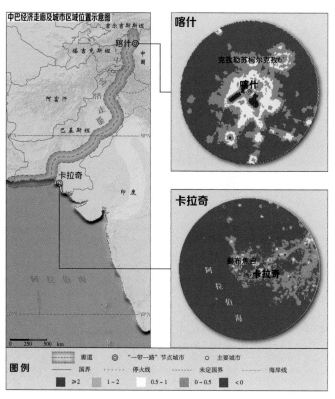

图3-27　中巴经济走廊城市区域灯光指数年变化率空间分布

3.3.7　非洲和大洋洲地区

从非洲和大洋洲主要城市区域的灯光指数分布看（图3-28），开罗2000年和2013年的灯光指数分别为14.49和20.31，共增长了5.82。从灯光指数分布的空间格局和分级面积来看，自2000年以来，开罗城市区域出现明显的向外扩张趋势，高亮度区面积增加，其余亮度区均有所减少，以低亮度区减少最为明显。2013年，开罗城市区域灯光指数在0～10的低亮度区的面积占比为51.38%，相比2000年，共减少了7.33%；灯光指数在10～20的面积占比为10.16%，相比2000年，共减少了3.05%；而灯光指数在20～40的区域面积占比为14.56，相比2000年，共减少了1.29%；而灯光指数高于40的高亮度区的面积占比为23.90，相比2000年，共增加了11.68%。

内罗毕2000年和2013年的灯光指数分别为0.83和1.40，共增长了0.57。从灯光指数分布的空间格局和分级面积来看，自2000年以来，内罗毕城市区域高亮度区范围有一定程度的扩大，低亮度区域大幅度减少，其余亮度区均有所增加，以灯光指数在10～20增长最多。2013年，内罗毕城市区域灯光指数在0～10的低亮度区的面积占比为96.89%，相比2000年，共减少了1.29%；灯光指数在10～20的亮度区的面积占比为1.75%，相比2000年，共增加了0.69%；灯光指数在20～40的亮度区的面积占比为0.79%，相比2000年，共增加了0.34%；而在灯光指数高于40的高亮度区的面积占比为0.58%，相比2000年，共增加了0.26%。

达累斯萨拉姆城市区域2000年和2013年的灯光指数分别为0.43和0.65，共增长了0.22。从灯光指数分布的空间格局和分级面积来看，自2000年以来，达累斯萨拉姆城市区域高亮度区范围有一定程度的扩大。2013年，达累斯萨拉姆城市区域灯光指数在0~10的低亮度区的面积占比为98.41%，相比2000年，共减少了0.66%；而灯光指数在10~20的区域面积占比增加最多，为0.36%。

亚的斯亚贝巴城市区域2000年和2013年的灯光指数分别为0.29和0.69，共增长了0.40。从灯光指数分布的空间格局和分级面积来看，自2000年以来，亚的斯亚贝巴城市区域高亮度区范围有一定程度的扩大。2013年，亚的斯亚贝巴城市区域灯光指数在0~10的低亮度区的面积占比为98.40%，相比2000年，共减少了1.01%；而在10~20的区域面积增加最多，增加了0.57%。

约翰内斯堡城市区域2000年和2013年的灯光指数分别为9.03和10.65，共增长了1.62。从灯光指数分布的空间格局和分级面积来看，自2000年以来，约翰内斯堡城市区域高亮度区范围有一定程度的扩大。2013年，约翰内斯堡城市区域灯光指数在0~10的低亮度区的面积占比为74.06%，相比2000年，共减少了3.97%；而在高于40的高亮度区的面积增加最多，增加了1.93%。

悉尼市2000~2013年的灯光指数增长了0.23，自2000年以来，悉尼城市区域高亮度区范围有一定程度的扩大。2013年，悉尼城市区域灯光指数在0~10的低亮度区的面积占比为90.49%，相比2000年，共减少了0.77%；其中高于40的高亮度区的面积增加最多，增加了0.48%。

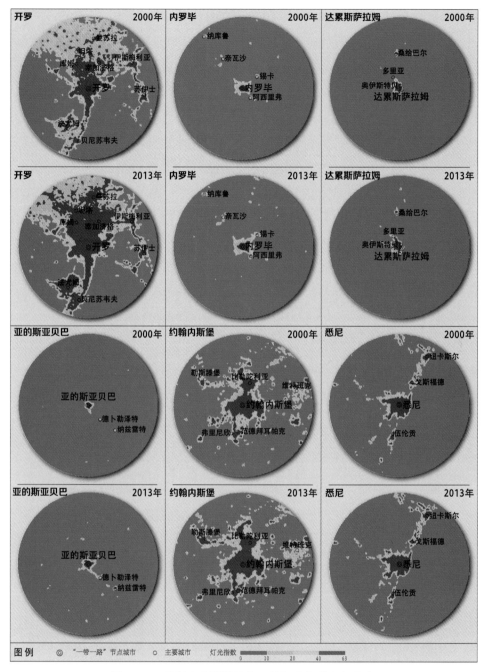

图3-28　非洲和大洋洲城市区域灯光指数空间分布

　　从开罗城市区域2000～2013年灯光指数年变化率空间分布看（图3-29），在城市区域的中北部，大部分区域的灯光指数年变化率均在1～2，说明该区域经济和人口增长很快，是开罗城市区域发展潜力最大的地区，而城市区域的西南部地区是另一个灯光指数年变化率较高的地区，经济和人口增长较快，其发展潜力仅次于中北部地区。

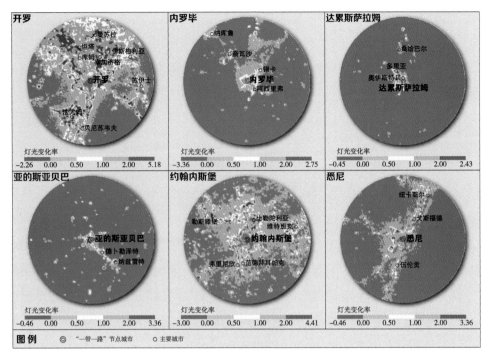

图3-29 非洲和大洋洲城市区域灯光指数年变化率空间分布

内罗毕城市区域2000～2013年绝大部分地区的灯光指数年变化率小于0，其经济和人口增长呈负增长趋势，而在内罗毕市周边，以及北部部分地区的灯光指数年变化率大于0，并且距离内罗毕市区越远，灯光指数年变化率的值越低。

达累斯萨拉姆城市区域2000～2013年绝大部分地区的灯光指数年变化率小于0，其经济和人口增长呈负增长趋势，而在达累斯萨拉姆市周边，以及西南方向的灯光指数年变化率大于0，并且距离达累斯萨拉姆市市区越远，灯光指数年变化率的值越低。

从亚的斯亚贝巴城市区域2000～2013年灯光指数年变化率空间分布看，该城市区域绝大部分地区的灯光指数年变化率小于0，其经济和人口增长呈负增长趋势，而在达累斯萨拉姆市周边，以及东南方向的灯光指数年变化率大于0，并且距离达累斯萨拉姆市市区越远，灯光指数年变化率的值越低。

从约翰内斯堡城市区域2000～2013年灯光指数年变化率空间分布看，城市区域中部、东部和西部地区是该城市区域灯光指数年变化率相对较高的地区，在整个城市区域中的空间分布比较均匀，基本上呈以约翰内斯堡市为中心的伞状分布特征。其中约翰内斯堡市、比勒陀利亚市、勒斯滕堡市、维特班克市的周边地区，以及弗里尼欣市北部地区的灯光指数年变化率一般在0.5以上，说明这些地区经济和人口普遍呈正增长趋势，发展潜力和空间较大，而约翰内斯堡市内部地区经济和人口呈负增长趋势。

从悉尼城市区域2000～2013年灯光指数年变化率空间分布看，该城市区域绝大部分地区的灯光指数年变化率小于0，仅在悉尼市以西方向的局部地区的灯光指数年变化率较高，以悉尼市为中心的南北沿海城市带（纽卡斯尔市-戈斯福德市-悉尼市-伍伦贡市）的灯光指数年变化率在一般在0～0.5，说明这些地区经济和人口增长速度较为缓慢。

3.4 城市热岛状况

城市热岛是衡量城市生态环境的重要指标因子，热岛等级越高代表城市的生态环境越差。利用遥感数据可以获取分析城市区域强热岛面积比例、弱热岛面积比例、非热岛面积比例，以及2010～2015年强热岛面积比例、弱热岛面积比例、非热岛面积比例的变化。

从热岛面积比例看，2015年各城市区域热岛面积比例差别很大，从强热岛面积比例来看，阿拉木图和塔什干城市区域的比例最大，分别为39.08%和26.10%，其次为天山北坡城市区域，为25.29%；然后为开罗城市区域，为23.66%；最小的是约翰内斯堡城市区域，为1.32%；从弱热岛面积比例来看，达累斯萨拉姆城市区域的比例最大，为47.91%，其次为开罗和安卡拉城市区域，分别为41.43%和38.72%；最小的是悉尼城市区域，为12.05%；从非热岛面积比例来看，悉尼和亚的斯亚贝巴的比例最大，分别为86.32%和81.58%，其次为中原城市区域，为79.10%，最小的是开罗城市区域，为34.91%（表3－8）。

表3－8　2015年城市区域热岛面积比例　　　　　　　　（单位：%）

经济走廊及地区	城市区域	强热岛	弱热岛	非热岛
中蒙俄	京津冀	14.35	30.43	55.22
	莫斯科	9.66	22.42	67.92
新亚欧大陆桥	中原	3.42	17.48	79.10
	关中	12.16	34.03	53.81
	巴黎	8.85	35.73	55.42
中国-中亚-西亚	天山北坡	25.29	24.55	50.16
	阿拉木图	39.08	21.09	39.83
	塔什干	26.10	36.84	37.06
	伊斯坦布尔	20.82	38.55	40.63
	安卡拉	23.04	38.72	38.24
中国-中南半岛	新加坡	21.15	28.63	50.22
	曼谷	18.36	31.51	50.13
	雅加达	13.42	28.42	58.16
孟中印缅	滇中	18.77	24.65	56.58
	加尔各答	4.13	32.7	63.17

续表

经济走廊及地区	城市区域	强热岛	弱热岛	非热岛
中巴	喀什	4.36	34.21	61.43
	卡拉奇	8.82	38.41	52.77
非洲及大洋洲	亚的斯亚贝巴	5.38	13.04	81.58
	悉尼	1.63	12.05	86.32
	约翰内斯堡	1.32	35.84	62.84
	内罗毕	17.47	32.02	50.51
	开罗	23.66	41.43	34.91
	达累斯萨拉姆	11.20	47.91	40.89

从2010～2015年城市区域热岛面积比例变化看（表3-9），各城市区域变化比例差别较大。从强热岛面积比例变化来看，阿拉木图城市区域的比例最大，为33.25%；其次为雅加达城市区域，比例变化了8.34%，最小的是加尔各答城市区域，为-15.53%。从弱热岛面积比例来看，约翰内斯堡城市区域的比例增加最大，为20.64%；其次为达累斯萨拉姆城市区域，比例增加了13.04%，最小的是阿拉木图城市区域，为-30.31%。从非热岛面积比例来看，加尔各答城市区域的比例最大，为17.97%；其次为中原城市区域，比例变化了12.73%，最小的是约翰内斯堡城市区域，为-21.76%。

表3-9　2010～2015年热岛面积比例变化　　　　（单位：%）

经济走廊及地区	城市区域	强热岛	弱热岛	非热岛
中蒙俄	京津冀	7.11	-12.63	5.52
	莫斯科	2.23	-2.57	0.34
新亚欧大陆桥	中原	0.01	-12.74	12.73
	关中	4.34	7.21	-11.55
	巴黎	4.61	3.17	-7.78
中国-中亚-西亚	天山北坡	5.83	2.37	-8.2
	阿拉木图	33.25	-30.31	-2.94
	塔什干	0.04	11.92	-11.96
	伊斯坦布尔	5.45	12.08	-17.53
	安卡拉	5.78	-11.20	5.42
中国-中南半岛	新加坡	4.79	-1.05	-3.74
	曼谷	-0.06	-9.08	9.14
	雅加达	8.34	-5.15	-3.19

195

续表

经济走廊及地区	城市区域	强热岛	弱热岛	非热岛
孟中印缅	滇中	5.25	-3.97	-1.28
	加尔各答	-15.53	-2.44	17.97
中巴	喀什	0.91	2.37	-3.28
	卡拉奇	-9.34	-2.72	12.06
非洲及大洋洲	亚的斯亚贝巴	-1.21	-4.09	5.30
	悉尼	-0.67	1.75	-1.08
	约翰内斯堡	1.12	20.64	-21.76
	内罗毕	-3.80	-10.83	-14.63
	开罗	8.25	-9.08	0.83
	达累斯萨拉姆	-2.55	13.04	-10.49

3.4.1 中蒙俄经济走廊

中蒙俄经济走廊主要包括京津冀城市区域和莫斯科城市区域，其城市区域热岛状况如图3-30所示。京津冀城市区域2015年总体热岛比例为44.78%，其中强热岛比例为14.35%，弱热岛比例为30.43%，而非热岛比例为55.22%；2010年总体热岛比例为50.30%，强热岛比例为7.24%，弱热岛比例为43.06%，而非热岛比例为49.70%。2015年总体热岛比例比2010年减少了5.52%，2015年强热岛比例比2010年增加7.11%。从空间分布上看，2015年京津冀城市区域总体热岛效应范围有所减小，西北部地区热岛效应明显增强，北京市与天津市强热岛比例有所增加，河北省东南部与南部地区弱热岛比例显著增加。城市区域内区域性大城市——北京市、天津市与石家庄市等较其他地区热岛效应更显著。

莫斯科城市区域2015年总体热岛比例为32.08%，其中强热岛比例为9.66%，弱热岛比例为22.42%，而非热岛比例为67.92%；2010年总体热岛比例为32.41%，强热岛比例为7.43%，弱热岛比例为24.98%，而非热岛比例为67.59%。2015年总体热岛比例与2010年基本持平，2015年强热岛比例比2010年增加2.23%。从空间分布上看，2015年莫斯科城市区域总体热岛效应范围有较小增加，莫斯科、图拉州地区热岛效应明显增加，卡卢加州、特维尔州、雅罗斯拉夫尔州等地区热岛效应明显减少。城市区域内区域性大城市——莫斯科州、图拉州等较其他地区热岛效应更显著。

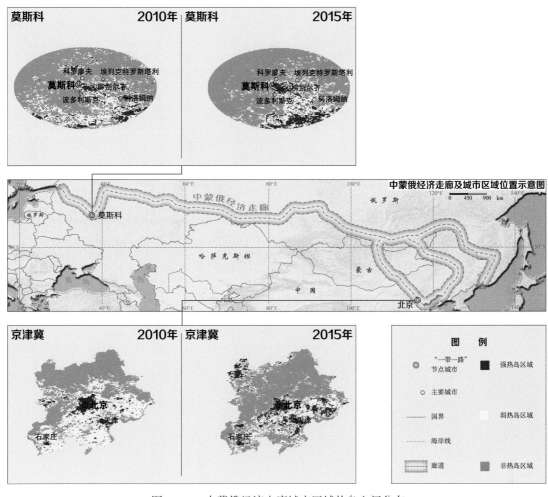

图3-30 中蒙俄经济走廊城市区域热岛空间分布

3.4.2 新亚欧大陆桥经济走廊

新亚欧大陆桥经济走廊主要包括中原城市区域、关中城市区域和巴黎城市区域，其城市区域热岛状况如图3-31所示。

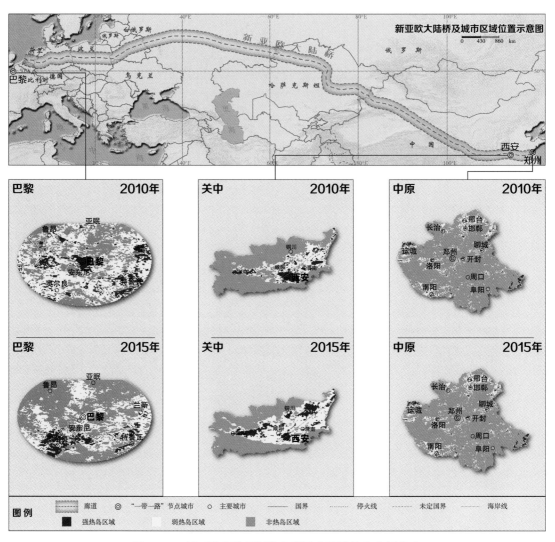

图3-31　新亚欧大陆桥经济走廊城市区域热岛空间分布

中原城市区域2015年总体热岛比例为20.90%，其中强热岛比例为3.42%，弱热岛比例为17.48%，而非热岛比例为79.10%；2010年总体热岛比例为33.63%，强热岛比例为3.41%，弱热岛比例为30.22%，而非热岛比例为66.37%。2015年总体热岛比例比2010年减少了12.73%，2015年强热岛比例比2010年增加0.01%，基本保持统一水平。从空间分布上看，2015年中原城市区域总体热岛范围有所减小，中部和南部地区热岛效应明显减弱，其中中部地区城市例如郑州市等城市热岛效应有所减弱。关中城市区域2015年总体热岛比例为46.19%，其中强热岛比例为12.16%，弱热岛比例为34.03%，而非热岛比例为53.81%；2010年总体热岛比例为34.64%，强热岛比例为7.82%，弱热岛比例为26.82%，而非热岛比例为65.36%。2015年总体热岛比例比2010年增加了11.55%，2015年强热岛比例比2010年增加4.34%。从空间分布上看，2015年关中城市区域总体热岛范围有所增加，主要集中在中部和东北部地区，其中渭南市总体热岛比例相对较高。巴黎城市区域2015年总体热岛比例为44.58%，其中强热岛比例为8.85%，弱热岛比例为35.73%，而非热岛比例为55.42%；2010年总体热岛比例为36.80%，强热岛比例为4.24%，弱热岛比例为32.56%，而非热岛比例为63.20%。2015年总体热岛比例比2010年增加了7.78%，2015年强热岛比例比2010年增加了4.61%。从空间分布上看，2015年巴黎城市区域总体热岛效应范围有所减小，西南部地区热岛效应明显增加，中央区与卢瓦尔河区强热岛比例有所增加，法兰西岛区热岛比例明显减少。城市区域内的区域性大城市地区——中央区、卢瓦尔河区等较其他地区热岛效应更显著。

3.4.3 中国-中亚-西亚经济走廊

中国-中亚-西亚经济走廊主要包括天山北坡城市区域、阿拉木图城市区域、塔什干城市区域、伊斯坦布尔城市区域和安卡拉城市区域，其城市区域热岛状况如图3-32所示。天山北坡城市区域强热岛面积比例为25.29%，比2010年增加5.83%；弱热岛面积比例为24.55%，比2010年增加2.37%；非热岛面积比例为50.16%，比2010年减少8.2%；其中克拉玛依市、玛纳斯县、米泉县、阜康市这条东西沿线地区强热岛面积比例显著增加。塔什干城市区域强热岛面积比例为26.10%，与2010年相当，其中哈萨克斯坦强热岛面积比例增加，而塔吉克斯坦强热岛面积比例下降；弱热岛面积比例为36.84%，比2010年增加11.92%，其中哈萨克斯坦、吉尔吉斯斯坦弱热岛均有所增加；非热岛面积比例为37.06%，比2010年减少11.96%。伊斯坦布尔城市区域强热岛面积比例为20.82%，比2010年增加5.45%，其中泰基尔达省和克尔克拉雷利省强热岛面积比例增加显著；弱热岛面积比例为38.55%，比2010年增加12.08%，其中巴勒克埃西尔省、布尔萨省、比莱吉克省这条东西沿线区域弱热岛面积比例增加显著，呈现热岛现象加剧趋势；非热岛面积比例为40.63%，比2010年减少17.53%。安卡拉城市区域强热岛面积比例为23.04%，比2010年增加5.78%，其中乔鲁姆省强热岛面积比例增加显著；弱热岛面积比例为38.72%，比2010年减少11.20%，其中克尔谢希尔省部分弱热岛区域变为非热岛区域，热岛现象有所控制；非热岛面积比例为38.24%，比2010年增加了5.42%，其中安卡拉省部分非热岛区域变为弱热岛区域，热岛现象呈现加剧趋势。阿拉木图城市区域强热岛面积比例为39.08%，比2010年增加33.25%；弱热岛面积比例为21.09%，比2010年减少30.31%；非热岛面积比例为39.83%，比2010年减少2.94%；其中阿拉木图州大部分弱热岛区域转变成了强热岛区域，部分非热岛区域转变成弱热岛区域，热岛现象呈现严重加剧趋势。

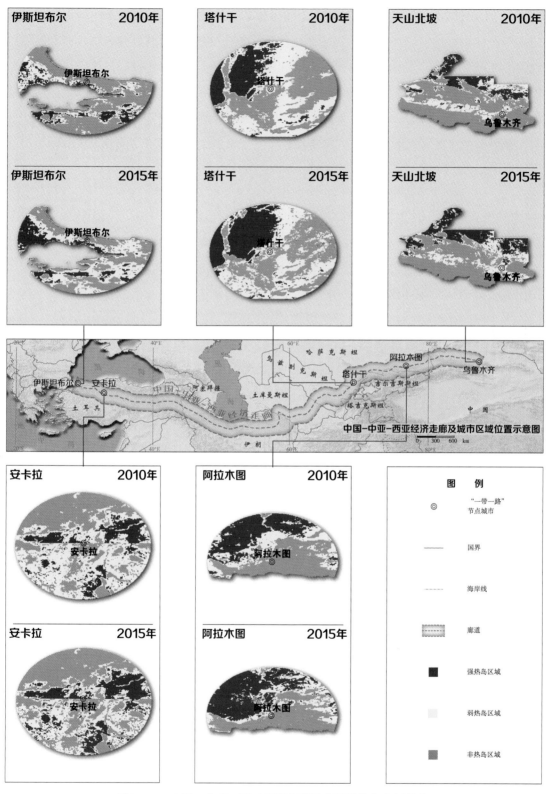

图3－32　中国－中亚－西亚经济走廊城市区域热岛空间分布

3.4.4 中国-中南半岛经济走廊

中国-中南半岛经济走廊主要包括新加坡城市区域、曼谷城市区域和雅加达城市区域，其城市区域热岛状况如图3－33所示。

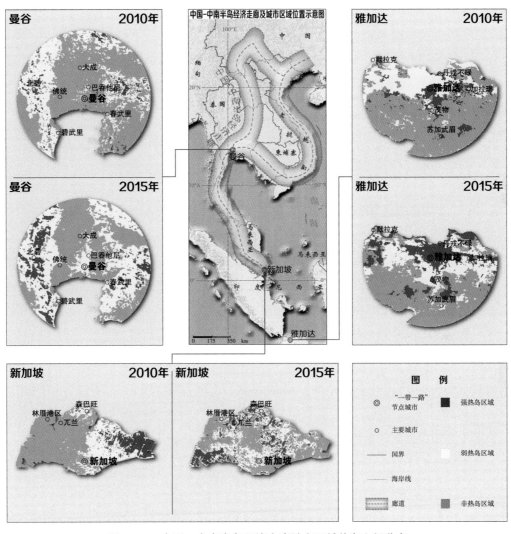

图3－33 中国－中南半岛经济走廊城市区域热岛空间分布

雅加达城市区域、新加坡城市区域、曼谷城市区域是中国-中南半岛的三个重要城市区域。雅加达城市区域总体热岛比例为41.84%，比2010年增加3.19%。其中强热岛比例为13.42%，比2010年增加8.34%；弱热岛比例为28.42%，比2010年减少5.15%；非热岛比例为58.16%，比2010年减少3.19%；加拉璜、茂物的强热岛比例增加明显。新加坡城市区域总体热岛比例为49.78%，比2010年增加3.74%。其中强热岛比例为21.15%，比2010年增加4.79%；弱热岛所占比例为28.63%，比2010年减少1.05%；非热岛比例为50.22%，比2010年减少3.74%；其中，林厝港区、兀兰和森巴旺的强热岛增加显著，强热岛由东部往西部转移。曼谷城市区域总体热岛比例为49.87%，比2010年减少9.14%。强热岛所占比例为18.36%，与2010年基本一致；弱热岛所占比例为31.51%，比2010年减少9.08%；非热岛比例为50.13%，比2010年增加9.14%；其中，曼谷、佛统和碧武里弱热岛比例明显下降。

3.4.5　孟中印缅经济走廊

孟中印缅经济走廊主要包括滇中城市区域和加尔各答城市区域，其城市区域热岛况如图3－34所示。2015年滇中城市区域热岛现象整体上有所提升，热岛面积分布比例占43.42%，其中强热岛面积分布比例为18.77%，比2010年增加5.25%；弱热岛面积分布比例为24.65%，比2010年减少3.97%；非热岛面积比例为56.58%，比2010年减少了1.28%。其中楚雄市和玉溪市的热岛增加明显，曲靖市次之，昆明热岛效应没有显著变化。2015年加尔各答城市区域热岛现象整体上有所提升，热岛面积分布比例占36.83%，其中强热岛面积比例为4.13%，比2010年减少15.53%；弱热岛面积比例为32.70%，比2010年减少2.44%；非热岛面积比例为63.17%，比2010年增加17.97%。其中科勒格布尔区域热岛效应增加明显，加尔各答和布德尔区域热岛增长次之，海岸线热岛效应明显减弱。

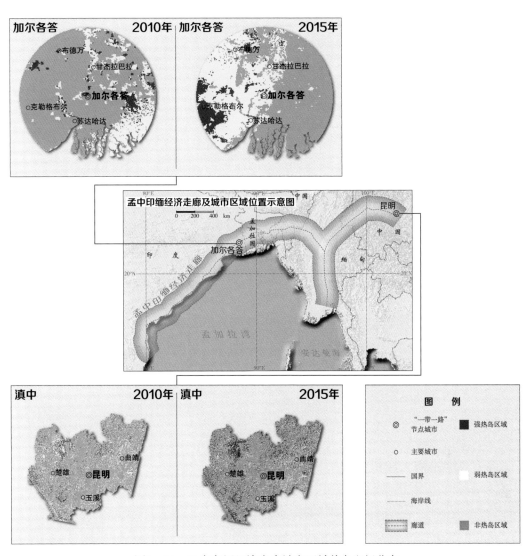

图3-34　孟中印缅经济走廊城市区域热岛空间分布

3.4.6　中巴经济走廊

中巴经济走廊主要包括喀什城市区域和卡拉奇城市区域，其城市区域热岛状况如图3-35所示。2015年喀什城市区域热岛现象有所提升，热岛面积分布比例占38.57%，其中强热岛面积分布比例为4.36%，比2010年增加0.91%；弱热岛面积分布比例为34.21%，比2010年增加2.37%；非热岛面积比例为61.43%，比2010年减少了3.28%。其中喀什热岛减弱明显，克孜勒苏柯尔克孜自治州次之。2015年卡拉奇城市区域热岛现象整体上有所减弱，热岛面积分布比例占47.24%，其中强热岛面积比例为8.82%，比2010年减少9.34%；弱热岛面积比例为38.41%，比2010年减少2.72%；非热岛面积比例为52.77%，比2010年增加12.06%。其中卡拉奇城市热岛现象明显增加。

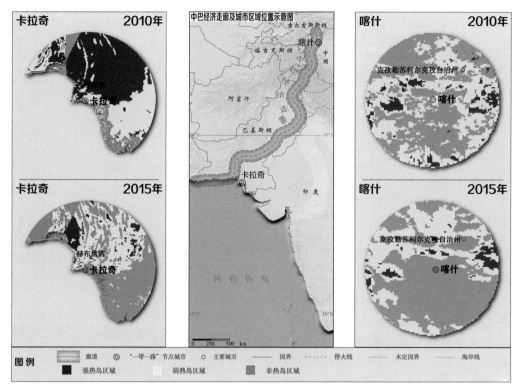

图3-35　中巴经济走廊城市区域热岛空间分布

3.4.7　非洲和大洋洲地区

亚的斯亚贝巴城市区域2015年总体热岛比例为18.42%，其中强热岛比例为5.38%，弱热岛比例为13.04%，而非热岛比例为81.58%；2010年总体热岛比例为23.72%，强热岛比例为6.59%，弱热岛比例为17.13%，而非热岛比例为76.28%。2015年总体热岛比例比2010年减少了5.30%，2015年强热岛比例比2010年减少了1.21%。从空间分布上看，2010～2015年，东部强热岛增加，西南部和北部地区热岛强度减弱（图3-36）。

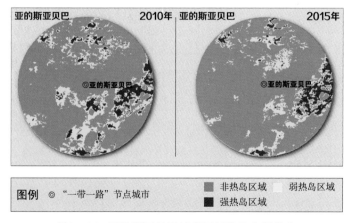

图3-36　亚的斯亚贝巴城市区域热岛空间分布

悉尼城市区域2015年总体热岛比例为13.68%，其中强热岛面积比例为1.63%，弱热岛比例为12.05%，而非热岛比例为86.32%；2010年总体热岛比例为12.6%，强热岛比例为2.30%，弱热岛比例为10.30%，而非热岛比例为87.40%。2015年总体热岛比例比2010年增加了1.08%，2015年强热岛比例比2010年减少了0.67%。从空间分布上看，悉尼热岛强度减弱，西部和西南部地区热岛强度增强（图3-37）。

约翰内斯堡城市区域2015年总体热岛比例为37.16%，其中强热岛比例为1.32%，弱热岛比例为35.84%，而非热岛比例为62.84%；2010年总体热岛比例为15.4%，强热岛比例为0.2%，弱热岛比例为15.2%，而非热岛比例为84.6%。2015年总体热岛比例比2010年增加了21.76%，2015年强热岛比例比2010年增加1.12%。从空间分布上看，其中西南部地区热岛强度减弱，北部热岛增强（图3-38）。

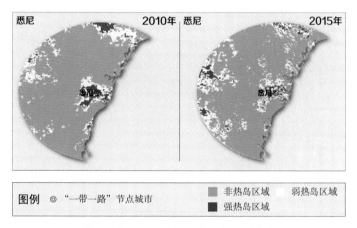

图3-37　悉尼城市区域热岛空间分布

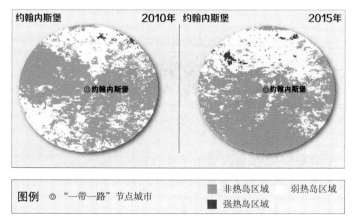

图3-38　约翰内斯堡城市区域热岛空间分布

开罗2015年总体热岛比例为65.09%，其中强热岛比例为23.66%，弱热岛比例为41.43%，而非热岛比例为34.91%；2010年总体热岛比例为65.92%，强热岛比例为15.41%，弱热岛比例为50.51%，而非热岛比例为34.08%。2015年比2010年总体热岛比例减少了0.83%，强热岛比例比2010年增加了8.25%。从空间分布上看，2015年开罗总体热岛效应范围有所增加，开罗南部及东部地区热岛效应略有增强；而2010年开罗西南部的强热岛到2015年大部分转变为弱热岛区域，表明环境有所改善（图3-39）。

内罗毕2015年总体热岛比例为49.49%，其中强热岛比例为17.47%，弱热岛比例为32.02%，而非热岛比例为50.51%；2010年总体热岛比例为34.86%，强热岛比例为13.67%，弱热岛比例为21.19%，而非热岛比例为65.14%。2015年比2010年总体热岛比例减少了14.63%，强热岛比例减少了3.80%。从空间分布上看，2015年内罗毕总体热岛效应范围有所增加，在东部、东北部及东南部强热岛及弱热岛范围都有所增加（图3-40）。

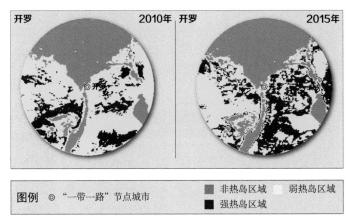

图3-39 开罗城市区域热岛空间分布图

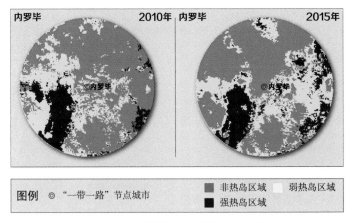

图3-40 内罗毕城市区域热岛空间分布

达累斯萨拉姆2015年总体热岛比例为59.11%，其中强热岛比例为11.20%，弱热岛比例为47.91%，而非热岛比例为40.89%；2010年总体热岛比例为48.62%，强热岛比例为13.75%，弱热岛比例为34.87%，而非热岛比例为51.38%。2015年总体热岛比例比2010年增加了10.49%，2015年强热岛比例比2010年减少了2.55%，弱热岛强度增加了13.04%。从空间分布上看，强热岛主要分布达累斯萨拉姆的中部与西部，分布比较零散，呈现多级热岛现象；在2015年达累斯萨拉姆总体热岛效应范围有所增加，在达累斯萨拉姆南部、强热岛及弱热岛范围都有所增加（图3-41）。

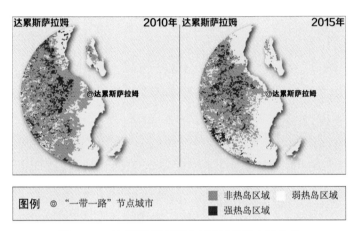

图3-41　达累斯萨拉姆城市区域热岛空间分布

四、陆路交通状况

本章利用OpenStreetMap的交通道路网络数据，采用路网密度、道路通行能力指数、道路通达性指数三个指标来评价"一带一路"陆域的道路发达水平，并借助景观破碎度来定量化评价六大经济走廊途经区域中道路对景观格局的影响。主要结果如下。

（1）"一带一路"陆域道路密度空间分异明显，总体呈现出沿海高于内陆的趋势，与区域人口密度、社会经济发展程度呈高度的相关性。"一带一路"东西两端的东亚经济圈和欧洲经济圈道路最为发达，通行能力指数分别为615m/km^{2}和541m/km^2，高于全区平均水平的4倍以上；印度的道路密度也处于较高的水平，通行能力指数为340m/km^2。但中印、印欧之间陆路交通缺乏主干铁路和高等级公路的联通。

（2）中蒙俄经济走廊和新亚欧大陆桥通行能力和通达状况较好的区域集中在走廊的两端，中部区域受严寒、地形起伏大、荒漠环境等地理因素影响通行能力和通达性较差；受荒漠、低温和地形崎岖等地理因素影响，中国-中亚-西亚经济走廊、中巴经济走廊通行能力和通达状况整体较差；中国-中南半岛经济走廊、孟中印缅经济走廊通行能力和通达状况整体较为均衡。

（3）道路的修建造成自然景观破碎化，对生态系统完整性有一定影响。其中在中国-中亚-西亚经济走廊、新亚欧大陆桥经济走廊的灌丛和干旱草原等脆弱生态系统，道路对景观破碎度的影响超过10%。

4.1 区域道路网密度分布

路网密度是指一定区域内道路总长度与该地区面积之比，是评价某一地区交通状况的常用指标之一。对"一带一路"陆域的公路网和铁路网进行密度计算与分析，可知："一带一路"陆域公路网密度分布呈现出沿海地区高于内陆地区的势态（图4-1）。在亚洲区域内，沿海的东亚、东南亚、南亚的公路密度明显高于内陆的西亚和中亚。在欧洲部分，公路密度整体水平远高于亚洲，并且西欧公路密度高于东欧。整个"一带一路"陆域平均公路网密度为244m/km^2。中低密度的公路网分布较广，且覆盖率由沿海地域向内陆地区递减，覆盖率较高的区域集中在欧洲、中国东南沿海、日本、澳大利亚南部沿海、印度沿海，以及非洲沿海区域。中高密度的公路网大多分布在低密度公路网的中心区域，其在欧洲分布面积最大，其次是中国东南沿海地区。

在"一带一路"六大经济走廊途径的国家中，公路密度极高、呈点状分布的区域与经济活跃、人口聚集的区域及交通枢纽的城市区域位置极为契合。国别公路平均密度最高值也分布在欧洲国家中，达到1000m/km²级别以上，如德国5824m/km²，荷兰5743m/km²，波兰2770m/km²等。公路网密度与该区域的经济发展程度、人口密集程度，以及生态环境地理要素直接相关。

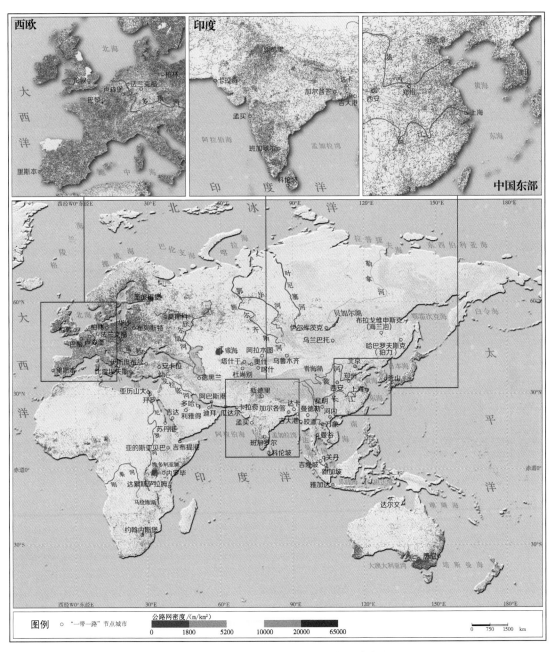

图4-1　"一带一路"陆域公路网密度分布状况

　　"一带一路"陆域铁路网密度整体小于公路网密度，但分布呈现出与公路网密度分布相似的势态（图4－2），沿海区域的铁路网密度明显高于内陆，经济发达国家的铁路密度水平明显高于发展中国家。欧洲铁路较其他区域更为发达，非洲的铁路发展水平较为落后，甚至部分国家没有铁路。整个监测区的平均铁路网密度为12m/km²。铁路网密度多较为均匀，集中分布在中低密度等级。只有在多条线路交汇处密度较大，多位于大国的铁路交通枢纽。

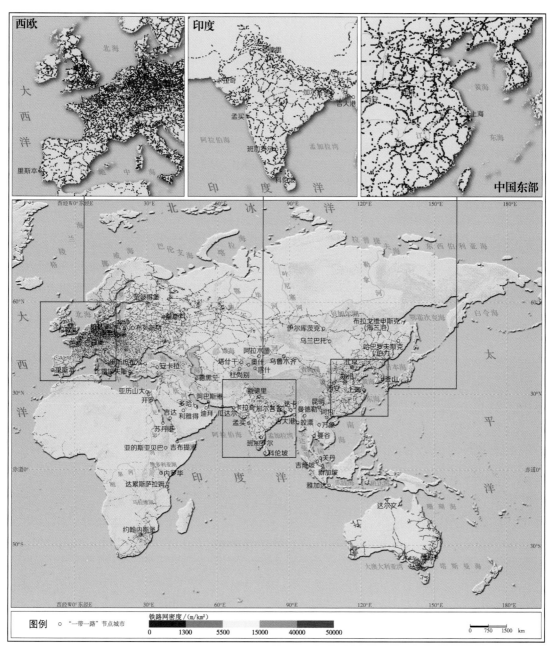

图4－2　"一带一路"陆域铁路网密度分布状况

4.2 区域道路通行能力

在"一带一路"建设中，基础设施的互联互通是人员、商品、资金、信息等得以顺畅流动的物质载体，也是"一带一路"沿线各国的共同需要。完善跨境基础设施，畅通整个"一带一路"陆域的交通运输走廊，已成为沿线国家的广泛共识。

量化不同道路（包括公路和铁路）的等级差异能较好地反映"一带一路"陆域运输线路的通行能力。一方面，不同等级道路，如高速公路、普通街道的车道数、限速有差异，货物运输的能力不同；另一方面，道路数据中的次等级公路，如公园服务路、行人专用街道、社区通道、人行道阶梯等级别道路并不能用于物流运输。因此，提取铁路和公路的前五个级别，按照道路等级，结合专家打分，采用模糊综合评价方法折中后，得到不同的权重系数（表4-1），计算出监测区域道路的加权密度，称为通行能力指数，以此表征路网的通行能力。

表4-1 "一带一路"监测区道路通行能力权重

道路级别	铁路	高速公路/快速公路	主干公路/城市快速路	主要公路	次要公路	普通街道
权重	3	2	1.6	1.4	1	1

"一带一路"陆域的道路通行能力指数平均值约为138m/km²，在"一带一路"陆域中：东亚的道路通行能力指数约为281m/km²，东南亚134m/km²，俄罗斯45m/km²，南亚242m/km²，西亚171m/km²，中亚51m/km²，欧洲615m/km²，非洲北部25m/km²，非洲南部58m/km²，大洋洲为85m/km²。欧洲-东亚-印度"三极"高密度区域带动中间广大腹地，每条经济走廊中至少有一条中等以上道路通行能力指数的路网条带贯穿整个走廊。

如图4-3所示，根据道路通行能力指数将"一带一路"陆域分为五个等级，通行能力指数的中低等级占据绝大部分地区，尤其是东北部的蒙俄区、中部西部的中亚西亚地区和非洲地区。通行能力指数较大的，橙红色区域主要分布在"一带一路"经济带东西两端的东亚、欧洲两大经济圈，其他地区也有零星分布。

图 例

通行能力指数/（m/km²）

- 0 ~ 250
- 250 ~ 900
- 900 ~ 2000
- 2000 ~ 4750
- 4750 ~ 20191

—— 分区界

○ "一带一路"节点城市

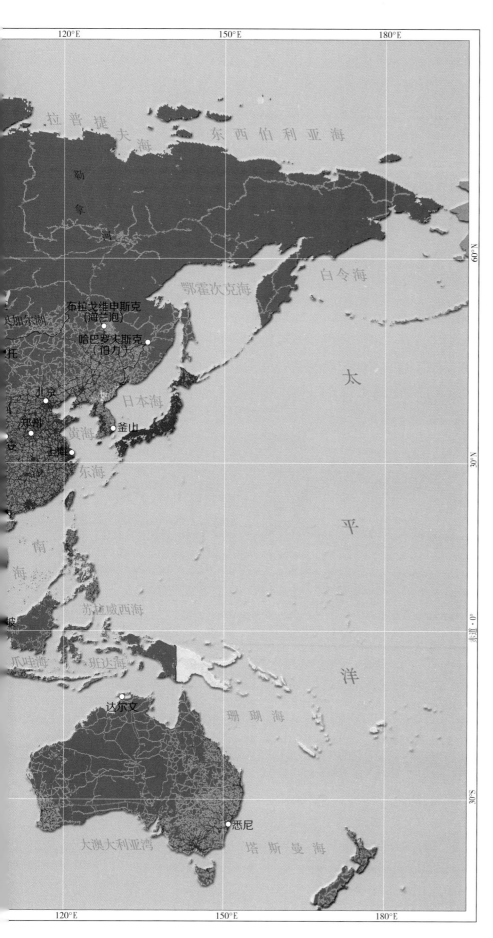

图4-3 "一带一路"陆域
道路通行能力分布状况

东亚和欧洲两大经济区在最高通行能力指数等级区并无较大差异，但是在中等等级的通行能力指数区域差异较大，欧洲的覆盖率明显大于东亚，这在大区道路通行能力指数平均值上也有体现。与公路铁路网相比，中国的通行能力指数表现更加突出，通行能力较高的区域占比较大，说明其道路等级较高。

4.3 经济走廊公路通达性状况

通达性指数是描述国家和地区基础设施建设水平的重要考量，数值越大，表明其交通基础设施越发达，道路通达性越好，城市与区域之间的可达性越强。地区经济发展水平直接决定了区域内路网建设强度，而生态环境状况直接影响着道路建设的难易程度。

4.3.1 中蒙俄经济走廊

"中蒙俄经济走廊"是中国"一带一路"、蒙古"草原之路"和俄罗斯"跨亚欧大通道"三大倡议对接和落实的载体（图4-4）。可将其划分为四段，即天津-乌兰乌德段、符拉迪沃斯托克-绥芬河-赤塔段、符拉迪沃斯托克-布拉戈维申斯克-赤塔段及赤塔-莫斯科段。

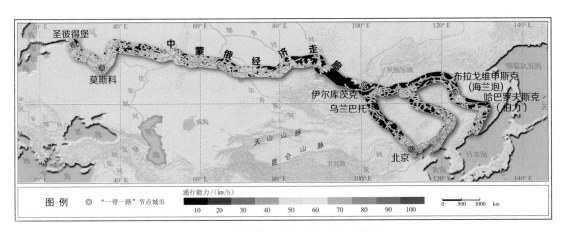

图4-4 中蒙俄经济走廊公路通达状况

中蒙俄经济走廊的天津-乌兰乌德段从天津到二连浩特地形较为平坦，无明显环境约束因素，公路通达性指数普遍较好，达到80km/h以上；从二连浩特经乌兰巴托至乌兰乌德段海拔较高，地形起伏较大，海拔高于2000m或坡度大于15°的走廊长度将近200km，分布有长约400km的荒漠及200km长的严寒区域，使得该区段公路基础设施建设较差，只有数条主干道分布，公路通达性指数较差。

符拉迪沃斯托克-绥芬河-赤塔段从符拉迪沃斯托克经绥芬河到哈尔滨，再经满洲里到赤塔，约有3/4区段在中国境内，地形平坦。其中，北京-哈尔滨-赤塔段从北京到哈尔滨地形平坦，公路通达性指数普遍较好；哈尔滨经满洲里到赤塔，公路通达性指数较好，有较为发达的公路联通网络。

符拉迪沃斯托克-布拉戈维申斯克-赤塔段均在俄罗斯境内，其中布拉戈维申斯克以北将近1000km长的区段较为寒冷，公路通达性一般。

赤塔-莫斯科段是从赤塔沿第一亚欧大陆桥经莫斯科到圣彼得堡。廊道在赤塔至克拉斯诺亚尔斯克之间分布有长约1000km的严寒区域，且伊尔库茨克与克拉斯诺亚尔斯克之间分布有长约450km的山地区域，因此赤塔至伊尔库茨克之间公路通达性一般，而伊尔库茨克至克拉斯诺亚尔斯克之间公路通达性指数非常差，几乎不超过30km/h。从克拉斯诺亚尔斯克至圣彼得堡地形较为平坦，公路通达性指数普遍较好，达到80km/h以上。

4.3.2 新亚欧大陆桥经济走廊

新亚欧大陆桥是从中国的江苏连云港市到荷兰鹿特丹港的国际化铁路交通干线（图4-5）。新欧亚大陆桥沿线纬度较低，全线避开了高寒地区，常年畅通。

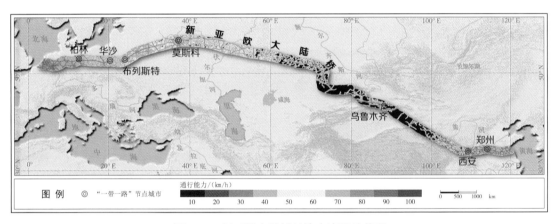

图4-5 新亚欧大陆桥经济走廊通达状况

新亚欧大陆桥从连云港至西安段公路通达性状况普遍较好，可达80km/h以上。从西安经乌鲁木齐至阿拉山口段，海拔逐渐升高，荒漠增多，公路通达性指数逐步降低，最低为30km/h以下。新亚欧大陆桥中亚段全长约1800km，地处哈萨克丘陵向图兰平原的过渡带，地形平坦，公路建设状况较好，公路通达性指数可达60km/h左右。新亚欧大陆桥俄罗斯段全长约2000km，穿过乌法、喀山、下诺夫哥罗德、莫斯科等节点城市，穿越平坦的西西伯利亚平原和东欧平原，整体上没有山地的约束，荒漠较少，而且避开了严寒地区，路网较为发达，公路通达性指数较好，可达70km/h。新亚欧大陆桥欧洲段全长约1900km，从白俄罗斯东部铁路枢纽城市布列斯特开始，沿白俄罗斯首都明斯克、波兰首都华沙、德国首都柏林，到达欧洲最大的港口城市鹿特丹，途经东欧平原、中欧平原、西欧平原。全线地势低平，坡度极小，除德国西南山地地势稍高，沿线其他地区的坡度基本不超过1°，且路网发达，公路质量标准高，公路通达性指数可达90km/h以上。

4.3.3 中国-中亚-西亚经济走廊

中国-中亚-西亚经济走廊主要分为中国-中亚和中亚-西亚两段（图4－6）。

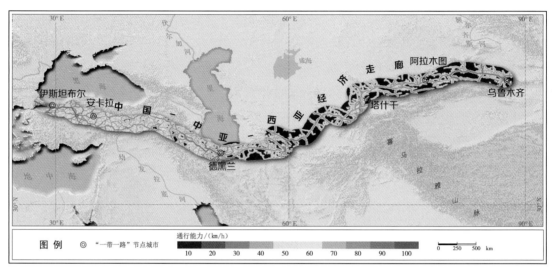

图4－6 中国－中亚－西亚经济走廊通达状况

中国-中亚段以中国西部城市乌鲁木齐为起点，经霍尔果斯口岸连通哈萨克斯坦阿拉木图，途经比什凯克、撒马尔罕、阿什哈巴德等中亚重要节点城市，最后抵达伊朗马什哈德，全段总长3200km。总体来看，该区段公路通达性状况较差，大部分区域的公路通达性指数低于50km/h，只有若干主要干道通达性稍好。从公路建设限制性因素来看，该段公路通达性受地形及气候限制较大，沿途穿越荒漠区约2240km，荒漠面积占走廊缓冲区总面积的10.2%，其中新疆至吉尔吉斯斯坦约有360km长的路段地形复杂、海拔较高、坡度较大（10°～40°）且该段年平均温度在0℃以下。

西亚段即新亚欧大陆桥南线，穿越伊朗高原和小亚细亚半岛，全长约2980km。西亚东段由伊朗的马什哈德至德黑兰，长约820km。其中穿越卡维尔荒漠的区段长约460km，平均海拔1000m左右，气候极度干旱，荒漠分布面积大，干热季可持续7个月，年平均降水量30～250mm，极度干旱气候和荒漠分布区广是东段公路通达性的主要限制性因素。恶劣的自然地理环境严重制约公路建设，导致该区段公路通达性指数普遍低于50km/h。西亚中段由伊朗德黑兰至土耳其锡瓦斯，长约1400km。该段区域地势较高，山地分布较广，大部分区域坡度为10°～15°，气候适宜农牧业，水热条件较好。总体来看，该区段公路通达性指数较好，普遍高于50km/h。西亚西段由土耳其的锡瓦斯至伊斯坦布尔，长约760km。该段地势平缓，气候较温和，无明显公路建设限制因素，交通便捷，公路通达性指数普遍高于50km/h。

4.3.4 中国-中南半岛经济走廊

"中国-中南半岛经济走廊"依托泛亚铁路。中老-中越段从昆明出发分别抵达越南河内和老挝万象,该区段中国云南境内海拔较高,地形起伏较大,海拔高于2000m或坡度大于15°的公路长度近700km,最高海拔达3000m以上,坡度达20°~30°,地形复杂,使得该区段中国境内的公路通达性指数一般,仅有若干条主干公路通达性指数达到100km/h,部分地区的公路通达性指数仅为20km/h。该区段进入老挝境内,公路通达性指数显著提升,集中在90km/h左右。泰国段和柬埔寨段地处中南半岛平原三角洲,马来半岛段平原狭小,多分布于沿海地区,这三段走廊平均海拔约为100m左右,地势平坦,公路建设难度较小,公路通达性指数普遍较高,金边、曼谷、吉隆坡和新加坡等重要节点城市的公路通达性指数均达到90km/h及以上(图4-7)。

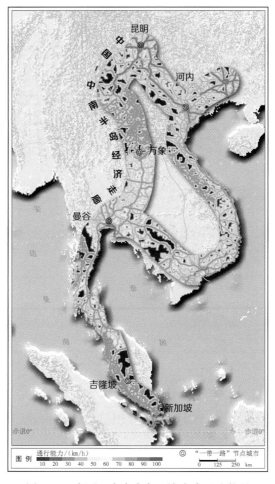

图4-7 中国-中南半岛经济走廊通达状况

4.3.5 中巴经济走廊

中巴经济走廊起自中国喀什，沿途穿越青藏高原西部、印度河平原和巴基斯坦南部沙漠，终点为巴基斯坦的瓜达尔港，全长约3000km（图4-8）。综合来看，崎岖险峻的地形条件和荒漠是中巴经济走廊的主要道路建设限制因素。

青藏高原段由中国喀什至巴基斯坦首都伊斯兰堡，长约940km。该段跨越昆仑山脉与帕米尔高原，气候寒冷，终年积雪，平均海拔高于4000m，地形起伏较大，导致公路建设困难，维护成本高，因此路网不发达，公路通达性较差，仅该区段首尾两个节点城市公路通达性相对较好。印度河平原段由伊斯兰堡到卡拉奇，全长1640km。该区段南部段大部分区域为俾路支高原，南部临海则为沙漠。巴基斯坦南部段联通卡拉奇及瓜达尔港，长约490km。该段常年高温少雨，干旱严重，土地覆盖类型以荒漠为主，路网密度低，除几条主要干道外，公路通达性指数总体较差。

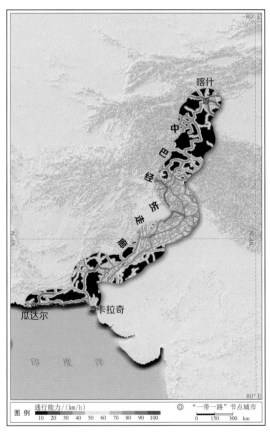

图4-8 中巴经济走廊通达状况

4.3.6 孟中印缅经济走廊

孟中印缅经济走廊自中国云南昆明经缅甸、孟加拉国、印度到达印度洋，全长近4000km，其中曼德勒、仰光、达卡、金奈等是重要节点城市（图4-9）。

该廊道的中缅段全长约1500km，起始于中国昆明市，穿越云贵高原和缅甸北部的山地，局部地段存在坡度大等复杂地貌条件，公路通达性指数一般，仅有部分主干道通行能力达到100km/h。随着该廊道逐渐抵达缅甸中央平原，进入作为缅甸内陆交通枢纽的曼德勒市，公路通达性指数也得到显著提高，达到80km/h以上。仰光和曼德勒作为缅甸的两个最大城市，经济状况相对发达，公路基础设施建设水平相对较高，使得仰光至曼德勒段公路通达性指数基本维持在80km/h以上。

印孟段从缅甸向西进入印度曼尼普尔邦，穿过孟加拉国后再次进入印度，全长约2500km。其中，北段属喜马拉雅山南部丘陵，海拔相对较高、地形起伏较大、终年高温多雨，使得曼尼普尔邦至达卡段公路通达性指数一般，仅有部分主干道公路通达性指数达到90km/h，部分区域公路通达性指数甚至低于30km/h。达卡至金奈段，由孟加拉国进入印度，濒临孟加拉湾，同时穿越东高止山，部分路段坡度较大，路网密度有所下降，但是公路通达性指数仍保持在80km/h以上。

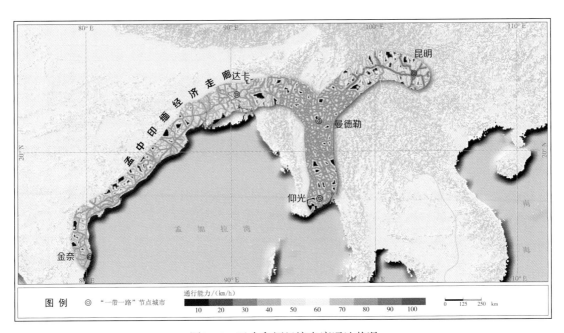

图4-9　孟中印缅经济走廊通达状况

『一带一路』生态环境状况

4.4 道路对景观格局的影响

纵观六大经济走廊，道路通行能力受区域经济发展程度和生态环境状况等因素影响。其中，地区经济发展水平直接决定了区域内路网建设强度，而生态环境状况直接影响着道路建设的难易程度。

在景观尺度上，对景观空间格局的强烈影响是道路的多重影响之一，该影响在道路出现和道路增加的过程中表现的最为明显。在各土地利用类别中，对于森林、草地、农田、城市而言，道路主要承担运输功能，但对道路两侧的屏障作用尤为突出，往往造成景观结构破碎化现象。我们借助景观破碎度来定量化评价"一带一路"六大经济走廊途经区域中道路（包含各级公路与铁路）对景观格局的影响。

六大经济走廊在有路和无路两种情景下的景观破碎度相差不大（表4－2），道路的影响占比均值也在10%上下浮动，且景观破碎度越高的区域，道路的影响占比越小。在"一带一路"经济走廊沿线区域中，中国的灌溉草原区、中亚东部地区的沙漠/干旱灌丛区、巴基斯坦和缅甸红树林区道路对景观破碎化影响相对明显。

表4－2 经济走廊破碎度与道路影响占比

经济走廊	无路破碎度	有路破碎度	道路影响占比/%
中蒙俄经济走廊	0.3839	0.4065	7.32
新亚欧大陆桥经济走廊	0.8327	0.9644	12.55
中国–中亚–西亚经济走廊	0.6791	0.7774	14.62
中国–中南半岛经济走廊	0.5718	0.6362	8.98
中巴经济走廊	1.5409	1.5850	3.28
孟中印缅经济走廊	1.3549	1.5127	9.35

各经济走廊道路对景观破碎影响占比如图4－10所示。中蒙俄经济走廊途经的国家较少，有路和无路的情景下的破碎度变化趋势，国家间并无明显差异。从生态分区的角度来看，破碎度由沙漠/干旱灌丛到针叶林、草原递增。而道路对景观破碎的影响占比与之正相反，由沙漠/干旱灌丛到针叶林、草原递减。

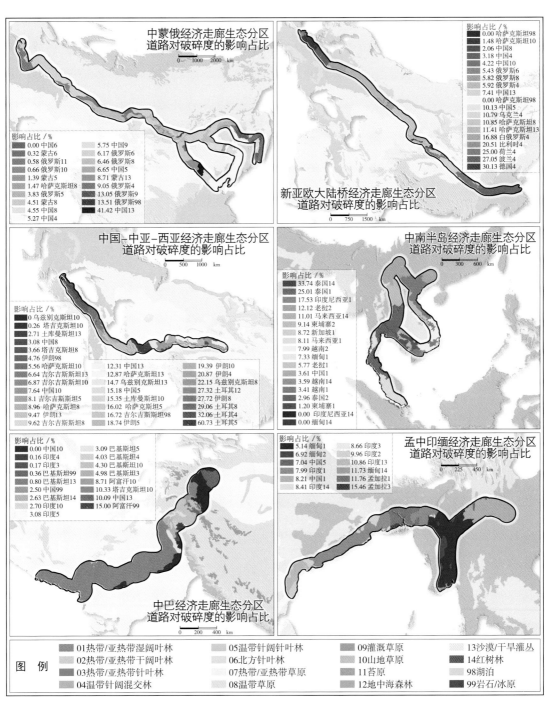

图4－10 经济走廊道路对景观破碎影响占比分布

　　新亚欧大陆桥经济走廊的破碎度在有路和无路两种情景下，各生态分区的破碎度的大小分布极为一致，并呈现西部高东部低的趋势走向。从生态分区来讲，沙漠/干旱灌丛破碎度最小，草原和针阔混交林稍大。道路对破碎度的影响占比与破碎度并没有明显相反的趋势，西北部普遍大于东南部，可见道路对欧洲各国的影响较大。

　　中国-中亚-西亚经济走廊的各生态分区中，无路情景下的破碎度和有路情景下的景观破碎度变化趋势相似，都是西北部较高，中部及西部较为复杂，但是对应区域的景观破碎度有路情景下的值均高于无路情景。而道路对破碎度的影响占比总体上遵循从西北到东南的下降趋势。

　　在无路和有路两种情景下，中国-中南半岛经济走廊的各国各生态分区的破碎度大小变化呈现出几乎完全一致的分布，中部和北部稍高，生态分区并无明显规律。道路对破碎度的影响占比稍大的区域主要集中在中南部，但并没有与破碎度呈现明显的相反规律。

　　中巴经济走廊的破碎度从东北到西南整体呈下降趋势，但是对应区域的景观破碎度在有路情景下却低于无路情景的值。而道路对破碎度的影响占比从东北到西南整体反而呈上升趋势。

　　孟中印缅经济走廊的景观破碎度的分布呈现两端稍大、中间较小的格局，从西到中段整体呈上升趋势。但是对应区域的景观破碎度有路情景下的值均高于无路情景。而道路对破碎度的影响占比同样中间较小，西段与中间部分地区较大。

五、陆域太阳能资源状况

本章利用2010～2015年逐日太阳总辐射遥感反演产品，结合土地覆盖、地形、人口及国内生产总值等数据，对2015年"一带一路"陆域的太阳能资源分布及太阳能发电潜力进行分析。主要结果如下。

（1）太阳能资源的空间分布受纬度、地形和云量等因素的影响，其中纬度的影响最为突出。全区内非洲、西亚、南亚、大洋洲纬度低且云量较小，太阳能资源最丰富，年平均太阳辐射总量大于6500MJ/m²，且季相差异不明显；东南亚、中亚、东亚资源丰富，年平均太阳辐射总量大于5300MJ/m²；欧洲资源也较为丰富，年平均太阳辐射总量为4300MJ/m²；俄罗斯大部因纬度较高，太阳能资源较少，年平均太阳辐射总量只有3093MJ/m²，且季相变化显著，年内不同月份的太阳辐射变幅高达10倍以上，难以开发利用。

（2）"一带一路"陆域太阳能资源的开发主要受太阳辐射年总量、季节变幅及土地覆盖的影响。适宜太阳能发电的地区主要分布在中低纬的荒漠及稀疏植被区，包括西亚、非洲北部的撒哈拉地区，非洲南部的卡拉哈迪沙漠，以及澳大利亚中西部地区，年太阳能发电量大于350kW·h/m²；东南亚地区及南亚的印度由于受农田和森林等植被的影响，不适宜大规模开发太阳能资源。

（3）应对气候变化的国际行动、能源政策、自然条件和经济发展水平是太阳能产业发展的主要决定因素。中国由于主动应对气候变化，采取积极的新能源政策，目前光伏发电高居全球榜首；欧洲区有5个国家光伏装机量位居世界前10，主要是受其"屋顶项目"政策的推动，预计未来分布式光伏发电仍会保持较高水平；澳大利亚太阳资源禀赋优异，兼具国家政策扶持，目前位居全球第八，未来太阳能发电潜力巨大；非洲地区光能资源丰富，但由于经济欠发达，各国装机量普遍较低；西亚由于石油资源丰富，没有太阳能发电的政策支持，光伏发电的自然优势未充分发挥，总光伏装机量少。

5.1 太阳总辐射时空分布特征

太阳辐射是地球表面几乎唯一的能量来源，是地气交换、水循环和碳循环的驱动力。太阳辐射能的变化制约着区域及全球的气候和天气，对人类生存环境产生重大影响。太阳能的开发利用对减缓全球气候变化和保护环境有着重要意义，是未来最具竞争力的能源之一。

欧洲区

圣彼得堡

莫斯科

中亚区

阿拉木图

东亚

咸海 塔什干 奥什 乌鲁木齐

杜尚别 喀什

柏林 华沙 布列斯特

伦敦 法兰克福

巴黎 卢森堡

里斯本 伊斯坦布尔 安卡拉

比雷埃夫斯

德黑兰

亚历山大 开罗

西亚区

阿巴斯港

新德里

利雅得 多哈 迪拜 瓜达尔 卡拉奇

达卡

吉大

曼德

胶澳

吉达

南亚区 加尔各答

非洲北部区

苏丹港 孟买

班加罗尔

吉布提港 科伦坡

亚的斯亚贝巴

果 河 刚 维多利亚湖

内罗毕

达累斯萨拉姆

非洲南部区 马拉维湖

约翰内斯堡

图 例

太阳能资源分类等级 资源最丰富

资源很丰富

资源丰富

资源一般

太阳总辐射量/（MJ/m²）

< 500 3500 5000 6300 ≥

○ "一带一路"节点城市 非监测区

—— 分区界 无数据区

0 780 1560 km

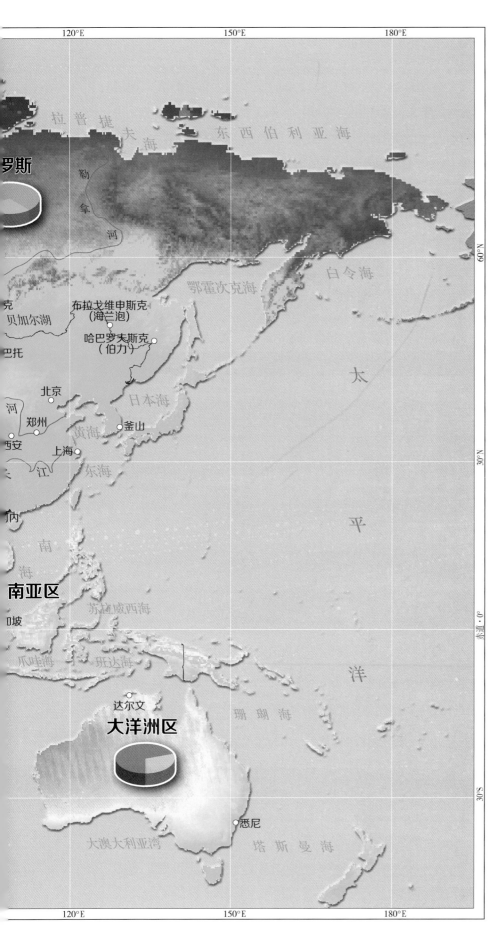

图5-1　2015年“一带一路”陆域分区太阳能资源等级分布

5.1.1　空间分布特征

参考《中华人民共和国气象行业标准（QX/T 89—2008）》太阳总辐射等级，通过对2015年"一带一路"陆域光能状况年总量的分析，可知年太阳总辐射以受纬度影响为主，地形影响为辅，呈现由东北向西南逐渐增加的趋势（图5-1）。各地理分区的年平均太阳辐射量统计如表5-1所示。西亚、南亚、东南亚、中国的青藏高原地区，以及非洲、大洋洲的绝大部分地区太阳能资源最丰富，年太阳总辐射量高于6300MJ/m²，非洲的埃塞俄比亚高原和东非高原、西亚的阿拉伯半岛和伊朗高原地区，包括埃塞俄比亚、坦桑尼亚、肯尼亚、沙特阿拉伯、伊朗等国，年太阳总辐射量最高可达8000MJ/m²以上，这是由于区域内海拔较高且纬度较低所致。同纬度的青藏高原由于云量和水汽含量较大，虽然海拔较高，其年总辐射低于西亚地区，为5500～7000MJ/m²。

表5-1　各地理分区年总太阳辐射区域平均值

地理分区	区域年均太阳辐射量/（MJ/m²）
非洲南部	6895
西亚	6880
南亚	6716
大洋洲	6594
非洲北部	6476
东南亚	5931
中亚	5377
东亚	5307
欧洲	4336
俄罗斯	3093

大洋洲西部的广阔内陆由于受澳大利亚寒流，以及副热带高压控制，形成了维多利亚沙漠，导致该地区常年干旱少雨，地表覆被单一，其年太阳总辐射量可达7000MJ/m²以上。中国的四川盆地地区，常年多云多雨，年太阳总辐射量在4000MJ/m²左右。俄罗斯北部地区位于北极圈内，由于其纬度较高，常年被冰雪覆盖，年太阳总辐射可低至1000MJ/m²以下。非洲的大部分地方位于30°N～30°S之间，且平均海拔高，太阳能资源相比较而言更为丰富，大部分区域年太阳总辐射量高于6300MJ/m²。欧洲纬度高且受海洋性气候的影响，太阳能资源较少，且呈现由南到北逐渐减少的趋势，最南部西班牙的年太阳总辐射量在6000MJ/m²，最北部的年太阳总辐射量低于3000MJ/m²。

由2015年"一带一路"陆域分区太阳能资源等级统计图（图5-1）可知，非洲、西亚、南亚和大洋洲资源最丰富等级所占的面积比例都超过了一半，其中非洲南部达到90.0%，南亚达到82.0%，西亚达到了81.7%。俄罗斯资源一般等级所占的面积比例是70.1%，说明该地区太阳能资源普遍比较匮乏。东亚、中亚和东南亚的资源很丰富等级所占的比例都超过了自身面积的一半，处在太阳能资源丰富程度的第二梯队的位置。

5.1.2 水平及垂直地带性特征

利用DEM，把"一带一路"陆域分成0～1000m、1000～2000m、2000～3000m、3000～4000m、大于4000m 5类，计算不同高程段的太阳总辐射均值（图5-2）。"一带一路"陆域内的太阳总辐射随海拔的升高变化趋势不显著，主要原因是纬度和气候对太阳总辐射的影响占主导作用，导致地表高程对太阳辐射的影响不明显，高纬度的高海拔地区比低纬度的低海拔所接受的太阳辐射少。就整个区域太阳辐射与地表高程关系而言，太阳总辐射在0～1000m高程范围内最低，只有接近5200MJ/m²，在1000～2000m高程范围内最高，达到5900 MJ/m²。

高程在0～1000m范围的区域，太阳总辐射等级达到资源丰富级别。高程大于1000m的区域，其太阳总辐射都大于5300MJ/m²，太阳总辐射等级达到资源很丰富级别。这说明"一带一路"陆域太阳能资源丰富程度较高，有比较高的潜在开发利用价值。

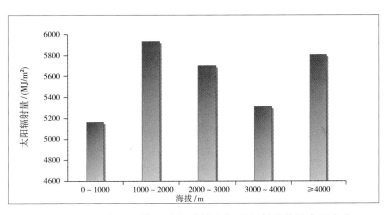

图5-2　2015年"一带一路"陆域太阳总辐射均值随高程变化

将"一带一路"陆域按照60°～90°N、30°～60°N和30°～60°S、30°S～30°N分为高中低纬三个地区，并利用不同DEM高程分段，计算高中低纬地区不同高程等级的太阳总辐射均值（图5-3）。由不同纬度带内太阳总辐射随高程变化统计图可知，相同纬度带内太阳总辐射与地表高程关系不显著。同一高程带内，太阳总辐射主要受纬度导致的太阳入射角影响，纬度升高入射角降低，接受的太阳辐射越少。

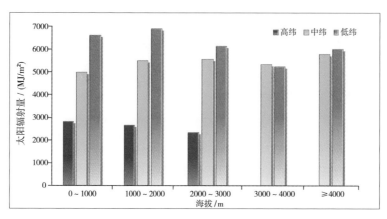

图5-3　2015年"一带一路"高、中、低纬地区太阳总辐射均值随高程变化

　　高纬度地区主要包括欧洲和俄罗斯北部地区，其太阳总辐射大约在2500MJ/m²左右，接受的太阳总辐射最少，太阳总辐射随高程变化不大。中纬度地区主要包括欧洲、中亚、东亚的大部、西亚的北部、南亚北部的小部分、澳大利亚的南部和新西兰等地区，其太阳总辐射大约在5400MJ/m²。太阳总辐射在0~1000m高程范围内较低，只有接近5000MJ/m²，在大于4000m高程范围内较高，达到5800MJ/m²。低纬度地区主要包括非洲、东南亚、澳大利亚的北部、南亚的大部、西亚的南部、东亚南部的小部分等地区，其年太阳辐射在6200MJ/m²左右，接收的太阳总辐射最高。太阳总辐射在1000~2000m高程范围内最高，在6900MJ/m²左右，在3000~4000m高程范围内最低，只有5200MJ/m²。

5.1.3　季相变化特征

　　利用太阳辐射产品的月累积结果，分析了"一带一路"陆域太阳辐射季相变化特征（图5-4~图5-7）。"一带一路"陆域太阳辐射呈现出明显的季相变化特征，主要受太阳直射周期变化的影响。

　　1月太阳总辐射从南至北依次降低，光能资源由北向南依次增加，大洋洲和非洲南部光能资源较高，可达800MJ/m²以上，高纬度的北极地区由于极夜现象，最低可接近于0。4月太阳辐射从赤道向南北纬逐渐降低，南亚、红海沿岸地区等地区达700MJ/m²以上，中国的华南地区由于受降水和云的影响处于同纬度较低值。7月的太阳辐射在中亚、西亚的帕米尔高原、伊朗高原地区光能资源最高，达到900MJ/m²以上，南半球的大洋洲和非洲南部正值冬季太阳辐射较低，亚洲东部和南部沿海正值雨季，由于受云和降水影响，太阳总辐射也较低，低于600MJ/m²。10月北半球太阳辐射总体趋势从南至北依次降低，高纬度区域的太阳辐射较低，低纬度区域较高，非洲东南部、大洋洲光能资源最高，可达700MJ/m²以上。

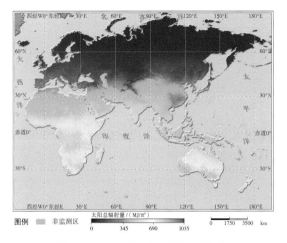

图5-4 2015年1月光能状况分布

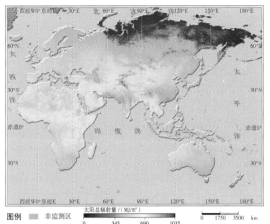

图5-5 2015年4月光能状况分布

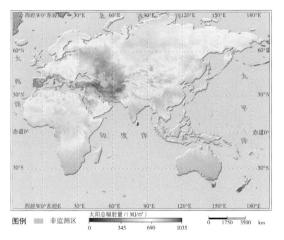

图5-6 2015年7月光能状况分布

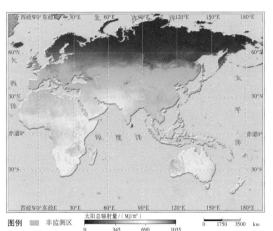

图5-7 2015年10月光能状况分布

  2015年"一带一路"陆域太阳辐射变化如图5-8所示。"一带一路"陆域各分区除大洋洲、非洲南部,以及东南亚部分地区位于南半球以外,欧洲、东亚、南亚、西亚、中亚、俄罗斯都位于北半球。随着时间的推移,太阳直射位置由南回归线向北回归线再向南回归线移动,所以北半球各分区太阳辐射呈现出先增加后减少的变化趋势,最小值主要出现在1月或12月,最大值主要出现在6月或7月;相反南半球的大洋洲和非洲南部太阳辐射则呈现出先减少后增加的变化趋势,最大值出现在12月,最小值出现在6月。

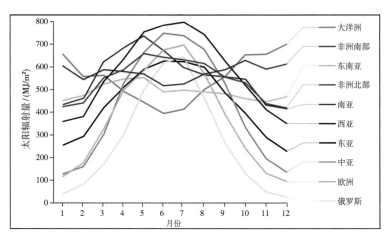

图5-8 2015年"一带一路"不同地理分区的太阳辐射变化

纬度最高的俄罗斯受太阳直射位置的变化最为明显，太阳辐射在12月小于50MJ/m²，为最小值，最大值则出现在7月，接近650MJ/m²。东南亚地区纬度最低，受太阳直射位置的变化影响小，太阳辐射在450~550MJ/m²范围内变动。欧洲、东亚、中亚和西亚地区太阳辐射随时间变化较为明显，其中西亚地区在7月出现"一带一路"陆域分区太阳辐射的最大值，为800MJ/m²，南亚地区由于纬度低且由于热带季风气候，所以太阳辐射在较大的范围内变动，且总体要高于东南亚地区，月太阳辐射极差为300MJ/m²。东亚和南亚受季风气候影响，太阳辐射最大值出现在5月或6月。

5.1.4 不同气候带的分布状况

2015年"一带一路"陆域不同气候带太阳总辐射均值及空间分布状况分别如图5-9和图5-10所示。冬干温暖气候、草原气候、沙漠气候、热带干湿季风气候区太阳总辐射都大于6300MJ/m²，太阳总辐射等级达到资源最丰富级别，热带雨林气候、地中海气候、热带季风气候区太阳总辐射都大于5000MJ/m²，太阳总辐射等级达到资源很丰富级别，冬干冷温气候、夏干冷温气候、常湿温暖气候区太阳能总辐射在4500MJ/m²以上，太阳总辐射等级达到资源丰富级别，常湿冷温气候区、苔原气候、冰原气候区太阳总辐射小于3800MJ/m²，太阳总辐射等级达到资源一般级别。

沙漠气候主要分布在非洲北部的撒哈拉沙漠地区、中亚、西亚、东亚内陆，以及大洋洲中西部地区，气候干旱，沙漠广布，纬度低，日照时间长且光照强烈，太阳能资源最为丰富。热带雨林气候主要分布在赤道两侧10°N~10°S之间，纬度低日照强烈，但常年高温多雨，云雨天气多，太阳能资源丰富度次之。"一带一路"陆域的草原气候区主要分布在非洲、中亚、西亚、东亚内陆，以及大洋洲中西部等半干旱地区，毗邻热带沙漠气候区，纬度较低，云雨天气少，太阳能资源亦比较丰富。常湿冷温气候区、苔原气候、冰原气候区主要分布在俄罗斯，纬度高，日照时间短，云量多，所接受的太阳辐射少，太阳能资源最为匮乏。

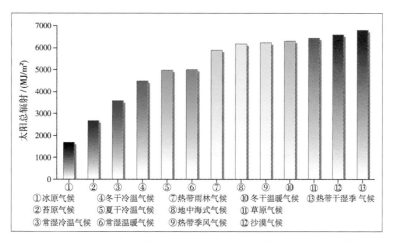

图5-9 2015年"一带一路"陆域不同气候带太阳总辐射均值

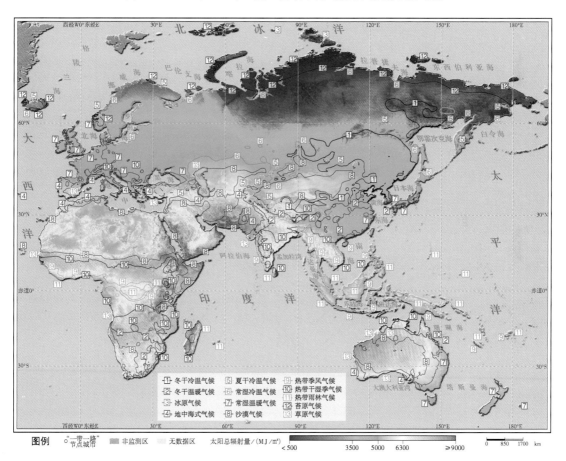

图5-10 2015年"一带一路"陆域不同气候带的太阳总辐射

2015年"一带一路"北半球区域不同气候带内太阳辐射变化如图5-11所示。北半球的苔原气候、冰原气候、常湿冷温气候、夏干冷温气候、冬干冷温气候、常湿温暖气候、地中海式气候、草原气候区的太阳辐射随时间变化明显,即太阳辐射先增加后减少,最大值出现在6月或7月,最小值出现在1月或12月。沙漠气候、热带雨林气候、热带季风气候、热带干湿季气候、冬干温暖气候区的太阳辐射随时间变化较平缓,最大值出现在4月或5月。

2015年"一带一路"南半球区域不同气候带内太阳辐射变化如图5-12所示。常湿温暖气候、地中海式气候、沙漠气候、草原气候区的太阳辐射随时间变化明显，即太阳辐射先减少后增加，与北半球不同气候区太阳辐射变化相反，最大值出现在1月或12月，最小值出现在6月。热带雨林气候、热带季风气候、热带干湿季气候、冬干温暖气候区的太阳辐射随时间变化较平缓。

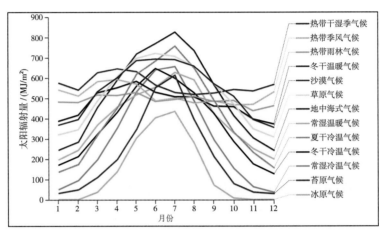

图5-11　2015年"一带一路"北半球区域不同气候带太阳辐射变化

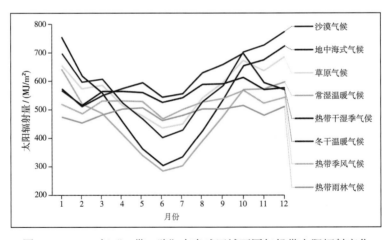

图5-12　2015年"一带一路"南半球区域不同气候带太阳辐射变化

5.2 太阳能发电潜力与开发状况

联合国"2030年可持续发展目标"提出了"大幅增加可再生能源在全球能源结构中的比例,确保人人都能获得负担得起的、可靠的现代能源服务"。太阳能资源作为一种清洁的可再生资源,具有广阔的应用前景。在综合考虑地形、地表覆被、交通等因素的基础上,本研究对太阳能发电潜力进行评估,以期为光伏发电选址及规模提供科学合理规划。

5.2.1 太阳能发电潜力

由2015年"一带一路"陆域不同区域的太阳辐射变化图(图5-8)可知,非洲中部地区、东南亚地区纬度最低,太阳辐射变化最小,月太阳辐射量之差不超过100MJ/m²,太阳能资源在时间上分布最均衡。俄罗斯纬度最高,太阳辐射变化最显著,月太阳辐射量之差最大接近600MJ/m²,太阳能资源在时间上分布最不稳定。中亚西亚地区太阳能资源最丰富,但太阳能资源在时间上分布不稳定,季节变化大,西亚地区在7月太阳辐射最高,接近800MJ/m²,在1月太阳辐射最低,只有350MJ/m²。南亚、东亚、大洋洲地区月太阳辐射量之差不超过300MJ/m²,太阳能资源在时间上分布相对稳定,利于太阳能资源的开发利用。

利用太阳总辐射状况遥感产品和土地覆盖类型图,分析了"一带一路"陆域光伏发电潜力(图5-13)。西亚的阿拉伯半岛、伊朗高原地区,以及非洲北部的撒哈拉沙漠地区,非洲南部卡拉哈迪沙漠地区,太阳能资源丰富且地表覆盖稀疏植被,太阳能发电潜力最高,可达400kW·h/m²以上。澳大利亚中西部地区纬度较低且地处荒漠地带,发电潜力在350kW·h/m²左右。南亚的巴基斯坦西部,西亚的阿富汗南部、也门、阿曼,以及沙特阿拉伯西部地区,埃及、苏丹东部地区,北部非洲的乍得、利比亚、阿尔及利亚、西撒哈拉等国,东部非洲的埃塞俄比亚、索马里的地区,太阳能发电潜力在300kW·h/m²以上。中国新疆的塔克拉玛干沙漠地区、青藏高原西部地区、蒙古中南部,以及中亚的中南部,南部非洲的纳米比亚、博茨瓦纳、南非西部,太阳能发电潜力在250kW·h/m²以上。

中国东南地区由于多云多雨的气候特征,接受的太阳能辐射少,农田、自然植被覆盖较大,不适宜大规模光伏发电。东南亚地区、南亚的印度虽然太阳总辐射丰富,且太阳能资源在时间上分布最均衡,辐射变化最平稳,农田、植被覆盖较大,因此同样不适于大规模开发太阳能。

俄罗斯纬度高,接受的太阳能辐射少,且生态环境脆弱,太阳能发电潜力在100kW·h/m²以下,不适宜开发太阳能资源。欧洲纬度较高,海洋性气候特征明显,终年温和湿润,接受的太阳能辐射较少,同时自然植被覆盖较大,南部太阳能发电潜力最高仅有150kW·h/m²,开发太阳能资源的自然条件优势不明显。

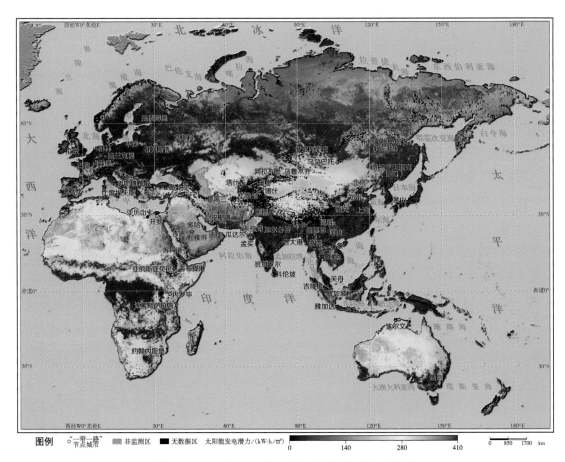

图5-13　2015年"一带一路"陆域太阳能发电潜力

5.2.2　太阳能开发状况评估

人类对化石燃料的依赖导致温室气体持续增加，给地球环境带来了严重威胁和危害，而开发利用可再生能源是发展的必然选择。国际可再生能源署（IRENA）的最新报告显示，2016年全球可再生能源发电容量增加了161GW，创历史新高，太阳能发展最快，新增71GW。开发利用太阳能资源不仅能推动发达国家摆脱对化石燃料的依赖，而且能帮助发展中国家弥合其供电缺口，实现缓解气候变化的目标。根据各国及国际能源署公开发布的报告，2016年全球光伏装机容量超300GW，全球光伏装机量较多的国家如表5-2所示。

由表5-2可知，欧洲光伏装机容量在1GW以上的国家有12个，其容量之和达到了99GW。其中，德国、意大利、英国、法国、西班牙光伏装机量位居世界前十之列。欧洲地区发达国家众多，其中欧洲国家除了罗马尼亚的人均GDP是9000美元，希腊和捷克人均GDP不足20000美元外，其余国家人均GDP都在20000美元以上。除罗马尼亚的人均电力消费是2590kW·h之外，其余国家都在5000kW·h以上。欧洲的纬度较高，太阳能发电潜力不算特别突出，只有德国、法国和西班牙达到10^{4}TW·h的量级，其他国家主要在10^{3}TW·h的量级，丹麦、荷兰、比利时由于国家面积小，其太阳能发电潜力在10^2TW·h的量级。西班牙的人均太阳能发电潜力最大，达到5.95×10^5kW·h，荷兰人均太阳能发电潜力最小，为42000kW·h。所以尽管欧洲发展光伏发电的自然优势并不突出，但并不妨碍其成为光伏产业的主要市场之一。欧洲是世界太阳能开发和使用较早的地区，普及率很高，随着清洁能源的推广，总电力需求的光伏渗透率较高，意大利的总电力需求的光伏渗透率排名最高，达到7.3%。未来欧洲的光伏装机量会保持较高水平，但增长速度受限，且受"屋顶项目"政策的推动，仍会以分布式光伏发电装机为主。

东亚光伏装机容量在1GW以上的国家有3个，其容量之和达到了125.3GW。中国的太阳能发电潜力为1.06×10^6TW·h，人均太阳能发电潜力达到7.70×10^5kW·h，GDP达10万亿美元的量级。经济实力的支持与自然优势的双重作用刺激光伏产业的发展，中国2016年新增和累计装机容量均为全球第一，且总电力需求的光伏渗透率只有1.8%，未来其光伏装机量仍会领跑全球，中国西部省份出现"弃光"现象，未来会不断增加成本更高的分布式光伏发电装机量。表5-2中其他的东亚国家并不具备突出的光伏发电自然优势，人均太阳能发电潜力都小于50000kW·h，但日本、韩国的人均GDP均超过25000美元，韩国的人均电力消费最高，达到10520kW·h，日本的人均电力消费达到7840 kW·h。同样是由于经济实力的支撑，电力的需求，政策的鼓励使其有较大的光伏装机量。

非洲地区光照资源丰富，自然优势明显，特别是地处北部撒哈拉沙漠的国家，阿尔及利亚的太阳能发电潜力为6.15×10^5TW·h，利比亚为4.4×10^5TW·h。但由于经济的不发达性，能源生产的落后性，对太阳能的生产和利用匮乏，各国装机容量较低。GDP超过3000亿美元的南非在近几年的发展极其迅速，光伏装机量达到1.5GW。非洲亟待通过利用当地充足的太阳能解决其用电匮乏的问题，促进经济发展，改善人民生活，未来其光伏装机量将会不断增加。

西亚地区光伏发电的自然优势非常明显，沙特阿拉伯的太阳能发电潜力为6.03×10^5TW·h，伊朗的太阳能发电潜力为3.93×10^5TW·h，但是由于其电力需求小，石油资源丰富，国家政策没有足够的支持，新能源没有得到有力推广，其总的光伏装机量少。以色列的人均GDP超过35000美元，人均电力消费为6470kW·h，光伏装机容量0.9GW，发展速度最快。土耳其的光伏装机量则达到0.8GW，人均太阳能发电潜力9.64×10^5kW·h，仅位于澳大利亚和南非之后。其余国家的光伏装机量较少。

印度的人均太阳能发电潜力、人均GDP、人均电力消费量在表中的排名都很低。但是其纬度低，光照充足，经济发展迅速，自然优势和经济体量的双重作用下，光伏装机量达到9GW。与中国相类似，总电力需求的光伏渗透率不高，未来其光伏装机量排名会不断提升。

澳大利亚的太阳能发电潜力在表中排名最高，为1.56×10^6TW·h，而且由于其人口稀少，人均太阳能发电潜力达到6.58×10^7kW·h。澳大利亚目前的光伏装机量在5.9GW，位列世界前十，属于全球第八大光伏市场，2017年启动的由国家主导的太阳能农场计划等多项扶持政策，将极大地推动太阳能产业的发展。

表5—2　光伏装机量、太阳能发电潜力以及经济状况统计表

所属地区	国家	光伏装机量/GW（总电力需求的光伏渗透率）	太阳能发电潜力/（10³TW·h）	GDP/10³亿美元	人均发电潜力/10⁴kW·h	人均GDP/10³美元	人均电力消费量/10²kW·h
东亚	中国	78.1（1.8%）	1055.8	110.1	77.0	8.0	39.1
	日本	42.8（4.9%）	4.9	43.8	3.8	34.5	78.4
	韩国	4.4（1.15%）	1.5	13.8	2.9	27.2	105.2
欧洲	德国	41.2（7%）	11.5	33.6	14.1	41.3	88.8
	意大利	19.3（7.3%）	7.0	18.2	11.6	30.0	50.0
	英国	11.6（3.4%）	5.0	28.6	7.7	43.9	50.9
	法国	7.1（1.63%）	22.9	24.2	34.3	36.2	68.9
	西班牙	5.5（3.33%）	27.6	12.0	59.5	25.8	53.6
	比利时	3.4（4.25%）	0.8	4.6	6.7	40.3	76.6
	希腊	2.6（7.4%）	3.5	1.9	32.5	18.0	50.9
	荷兰	2.1（1.78%）	0.7	7.5	4.2	44.3	66.8
	捷克	2.1（3.4%）	1.6	1.9	15.6	17.5	62.4
	瑞士	1.6（2.83%）	1.7	6.7	20.3	80.9	74.3
	罗马尼亚	1.5（2.88%）	8.5	1.8	43.0	9.0	25.9
	奥地利	1.1（1.78%）	2.8	3.8	32.4	43.8	82.9
	丹麦	0.9（2.75%）	0.3	3.0	5.2	52.0	58.3
南亚	印度	9（1.55%）	126.8	21.0	9.7	1.6	8.0
	巴基斯坦	1.7	153.8	2.7	81.4	1.4	4.6
东南亚	泰国	2.2（1.93%）	27.0	4.0	39.7	5.8	25.6
	菲律宾	0.9	6.3	2.9	6.2	2.9	7.0
西亚	以色列	0.9（2.85%）	3.8	3.0	45.5	35.7	64.7
	土耳其	0.8（0.48%）	75.8	7.2	96.4	9.1	39.0
大洋洲	澳大利亚	5.9（3.85%）	1563.9	13.4	6576.4	56.3	99.4
非洲	南非	1.5（1.03%）	197.1	3.1	358.6	5.7	41.7

六、陆域水分收支状况

水资源时空分布不均，水分收支状况及其动态变化对"一带一路"建设具有重要影响。本章利用降水、蒸散和水分盈亏等遥感估算产品，分析2015年监测区域水分收支时空分布格局及厄尔尼诺事件对水分收支的影响。主要结果如下。

（1）"一带一路"陆域水分收支空间分布不均，非洲中部、东亚东南部和东南亚降水丰沛，降水量分别达到1200mm、1600mm和2000mm以上，水分盈余分别达到200mm、600mm和1000mm以上；中亚、西亚及北非气候干旱，降水量低于200mm，降水与蒸散基本平衡。

（2）荒漠绿洲和水资源开发利用集约化程度高的农业灌区，大气降水无法满足农田蒸散耗水需求，生产用水与生态用水之间矛盾突出，面临严峻的水资源危机。丝绸之路沿线的中国河西走廊、塔里木河流域，以及中亚锡尔河流域等绿洲区水分亏缺量达到500mm，绿洲农田蒸散耗水主要来自盆地周边高寒山区降水和冰雪融水灌溉补给，绿洲农业用水挤占生态环境用水，导致生态环境退化、土地荒漠化；印度西北部和中国华北平原农业灌区蒸散量明显高于降水量，水分亏缺量达到200mm，主要通过调用恒河、黄河等地表水，以及抽取地下水用于农业灌溉，导致部分地区地下水位显著下降，引发地面沉降、生态环境退化等问题。

（3）2015年超强厄尔尼诺事件导致"一带一路"区域降水明显减少，旱情严重。受中东太平洋及印度洋海温异常偏暖影响，太平洋西岸及印度洋西岸大气对流活动显著偏弱，大洋洲、东南亚和非洲南部降水量较多年平均值分别减少20.5%、14.7%和12.1%，其中非洲南部奥兰治河流域、东南亚马来群岛及澳大利亚墨累-达令河流域降水量减少最为明显，分别减少35.9%、21.3%和20.1%，并引起湿地萎缩、作物减产、森林大火频发及水库蓄水位明显下降等一系列生态环境问题。

6.1 2015年水分收支时空分布特征

6.1.1 水分收支空间分布格局

水分收支受纬度位置和海陆位置影响，赤道地区降水最多、沿海高于内陆，内陆干旱区的绿洲区水分收支与周围荒漠区截然不同，成为丝绸之路穿越戈壁荒漠地带时的中间驿站，但生产用水与生态用水之间矛盾突出，面临严峻的水资源危机。

2015年监测区陆域降水、蒸散、水分盈亏空间分布格局及其不同分区的差异特征如图6-1、图6-2所示。降水受到大气环流和地形、洋流等下垫面因素的共同影响，空间分布格局呈现出由低纬至高纬、沿海至内陆逐渐递减的趋势。蒸散和水分盈亏的整体空间分布格局与降水相一致。赤道附近的东南亚马来群岛和非洲中部地区主要为热带雨林气候，水分条件丰沛，降水量达到1600mm以上，蒸散量和水分盈余量达到1000mm以上。随着亚欧大陆、非洲大陆和澳大利亚大陆纬度逐渐升高，降水量、蒸散量、水分盈余量逐渐降低。对于大洋洲的太平洋岛国，如新西兰、斐济、萨摩亚等，水分收支条件明显优于澳大利亚大陆。在东南亚、南亚、西亚及北非的相同纬度带（北回归线附近），水分收支主要受海陆位置和季风的影响，由东向西逐渐递减。

亚洲中部的世界屋脊生态地理区是世界海拔最高的地理区域，包括青藏高原、横断山脉、喜马拉雅山脉、兴都库什山脉、帕米尔高原等，地理区域范围涉及中国、缅甸、尼泊尔、不丹、印度、巴基斯坦、阿富汗、塔吉克斯坦、吉尔吉斯斯坦9个国家，是"一带一路"的核心地带和全球人口分布最密集区。世界屋脊生态地理区的屏障作用阻挡了西南季风暖湿气流深入北上，在喜马拉雅山脉南坡形成一条1200～1600mm的降水带，并使800～1600mm的降水带由印度恒河流域向西延伸至巴基斯坦印度河流域，而在南亚东北部和东南亚西北部形成2000mm以上的降水高值区。此外，世界屋脊生态地理区的机械阻挡作用和热力作用改变了大气环流过程，使其东部的东亚东南部和东南亚形成湿润气候区，水分收支条件与其西部相同纬度带的西亚及北非干旱荒漠气候形成鲜明对比。

在干旱半干旱地区，依靠河流和地下水的灌溉发育形成较大面积的农田和沿路、渠等构筑的防护林带，形成荒漠背景下的灌溉绿洲景观（如中国河西走廊、塔里木河流域、中亚锡尔河流域费尔干纳盆地等），成为丝绸之路穿越广阔的戈壁荒漠地带时的中间"驿站"。绿洲地区水热资源丰富，有利于植物光合作用和蒸腾作用的进行，蒸散量达到600mm以上，而降水量通常不足200mm，因而水分亏缺，绿洲农田蒸散耗水主要来自盆地周边高寒山区降水和冰雪融水灌溉补给，绿洲农业用水挤占生态环境用水，导致生态环境退化、土地荒漠化。而在这些河流的上游山区（如青藏高原、天山、热带中非山区等）通常水分盈余，是地表径流的主要产流区和水资源的形成区。除荒漠中的绿洲之外，在中国华北平原、印度西北部等水资源开发利用集约化程度高的农业灌区，大气降水无法满足农田用水需求，水分亏缺量达到200mm，主要通过调用恒河、黄河等地表水，以及抽取地下水用于农业灌溉，导致部分地区地下水位显著下降，引发地面沉降、生态环境退化等问题，面临严峻的水资源危机。

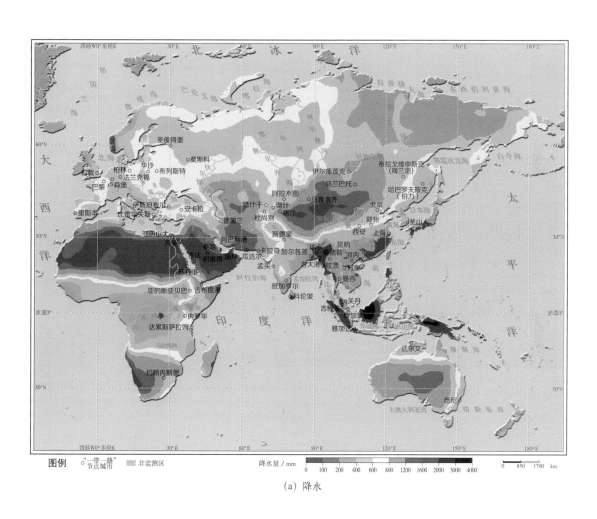

（a）降水

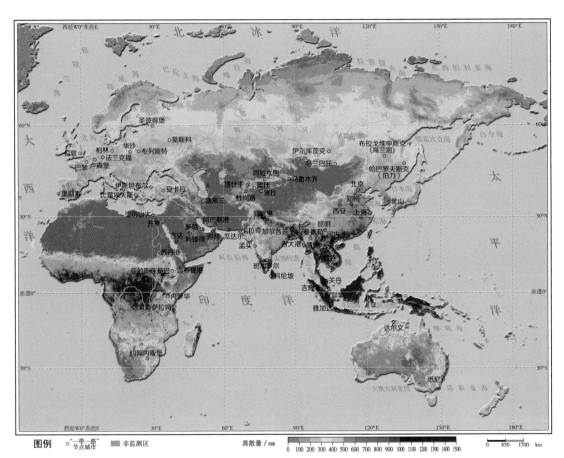

图例 ○"一带一路"节点城市　■ 非监测区　　　蒸散量 / mm　0 100 200 300 400 500 600 700 800 900 1000 1100 1200 1300 1400 1500　　0 850 1700 km

(b) 蒸散

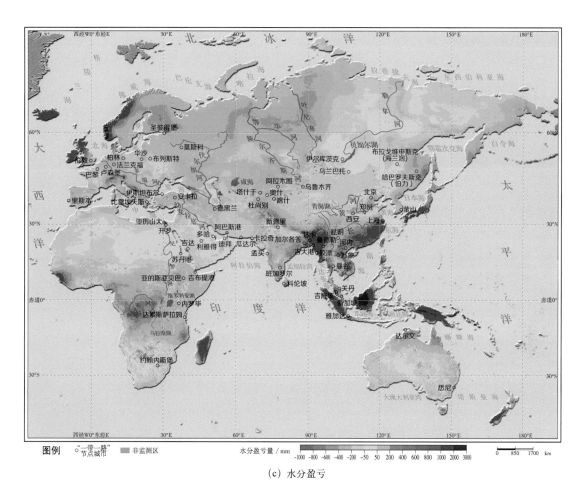

(c) 水分盈亏

图6-1　2015年"一带一路"陆域降水、蒸散、水分盈亏空间分布

图例　○一带一路节点城市　■非监测区　　水分盈亏量/mm　-1000 -800 -600 -400 -200 -50 50 200 400 600 800 1000 2000 3000　0 850 1700 km

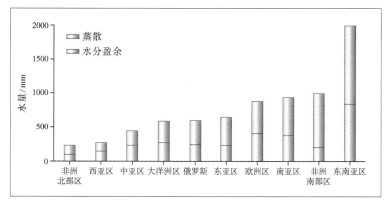

图6-2　2015年"一带一路"陆域不同分区的水分收支
蒸散与水分盈余之和为降水，分区顺序由左至右按降水量由小到大排列

6.1.2 水分收支流域分布特征

监测区内的中国塔里木河、西亚赫尔曼德河流域平均降水量最少，东南亚伊洛瓦底江、中国珠江流域平均降水量最多，非洲大陆刚果河流域水资源最为丰富。

2015年监测区陆域34个主要流域（表6-1）的降水量、蒸散量、水分盈亏如图6-3所示。各流域主要位于亚欧大陆、非洲大陆和澳大利亚大陆，而马来群岛（包括菲律宾、马来西亚、印度尼西亚等）、斯里兰卡等岛国没有进行流域划分。亚洲中部的世界屋脊生态地理区是东亚、东南亚、南亚和中亚众多河流的发源地，被誉为亚洲水塔，也是周边国家重要的生态安全屏障。

2015年中国西北内陆河塔里木河、西亚的赫尔曼德河流域平均降水量最少，分别为161.8mm、220.5mm。亚欧大陆平均降水量最多的流域主要为东南亚中南半岛伊洛瓦底江，以及中国华南珠江流域，2015年降水量分别为1905.0mm、1716.2mm。考虑各流域的面积，降水水资源（也称为广义水资源）总量最少的流域为西亚的赫尔曼德河、中亚西部的乌拉尔河，分别为816亿m³、912亿m³；降水资源总量最多的流域为非洲大陆刚果河流域，高达5.6万亿m³，远超其他流域降水资源总量，主要是因为其不仅流域面积最大，而且位于赤道附近热带雨林气候和热带季风气候区，降水丰富。

2015年中国北方地区的辽河、海河等流域出现了区域性和阶段性干旱，并且流域内广泛分布的农田主要依靠河流及地下水灌溉，在干旱气候条件下蒸散耗水过程大量消耗了土壤在丰水年/丰水期储存的水量，导致蒸散耗水量大于当年的降水量，出现水分亏缺状态。

对于监测区陆域降水和水分盈余丰富的流域，其水资源总量较丰沛，河网水系发达，水利条件优越，水能资源丰富，为货物运输提供重要航运通道，陆水联运通道较为畅通。通过建立水电站来开发利用水能资源，促进"一带一路"沿线国家水电等清洁、可再生能源合作，如中国已承建赞比亚最大水电站下凯富峡水电站，该水电站是赞比亚近40年来投资开发的第一个大型水电站项目，将从根本上解决赞比亚电力短缺现状，为其矿业、农业发展和次区域合作提供稳定的电力保障。此外，水资源丰富的流域可以作为跨流域水资源配置的重要水源地，如长江流域是中国水资源配置的重要水源地，通过南水北调工程的实施来实现中国水资源南北调配、东西互济的合理配置格局，改善黄淮海地区的生态环境状况，缓解水资源短缺对中国北方地区城市化发展的制约。

表6-1 "一带一路"沿线主要流域2015年水分收支状况

流域	流域面积/km²	降水量/亿m³	蒸散量/亿m³	水分盈亏/亿m³
刚果河	3730474	56344	42004	14340
尼罗河	3254555	19623	17008	2615
鄂毕河	2972497	22172	13672	8501
叶尼塞河	2554482	14176	10138	4038

流域	流域面积/km²	降水量/亿m³	蒸散量/亿m³	水分盈亏/亿m³
勒拿河	2306772	9513	8573	940
尼日尔河	2261763	14610	9832	4778
黑龙江—阿穆尔河	1929981	11274	9196	2078
长江	1722155	20216	12005	8211
恒河—布拉马普特拉河—梅克纳河—博多河	1621000	18364	11011	7353
伏尔加河	1410994	11128	7199	3929
赞比西河	1332574	10425	9469	956
狮泉河—印度河	1081733	7482	2889	4592
墨累—达令河	1072000	4778	3767	1011
黄河	945065	4166	4923	−757
奥兰治河	941421	2280	1951	329
塔里木河	906500	1467	1207	260
澜沧江—湄公河	805627	11692	8395	3298
多瑙河	795686	6460	5328	1132
锡尔河	782669	3718	1261	2457
幼发拉底河—底格里斯河	765,831	2730	1116	1614
科累马河	679908	2391	2183	208
阿姆河	534764	2225	782	1444
珠江	409458	7027	3886	3141
伊洛瓦底江	404200	7700	3408	4291
赫尔曼德河	370000	816	152	663
印迪吉尔卡河	360000	1135	914	221
怒江—萨尔温江	324000	3527	2296	1230
海河	318200	1754	2400	−647
戈达瓦里河	312812	3461	2409	1052
淮河	274657	2747	2480	267
辽河	232200	1224	1474	−250
乌拉尔河	231000	912	464	448
莱茵河	185000	1660	1096	564
元江—红河	143700	2110	1280	830

注：中国与俄罗斯之间的界河黑龙江在俄罗斯称为阿穆尔河，印度河在中国境内为狮泉河，萨尔温江在中国境内为怒江，湄公河在中国境内为澜沧江，红河在中国境内为元江，恒河—布拉马普特拉河流域包括恒河、布拉马普特拉河（中国境内为雅鲁藏布江）、梅克纳河及三者共同汇入的博多河，幼发拉底河—底格里斯河流域包括幼发拉底河和底格里斯河。

"一带一路"生态环境状况

243

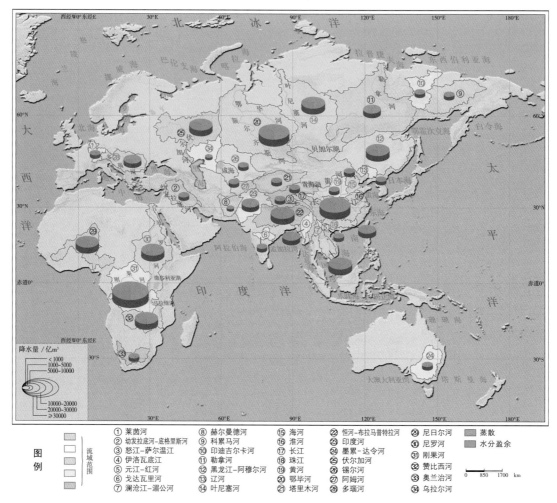

图6-3　2015年"一带一路"陆域不同流域的水分收支
蒸散与水分盈余之和为降水，流域顺序由左至右按降水量由小到大排列

6.1.3　水分收支季相变化特征

　　亚洲、非洲北部与大洋洲、非洲南部水分收支季相变化相反，南亚地区干湿季节变化最为显著，俄罗斯和欧洲地区夏季时的蒸散峰值特征与降水的平缓变化形成鲜明对比。

　　2015年监测区陆域不同分区的降水、蒸散、水分盈亏季节变化如图6-4所示。由于亚洲、非洲北部及大洋洲、非洲南部的主体分别位于北半球和南半球，其季节更替变化相反，因而降水、蒸散、水分盈亏在一年中的逐月变化基本相反，即都是在夏季（亚洲、非洲北部5～9月，大洋洲、非洲南部1～3月和11月、12月）降水、蒸散、水分盈亏达到峰值。中亚、西亚地区天气晴朗干燥炎热少雨，降水和水分盈亏均为冬季高于夏季。南亚地区以热带干湿季气候和冬干温暖气候为主，降水和水分盈亏的干湿季节变化最为显著。东南亚地区的中南半岛以热带季风气候和热带干湿季气候为主，而在赤道附近的马来群岛以热带雨林气候为主，终年高温多雨，如2013年东南亚热带雨林气候区降水的逐月变化平缓，降水量最低的月份在200mm以上（《全球生态环境遥感监测2014年度报告》"中国-东盟区域生态环境状况"中图2-8）。

在低纬度的东南亚地区植被冠层郁闭度较高，蒸散主要来源于植被蒸腾，植被根系能够从土壤中吸收足够的水分用于蒸腾，因而其蒸散季节变化较降水更为平缓。在高纬度的俄罗斯和欧洲地区分别以常湿冷温气候和常湿温暖气候为主，降水季节变化平缓，热量条件是决定地表蒸散的主要因素。夏季日照辐射和温度条件有利于蒸散活动的进行，其峰值特征与降水的平缓变化形成鲜明对比，并使其大气降水呈现短暂的亏缺状态，蒸散耗水主要来自于冬季和春季降水储存在土壤中的水分。

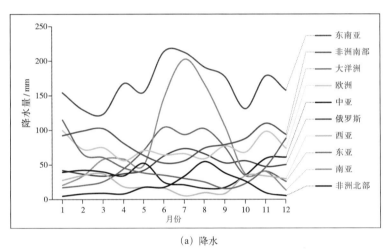

（a）降水

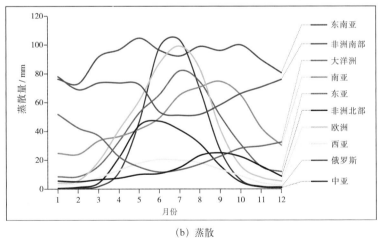

（b）蒸散

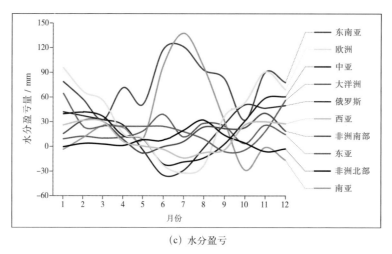

（c）水分盈亏

图6-4　2015年"一带一路"陆域分区降水、蒸散、水分盈亏季节变化

6.2　厄尔尼诺事件对2015年区域水分收支的影响

6.2.1　水分收支距平空间分布格局

　　受超强厄尔尼诺事件影响，2015年大洋洲及东南亚、南亚东部、东亚东北部、俄罗斯东部、非洲南部和东北部降水偏少，中亚和北非干旱地区降水明显偏多，气候明显异常。

　　2015年超强厄尔尼诺事件起止时间为2014年10月～2016年4月，持续时间达到19个月，并于2015年11月、12月达到峰值。厄尔尼诺事件的发生和不断增强，通过海洋与大气之间的能量交换、相互作用改变全球大气环流和水循环过程。以2010～2015年平均降水量作为常年平均，2015年降水量与常年平均之间的差值占常年平均的百分比称为降水距平百分率，同样方法可以得到2015年蒸散的距平百分率。2015年监测区陆域降水及蒸散的距平百分率空间分布格局及不同分区的差异特征如图6-5、图6-6所示。随着2015年厄尔尼诺事件的发展，日界线以东的中东太平洋地区海温异常偏高、对流旺盛，产生的上升气流一支在南美洲的巴西下沉，另一支气流向西传播并下沉，导致赤道西太平洋地区的对流活动显著偏弱。同时，印度洋也在厄尔尼诺强迫作用下出现全区一致增暖，并在该区产生强烈上升运动，而在非洲地区出现异常下沉气流。受此直接或间接影响，位于太平洋西南岸的大洋洲大部分地区及东南亚、南亚东部、东亚东北部、俄罗斯东部、非洲南部和东北部、欧洲南部等2015年降水量明显偏少，部分地区较2010～2015年平均值偏少20%～50%，澳大利亚中东部、非洲南部和东北部偏少50%以上。旱情严重地区对于水文和水资源的直接影响是河道断流、湖泊和水库水位下降、湿地萎缩，并导致东南亚森林和农田大火频发并持续蔓延。南亚雨季来临前的4～6月，以及欧洲夏季屡遭高温热浪袭击，非洲大宗粮油作物产量显著下降使其面临严峻的饥荒威胁和人道主义危机，2015年10月～2016年6月南非秋粮作物玉米种植面积同比下降34%，玉米产量同比下降32%（《全球生态环境遥感监测2015年度报告》《全球生态环境遥感监测2016年度报告》中"大宗粮油作物生产形势"），并使其缺乏清洁饮用水和环卫设施而导致的健康危害问题更加突出。对于太平洋岛国，如斐济、萨摩亚、汤加等，降水显著减少导致人畜饮水困难，河川流量不足、水位下降使得海水倒灌产生咸潮上溯现象，污染地下水源。

在澳大利亚西部、中国东南部、南亚西北部、中亚、西亚及北非，2015年降水量较2010～2015年平均值偏多20%～50%，中亚和北非干旱地区偏多50%以上，有效改善当地生态环境和经济生产状况。中国南方地区2015年为2010～2015年降水量最多的年份，汛期暴雨过程频繁，但暴雨洪涝灾害偏轻，没有发生大范围流域性暴雨洪涝灾害。

蒸散受到降水和太阳辐射的共同影响，在部分地区也同时受到农业灌溉等人类活动的影响。在低纬度的气候湿润区（如东南亚和大洋洲的热带地区），辐射状况是蒸散的主要决定条件，降水距平百分率为负值表明辐射更为强烈，虽然降水偏少导致表层土壤湿度较低，但是植被根系能够从土壤深层吸收水分用于蒸腾，因而蒸散距平百分率为正值，与降水距平变化相反。在中高纬度的干旱半干旱区（如南亚西北部、中亚、西亚和北非），水分状况是蒸散的主要决定条件，降水距平百分率为正值表明土壤中有更多的水分可供蒸散，因而蒸散距平百分率为正值，与降水距平变化一致。

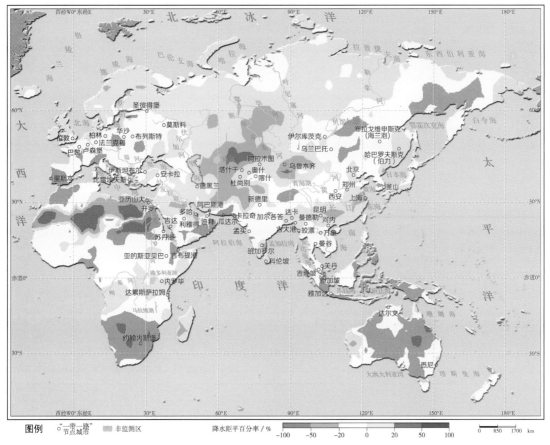

（a）降水距平百分率

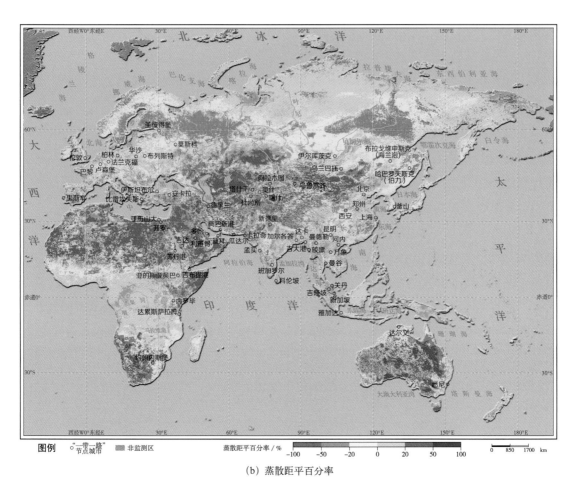

（b）蒸散距平百分率

图6-5 2015年"一带一路"陆域降水及蒸散的距平百分率空间分布

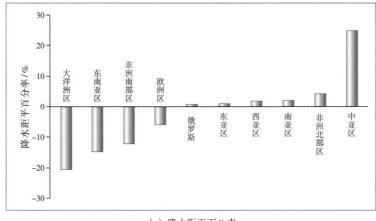

（a）降水距平百分率

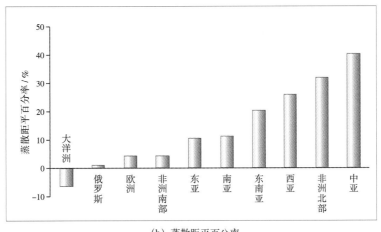

(b) 蒸散距平百分率

图6-6 2015年"一带一路"陆域不同分区降水及蒸散的距平百分率

6.2.2 水分收支距平流域分布特征

非洲南部奥兰治河、赞比西河,以及澳大利亚墨累-达令河流域降水量明显偏少,干旱严重;中亚注入咸海的锡尔河和阿姆河流域降水量明显偏多,缓解咸海生态环境恶化趋势。

2015年监测区陆域34个主要流域降水及蒸散的距平百分率如图6-7所示。非洲南部奥兰治河与澳大利亚东南部墨累-达令河具有明显的水文相似性,不仅纬度相近,而且都是由东部上游湿润气候区流向西部下游干旱气候区。此外,奥兰治河和墨累-达令河对于厄尔尼诺事件的响应具有一致性,2015年流域降水量明显偏少,较2010~2015年平均值分别偏少35.9%和20.1%,干旱严重。受降水明显偏少影响,墨累-达令河流域蒸散距平百分率在各流域中最低,蒸散量较2010~2015年平均值偏少27%,其异常干旱的气候条件加重了部分支流的中、下游河道断流和湿地萎缩现象(图6-8),并使墨累-达令河以含盐度高为主要特点的水质问题进一步恶化。

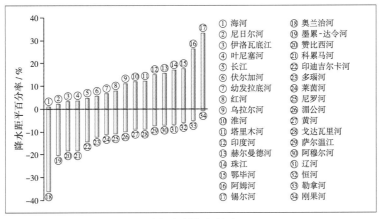

(a) 降水距平百分率

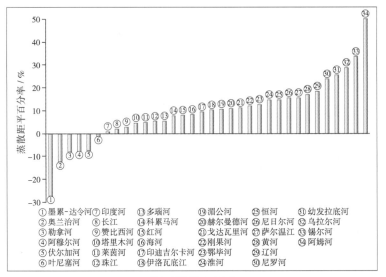

①墨累-达令河	⑦印度河	⑬多瑙河	⑲湄公河	㉕恒河	㉛幼发拉底河
②奥兰治河	⑧长江	⑭科累马河	⑳赫尔曼德河	㉖尼日尔河	㉜乌拉尔河
③勒拿河	⑨赞比西河	⑮红河	㉑戈达瓦里河	㉗萨尔温江	㉝锡尔河
④阿穆尔河	⑩塔里木河	⑯海河	㉒刚果河	㉘黄河	㉞阿姆河
⑤伏尔加河	⑪莱茵河	⑰印迪吉尔卡河	㉓鄂毕河	㉙辽河	
⑥叶尼塞河	⑫珠江	⑱伊洛瓦底江	㉔淮河	㉚尼罗河	

（b）蒸散距平百分率

图6-7　2015年"一带一路"陆域不同流域降水及蒸散的距平百分率

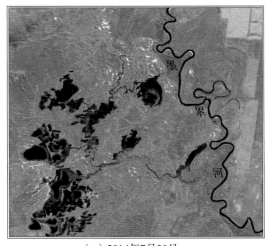

（a）2014年7月30日

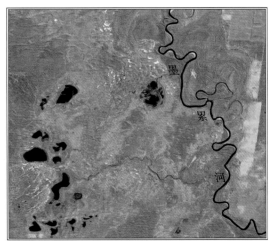

（b）2015年8月2日

图6-8　2015年澳大利亚墨累河西侧哈塔库凯恩（Hattah-Kulkyne）国家公园湿地变化（萎缩退化）
Landsat 8 OLI遥感影像

对于非洲南部的奥兰治河，2014年11月～2015年1月的雨季降水使其河道水面呈现出丰枯变化的特征（图6-9（a）～（c））。2015年11月～2016年1月的异常干旱使奥兰治河入海口偏上游的河段径流维持偏枯的状态，流量明显减少、水位下降、河道水面变窄（图6-9（d）～（f）），加重了海水倒灌产生的咸潮上溯现象，污染地下水源，而入海口附近河段由于咸潮上溯使其2015年与2014年的河道水面宽度没有明显变化。

对于非洲南部的赞比西河，2015年的异常干旱使世界上库容最大的水库卡里巴水库水域面积退缩（图6-10），蓄水位明显下降，进而导致发电量显著降低。由于赞比亚全国接近90%的电力来自水力发电，其中50%的用电源于卡里巴水库，因而电力短缺对经济社会发展和人民生活产生严重的影响，发展包括水电、火电、风电、太阳能等多元化混合能源供应将是可行的解决方案（中国已援建赞比亚第一个火电厂以及赞比亚近40年来投资开发的第一个大型水电站项目下凯富峡水电站）。

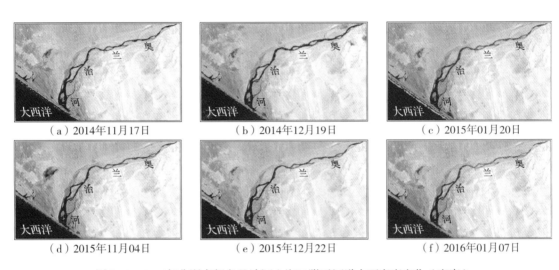

（a）2014年11月17日　　　（b）2014年12月19日　　　（c）2015年01月20日

（d）2015年11月04日　　　（e）2015年12月22日　　　（f）2016年01月07日

图6-9　2015年非洲南部奥兰治河入海口附近河道水面宽度变化（变窄）
Landsat 8 OLI遥感影像

（a）2014年11月23日　　　　　　　　　（b）2015年11月10日

图6-10　2015年非洲南部赞比西河流域卡里巴（Kariba）水库水域面积变化（退缩，水落石出）
Landsat 8 OLI遥感影像

降水量明显偏多的流域主要为中亚流入咸海的两大内陆河，即发源于天山山脉的锡尔河（现注入北咸海）和发源于帕米尔高原的阿姆河（现注入东咸海和西咸海），2015年降水量较2010～2015年平均值分别偏多33.2%和26.3%，而蒸散量分别偏多33.6%和49.8%。近50年来，由于锡尔河和阿姆河的河水大量用于农业和工业，导致咸海水位不断下降，逐渐分成北咸海和南咸海两片水域，其中南咸海进一步萎缩为东咸海和西咸海两部分，生态环境严重退化。2015年降水明显偏多将有效补给流域土壤水分和水库蓄水（图6-11），降低咸海周边盐沙暴和沙尘暴的危害，缓解中亚地区农田的盐碱化，促进植被覆盖的自然恢复。

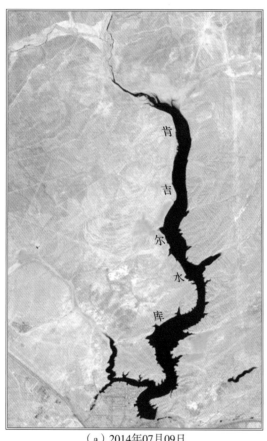
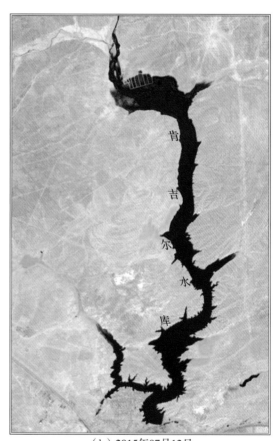

（a）2014年07月09日　　　　　　　　　　（b）2015年07月12日

图6-11　2015年中亚哈萨克斯坦锡尔河流域肯吉尔（Kengir）水库水域面积变化（扩张）
Landsat 8 OLI遥感影像

6.2.3　水分收支距平季相变化特征

受厄尔尼诺事件影响，2015年太平洋西南岸国家降水持续偏少，干旱严重。

2015年受厄尔尼诺事件直接影响的太平洋西南岸国家降水及蒸散的距平百分率季节变化如图6-12所示。随着2015年超强厄尔尼诺事件的持续发展加强，太平洋西南岸国家的大气环流对赤道中东太平洋海温异常偏暖的响应显著，东南亚的菲律宾、马来西亚、印度尼西亚，以及大洋洲的巴布亚新几内亚、澳大利亚多数时段的降水量持续偏少，干旱严重。其中，菲律宾在2015年上半年降水明显偏枯，由于干旱持续的时间越长，累积强度也就越强，因而5月旱情最为严重，6月以后旱情有所缓解。马来西亚2015年全年降水偏少量都在40%以内，部分季节降水量接近多年平均值，旱情偏轻。印度尼西亚和巴布亚新几内亚2015年旱情持续发展，至7～10月旱情最为严重，降水量偏少50%以上，导致森林和农田大火频发并持续蔓延，东南亚多国被烟霾笼罩。澳大利亚在2015年2月、3月和9月、10月存在两个降水明显偏枯的时段，最严重时降水量偏少70%以上。

在气候湿润的菲律宾、马来西亚、印度尼西亚和巴布亚新几内亚，辐射状况是蒸散的主要决定条件，发生干旱灾害时降水距平百分率为负值表明太阳辐射更为强烈，因而2015年的蒸散量明显偏高。在气候干旱半干旱的澳大利亚，水分状况是蒸散的主要决定条件，降水距平百分率为负值表明土壤中可供蒸散的水分不足，因而2015年的蒸散量明显偏低。

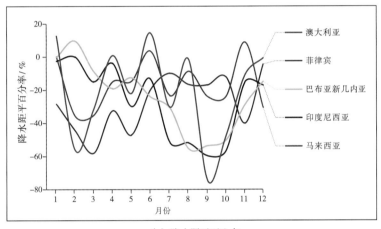

（a）降水距平百分率

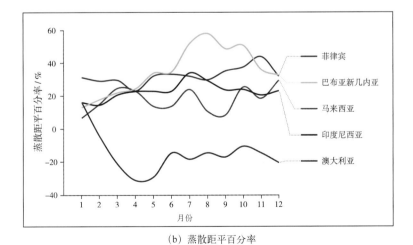

（b）蒸散距平百分率

图6-12　2015年太平洋西南岸国家降水及蒸散的距平百分率季节变化

七、重点海域典型海洋灾害状况

本章利用卫星遥感海面有效波高融合产品、海面高度异常产品和台风产品，分析了2006～2016年"21世纪海上丝绸之路"海域的灾害性海浪、海面高度异常和台风等典型海洋灾害的空间分布和时间变化特征。主要结果如下。

（1）"一带一路"海上蓝色经济通道周边海域，灾害性海浪集中发生在每年10月至次年4月西北太平洋的40°N附近，以及2～11月西南太平洋和印度洋的50°S西风带区域。近10年来，黑海和阿拉伯海两个海区灾害性海浪发生频次呈增加趋势，其他七个海区呈减少趋势。

（2）海平面高度异常总体表现为海平面升高，爪哇-班达海、西南太平洋、孟加拉湾和中国南部海域海平面升高最明显，年均达6.47cm、6.01cm、5.89cm和5.88cm。局部海区个别年份出现海平面下降，其中2007年、2008年和2012年的黑海海区分别下降2.93cm、1.62cm和0.51cm。中国东部海域、中国南部海域、孟加拉湾、阿拉伯海和爪哇-班达海等开放海域或半开放海域的海面高度异常季节变化幅度较大，从−5～18cm。

（3）台风灾害主要集中在中纬度海区，最密集区域位于中国东部和南部海域，表现为频次发生高，分布范围广，其次是孟加拉湾和阿拉伯海海区。海上蓝色经济通道海域发生的台风以热带风暴为主，对沿海区域造成破坏较大的4、5级台风占比为21.25%。台风高发月份集中在7～10月，高强度台风在7～10月发生占比达到53.13%，1～3月占比仅为22.51%。

（4）2015年的超强厄尔尼诺事件，导致"一带一路"海域灾害性海浪和台风发生次数历年最多；太平洋低纬度海域海平面高度呈现与往年相反的异常分布，西部海平面降低，东部海平面升高。

"一带一路"海上丝绸之路海域监测区包括西北太平洋、西南太平洋和印度洋等3个大海域，以及日本海、中国东部海域、中国南部海域、爪哇-班达海、孟加拉湾、阿拉伯海、地中海、黑海和北海等9个主要海区，包含"一带一路"海上合作共建的中国-印度洋-非洲-地中海、中国-大洋洲-南太平洋和中国-北冰洋-欧洲等三大蓝色经济通道（图7-1）。

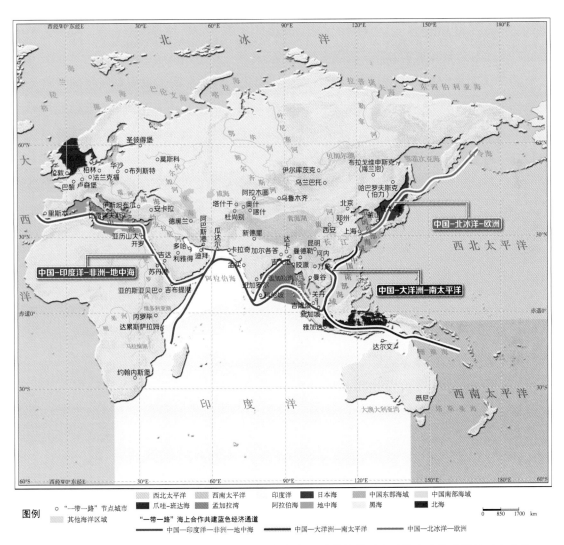

图7-1 "一带一路"重点海域分布（3个大洋海域和9个沿海海区）及海上合作建设的三大蓝色
经济通道分布

7.1 海上合作建设和海洋灾害

2017年6月20日国家发展和改革委员会、国家海洋局联合发布了《"一带一路"建设海上合作设想》，系统提出了推进"一带一路"建设海上合作的思路和蓝图，围绕一个愿景、遵循一条主线、共建三个通道、共走五条道路。其中，在共筑安全保障之路中，海洋防灾减灾作为一个合作领域被提出。因此，了解近10年来"21世纪海上丝绸之路"重点海域的典型海洋灾害的空间状况和时间变化，可为"一带一路"建设海上合作，保护人民生命财产安全和经济发展构筑安全防线。

海洋灾害是海洋自然环境发生异常或激烈变化，导致在海上或海岸发生的灾害，分为自然海洋灾害和人为海洋灾害两大类。"一带一路"海上合作共建的三个蓝色经济通道遭受的海洋灾害种类繁多，包括台风风暴潮、灾害性海浪、海平面变化、海冰、海啸、海岸侵蚀、海水入侵和土地盐渍化、咸潮入侵等自然海洋灾害，也包括赤潮、绿潮、海上溢油、危险品泄露等人类活动引起的人为海洋灾害。本章重点围绕灾害性海浪、海平面高度异常和台风3类典型自然海洋灾害，阐明"一带一路"海上蓝色经济通道沿线的大洋海域及沿海海区3类典型海洋灾害的空间分布和时间变化状况。

7.2 灾害性海浪的空间分布及时间变化

从卫星遥感海面有效波高融合产品出发，提取灾害性海浪信息，重点分析2006~2016年"一带一路"海上蓝色经济通道重点海域每年灾害性海浪发生频次、年变化趋势的空间分布，以及多年均的月分布与逐月变化。

7.2.1 灾害性海浪发生频次的空间分布

通过对比分析2006~2016年"一带一路"海上蓝色经济通道周边海域灾害性海浪每年发生频次的空间分布（图7-2），以及不同重点海区灾害性海浪最大发生频次统计（表7-1），可以看出，灾害性海浪集中发生在50°S和40°N左右为中心的附近海域。受西风带的影响，南半球海域发生灾害性海浪的频次高于北半球海域。南半球的西风带海域发生灾害性海浪的次数最多，北半球海域灾害性海浪集中发生在太平洋北部和挪威海附近。在三个大洋海域，整个印度洋最多达284次，最低次数也有215次，但印度洋北部较少发生，这为海上丝绸之路的航行安全提供了十分有利的条件；西南太平洋最多达265次，最低180次。西北太平洋最多达136次，最低87次。9个沿海海区中，位于高纬度的欧洲北海海域灾害性海浪发生相对较多，阿拉伯海、中国南部海域和日本海次之，其他海域年均发生低于10次，位于赤道附近的爪哇-班达海几乎不发生。从各海区最大发生次数的统计来看，整个"一带一路"海上蓝色经济通道周边海域，2015年灾害性海浪发生最多，2014年和2016年次之，2011年和2012年为历年最低。

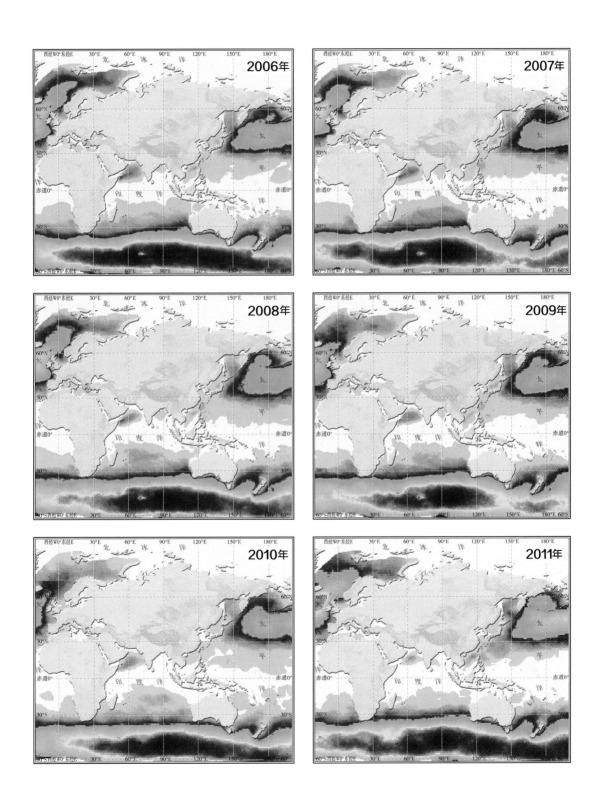

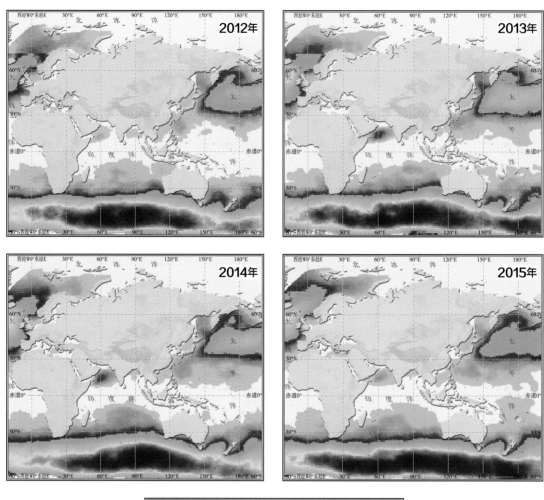

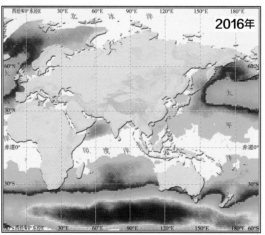

图7-2　灾害性海浪年发生频次的空间分布

表7-1　灾害性海浪发生频次统计

	2006年	2007年	2008年	2009年	2010年	2011年	2012年	2013年	2014年	2015年	2016年	年均年
日本海	14	14	15	16	10	7	10	11	7	12	7	11.18
中国东部海域	9	9	12	11	5	9	9	15	11	5	6	9.18
中国南部海域	20	15	16	14	9	18	9	10	10	10	12	13
爪哇-班达海	0	0	0	0	0	0	0	0	0	0	0	0
孟加拉湾	6	6	5	5	0	4	3	3	4	4	2	3.81
阿拉伯海	39	35	38	29	30	17	14	48	46	29	29	32.18
地中海	6	15	8	16	6	4	4	10	4	7	4	7.63
黑海	2	1	2	0	1	4	5	0	0	0	1	1.45
北海	38	45	49	29	21	63	45	46	54	72	39	45.54
西北太平洋	102	111	87	106	109	111	108	111	136	93	130	109.45
西南太平洋	220	189	206	180	228	192	187	191	207	265	209	206.72
印度洋	242	255	245	247	260	215	247	221	275	279	284	251.81
全区域平均	58.16	57.91	56.91	54.41	56.58	53.67	53.41	55.5	62.83	64.66	60.25	57.66

　　图7-3为"一带一路"3个大洋海域、9个海区每年灾害性海浪发生的频次。结果表明：3个大洋海域，印度洋发生次数最多，西南太平洋次之，两者呈锯齿状变化，且两者变化相反；西北太平洋发生频次年际间震荡不大，但总体呈逐年缓慢上升趋势。9个沿海海区中，黑海、地中海和孟加拉湾年际间变化较小，北海和阿拉伯海年际间变化显著；北海2010年发生最少，阿拉伯海2011年发生最少；亚洲东部的日本海、中国东部海域和中国南部海域在2010年前变化较一致，之后中国南部海域和日本海变化趋势相反。

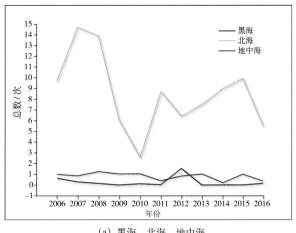

（a）黑海、北海、地中海

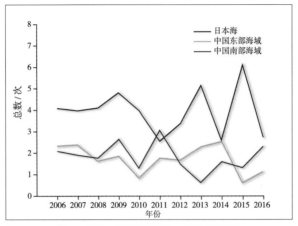

（b）日本海、中国东部海域、中国南部海域

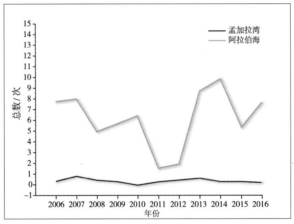

（c）孟加拉湾、阿拉伯海

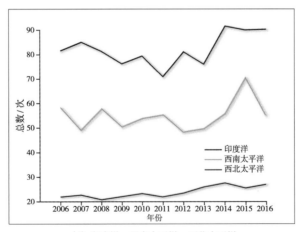

（d）印度洋、西南太平洋、西北太平洋

图7-3　重点海域灾害性海浪空间平均的年变化

7.2.2 灾害性海浪发生频次的变化趋势

"一带一路"海上蓝色经济通道周边海域内灾害性海浪发生频次的年际变化趋势存在显著的区域差异（图7-4、表7-2）。发生频次增加较大的区域集中分布在高纬度西风带区域，其中位于印度洋西风带海域最大增加幅度可达18次。而西风带外围海域和近海海域普遍呈减少趋势，特别是高纬度的北海中部海域，发生频次减少幅度最大，达4.5次；低纬度的阿拉伯海西部减少幅度达4次。整体而言，西北太平洋、西南太平洋和印度洋三个大洋海域是灾害性海浪高频次发生的集中区域，而且发生频次呈逐年上升趋势；9个沿海海区中，黑海和阿拉伯海海区灾害性海浪发生频次整体也呈增加趋势，其他海区整体呈减少趋势，其中日本海和孟加拉湾海变化很小。

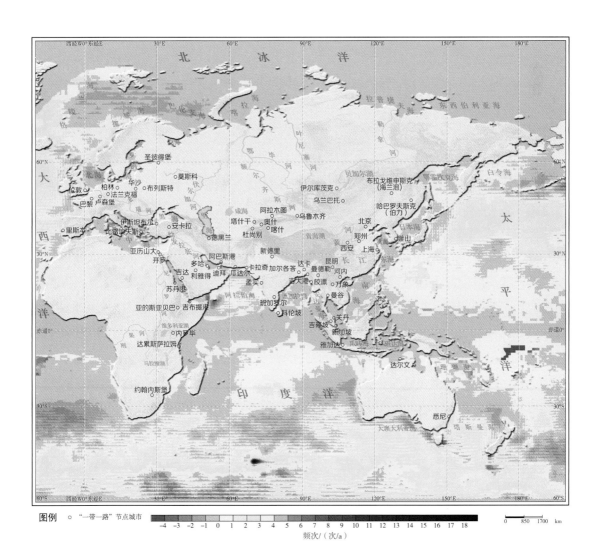

图7-4 "一带一路"海域灾害性海浪发生频次的年际变化趋势分布

表7-2 灾害性海浪发生频次年际变化趋势统计 （单位：次/a）

	区域内变化趋势最大值	区域内变化趋势最小值	区域内变化趋势均值
日本海	2	−1.0	−0.006
中国东部海域	1	−3.0	−0.114
中国南部海域	1	−1.26	−0.095
爪哇-班达海	0	0	0
孟加拉湾	1.5	−2.0	−0.006
阿拉伯海	4	−4.0	0.086
地中海	2	−2.0	−0.013
黑海	4	−0.75	0.257
北海	3	−4.5	−0.457
西北太平洋	4	−3.52	0.698
西南太平洋	10	−6.0	0.608
印度洋	18	−3.56	1.021

7.2.3 灾害性海浪发生的多年平均分布和季节变化

结合"一带一路"海上蓝色经济通道周边海域灾害性海浪发生频次的月变化（图7-5）和灾害性海浪发生频次的多年平均（2006～2016年）月空间分布（图7-6），可以发现，受高纬度寒潮冷空气、低纬度热带气旋天气，以及西南太平洋和印度洋的西风带影响，"一带一路"海上蓝色经济通道周边海域灾害性海浪发生频次从1～12月，大体呈先上升后下降的趋势，在7月达到峰值。个别年份出现异常值，如2015年10月出现异常大值，而2007年6月出现了异常小值。此外，1月发生次数普遍大于2月（除2008年2月），但西北太平洋和挪威海附近11月至次年的2月的秋冬季发生次数较多，6～8月的夏季少有发生。

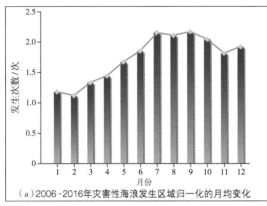

（a）2006~2016年灾害性海浪发生区域归一化的月均变化

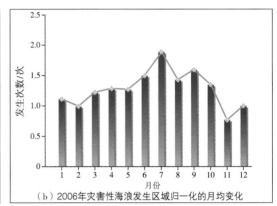

（b）2006年灾害性海浪发生区域归一化的月均变化

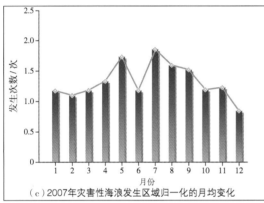

（c）2007年灾害性海浪发生区域归一化的月均变化

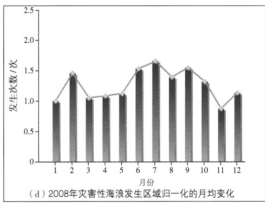

（d）2008年灾害性海浪发生区域归一化的月均变化

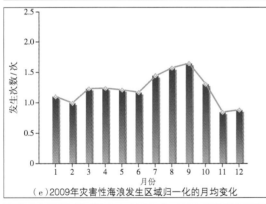

（e）2009年灾害性海浪发生区域归一化的月均变化

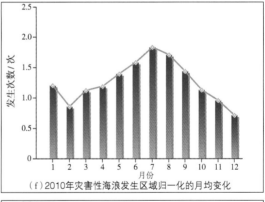

（f）2010年灾害性海浪发生区域归一化的月均变化

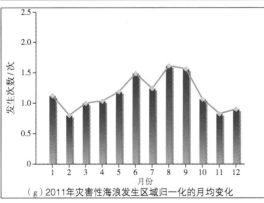

（g）2011年灾害性海浪发生区域归一化的月均变化

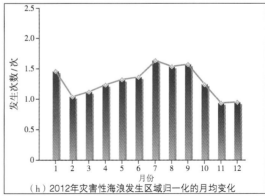

（h）2012年灾害性海浪发生区域归一化的月均变化

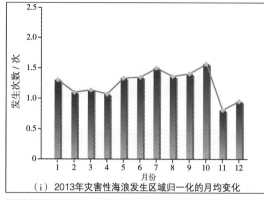

（i）2013年灾害性海浪发生区域归一化的月均变化

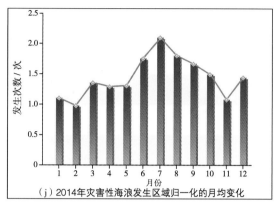

（j）2014年灾害性海浪发生区域归一化的月均变化

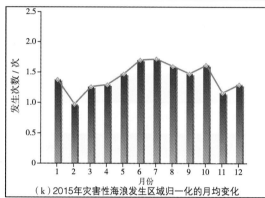

（k）2015年灾害性海浪发生区域归一化的月均变化

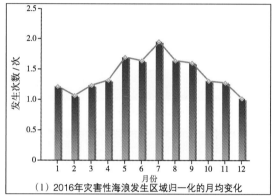

（l）2016年灾害性海浪发生区域归一化的月均变化

图7-5　灾害性海浪发生频次的月变化（2006～2016年）

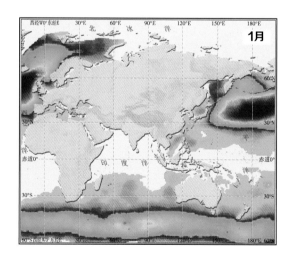

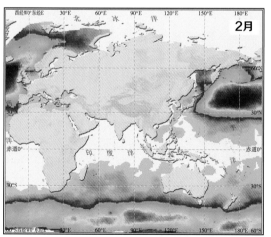

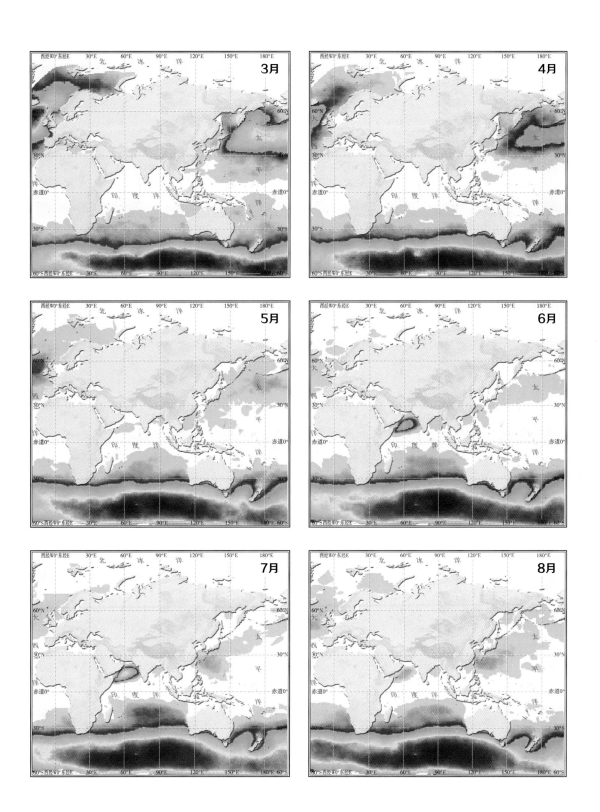

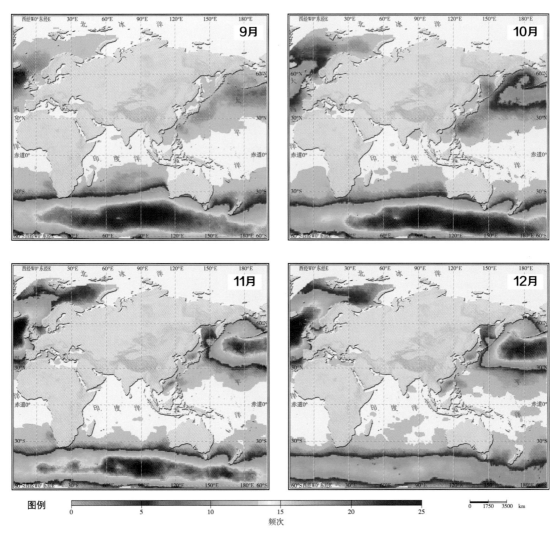

图7-6 灾害性海浪发生频次的多年（2006～2016年）逐月平均分布

图7-7为"一带一路"不同重点海域平均的灾害性海浪发生次数的逐月比较。可以看出，阿拉伯海域灾害性海浪发生主要集中在6月、7月，日本海集中在11月至次年3月，中国南部海域集中在10月至次年1月，北海集中在10月至次年3月。地中海从1～12月灾害性海浪发生频次呈先减少后增加缓慢的趋势，而中国东部海域呈先增加后减少的趋势，孟加拉湾和黑海却少有发生。

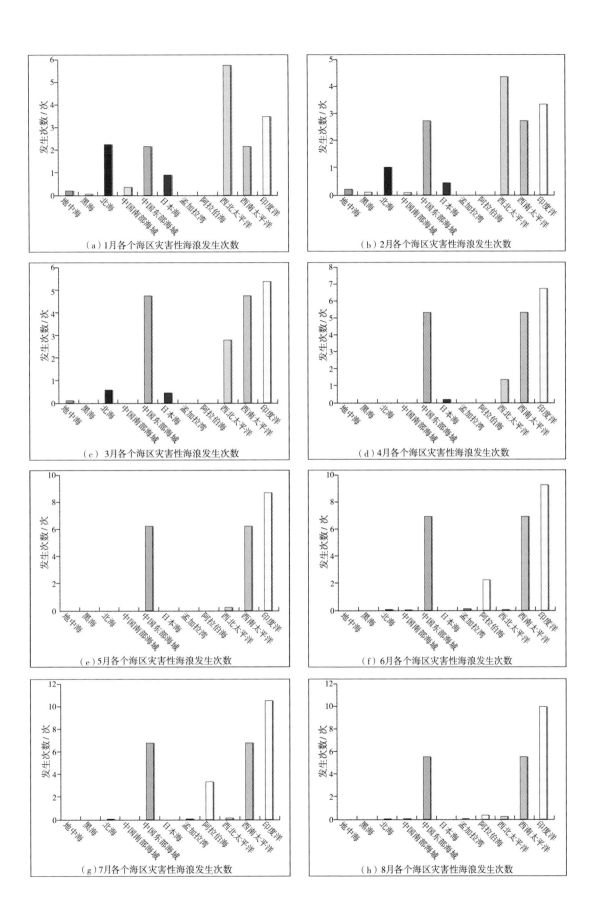

（a）1月各个海区灾害性海浪发生次数

（b）2月各个海区灾害性海浪发生次数

（c）3月各个海区灾害性海浪发生次数

（d）4月各个海区灾害性海浪发生次数

（e）5月各个海区灾害性海浪发生次数

（f）6月各个海区灾害性海浪发生次数

（g）7月各个海区灾害性海浪发生次数

（h）8月各个海区灾害性海浪发生次数

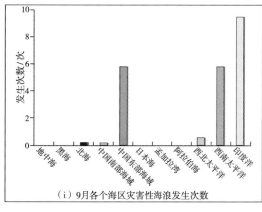

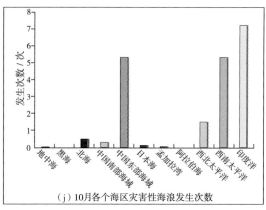

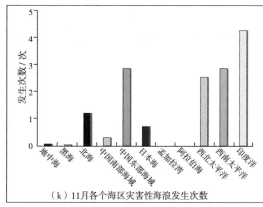

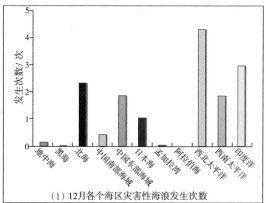

图7-7　重点海区区域平均的灾害性海浪发生次数逐月对比

　　总的来说，对于"一带一路"海上合作共建的三个通道，北上海上经济通道（中国-北冰洋-欧洲），11月至次年3月是灾害性海浪高发时段，主要集中在日本海海域；南下海上经济通道（中国-大洋洲-南太平洋），由于通道路线大部分都在低纬度地区，所以较少发生灾害性海浪，主要集中在11月至次年1月；西行海上经济通道（中国-印度洋-非洲-地中海）中的北海、地中海、阿拉伯海和中国东部海域灾害性海浪集中月份各不相同，在频次上北海和阿拉伯海海区发生较多，西行海上经济通道主要需关注欧洲大陆的北海、阿拉伯海、中国东部海域和地中海海域的灾害性海浪发生。

7.3　海面高度异常的空间分布及时间变化

　　基于卫星遥感海面高度异常（SLA）产品，从2006～2016年各年海面高度异常的空间分布，以及多年月均分布和月变化等两个角度，分析了"一带一路"海上蓝色经济通道重点海域海面高度上升灾害的空间分布及时间变化。

7.3.1　海面高度异常的空间分布

　　2006～2016年各年的海平面高度异常空间分布特征总体上相似（图7-8）。在西北太平洋、西南太平洋和印度洋中纬度附近常年存在一条正负交替的海面高度异常带，在低纬度太平洋赤道附近一般呈现西高东低的异常区。2008年尤为明显，太平洋赤道附近西部出现大面积正值区，而东部则是大面积负值区，两者呈跷跷板状；但2015年出现相反的异常分布，即西部出现大面积负值，而东部为大面积正值。印度洋低纬度海域，海面高度异常正值区逐年扩大，2015年印度洋赤道附近出现一个明显的高值区。整个海域，正异常值幅度高于负异常值，同时正值海域面积多于负值海域面积，特别是2016年整个海域年均异常为8.18cm，说明海平面总体存在上升趋势。三个大洋海域的海面高度异常均值都表现为正异常（表7-3），西南太平洋最大；9个沿海海区，除黑海海区在2007年、2008年和2012年出现负异常，其他均表现为正异常；爪哇-班达海最高，达6.47cm，黑海最低，也达4.11cm，整个海域年均达5.43cm。

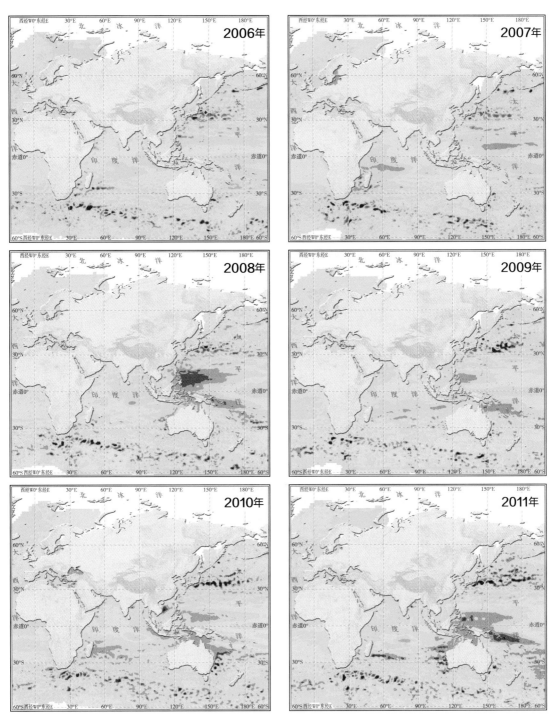

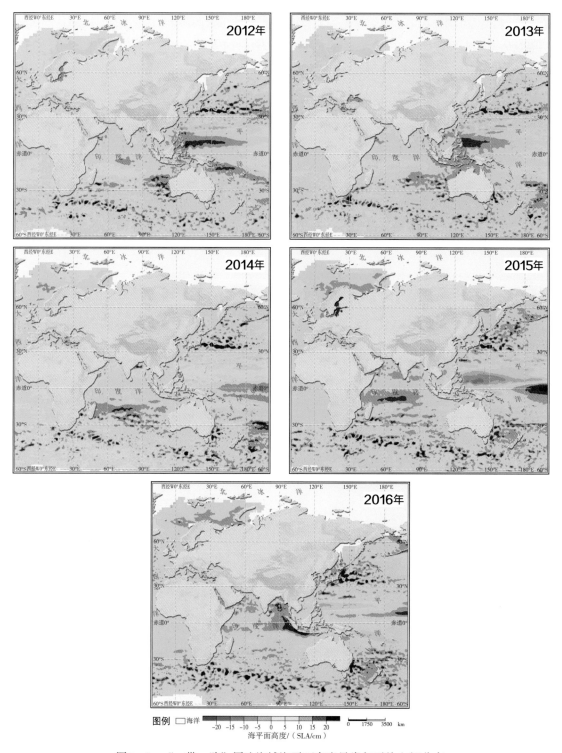

图7-8 "一带一路"周边海域海平面高度异常年平均空间分布

表7-3　海平面高度异常区域均值　　　　　　　　　　（单位：cm）

	2006年	2007年	2008年	2009年	2010年	2011年	2012年	2013年	2014年	2015年	2016年	年均
日本海	1.82	4.26	3.33	4.34	5.47	3.77	6.49	5.22	6.40	5.78	10.52	5.22
中国东部海域	3.94	2.97	2.98	3.83	4.27	3.38	7.33	5.66	7.55	7.33	9.85	5.37
中国南部海域	3.16	2.33	6.12	5.77	7.01	6.26	8.12	8.70	6.07	4.72	6.40	5.88
爪哇-班达海	1.70	1.98	8.78	6.07	9.25	9.26	9.25	11.03	5.36	0.76	7.72	6.47
孟加拉湾	0.78	1.05	5.31	4.10	6.97	6.32	7.01	7.66	5.72	7.69	12.18	5.89
阿拉伯海	2.32	3.80	3.88	5.07	4.85	5.59	6.64	6.03	6.01	9.53	9.22	5.72
地中海	2.96	1.81	2.90	4.13	7.47	3.84	4.88	6.65	6.81	5.34	7.18	4.91
黑海	3.57	−2.93	−1.62	1.74	12.54	5.43	−0.51	11.57	4.98	3.25	7.15	4.11
北海	4.00	6.24	3.57	1.85	1.58	6.59	3.78	4.14	4.33	8.85	7.48	4.76
西北太平洋	3.98	4.57	5.77	4.64	4.99	5.99	7.11	6.77	4.58	2.66	5.97	5.18
西南太平洋	3.72	4.12	5.31	5.41	5.10	6.29	6.85	6.94	7.73	7.38	7.21	6.01
印度洋	3.76	4.01	5.03	4.77	5.90	5.70	6.44	6.10	6.14	7.32	7.32	5.68
整个区域	2.98	2.85	4.28	4.31	6.28	5.7	6.12	7.21	5.97	5.88	8.18	5.43

对比分析"一带一路"海域各区域平均的海面高度异常年际变化（图7-9），结果表明，西北太平洋、西南太平洋和印度洋区域整体变化一致，印度洋每年的季节差异较小；西南太平洋季节差异较大，特别是在2016年。9个沿海海区高度异常年均值相近，年际变化缓慢，黑海海区呈现锯齿交替平稳变化，阿拉伯海和孟加拉湾变化相位一致，但孟加拉湾季节差异较大，爪哇-班达海与它们呈反相变化。比较各海区的季节差异，爪哇-班达海和中国南部海域的月差异最大，2010年和2016年尤为明显，地中海和孟加拉湾次之。

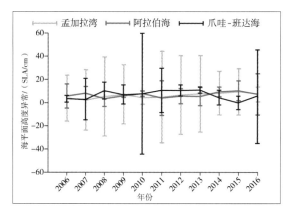
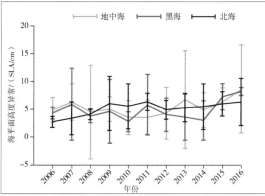

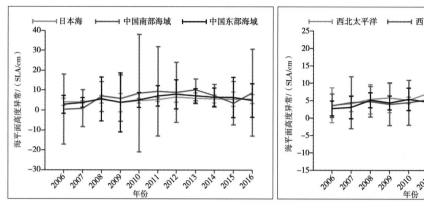
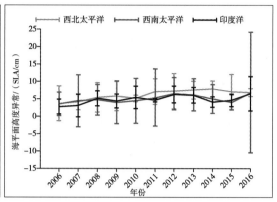

图7-9　2006～2016年各海区区域年均的海面高度异常年变化

7.3.2　海面高度异常多年平均分布和季节变化

结合海面高度异常区域空间平均的逐月变化（图7-10）、多年月均空间分布（图7-11）和区域平均的月变化（图7-12），发现1～6月西北太平洋大部分海域以负异常为主，7～12月以正异常为主；西南太平洋海域和西北太平洋海域的海面高度异常逐月变化呈现反相关系；而印度洋海域海面高度异常滞后于西南太平洋海域，滞后时间约4个月。西行海上经济通道上，孟加拉湾与同纬度的中国南部海域也呈反相关系，阿拉伯海和孟加拉湾同相变化一致，但阿拉伯海滞后于孟加拉湾1～2个月；欧洲大陆附近海区，北海和地中海的海面高度异常月变化与黑海相反。"一带一路"沿海海域中，相对于封闭的日本海和欧

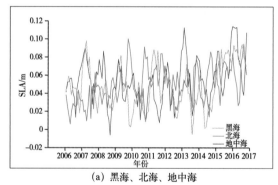

（a）黑海、北海、地中海

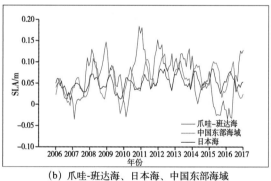

（b）爪哇-班达海、日本海、中国东部海域

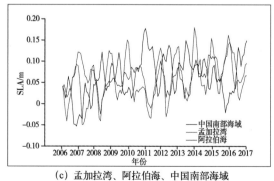

（c）孟加拉湾、阿拉伯海、中国南部海域

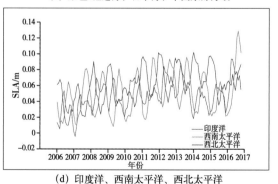

（d）印度洋、西南太平洋、西北太平洋

图7-10　重点海域海面高度异常空间平均的逐月变化

洲内陆附近的黑海、北海和地中海，其他开放海域或半开放海域的海面高度异常季节变化幅度较大。整体上，海面高度异常的空间分布，随着时间的推移存在自东向西传递变化的过程，各海区平均海面高度异常以正异常为主，存在年尺度的周期变化，这种变化在南北半球海域呈现反向变化。

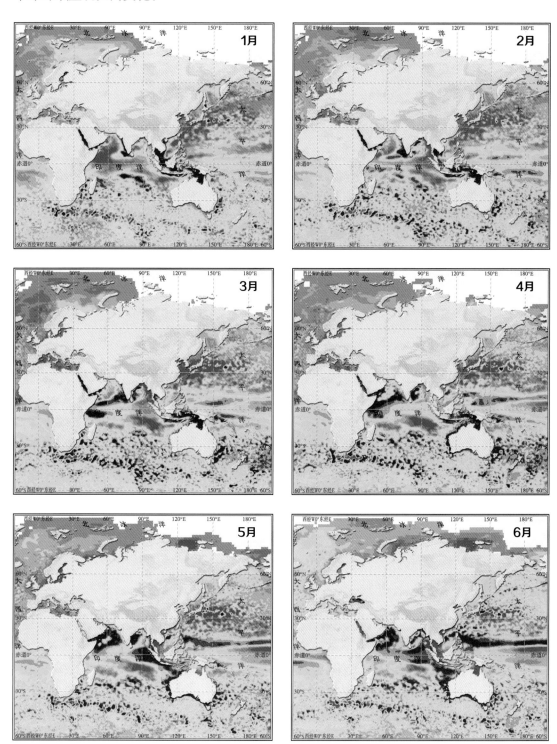

「一带一路」生态环境状况

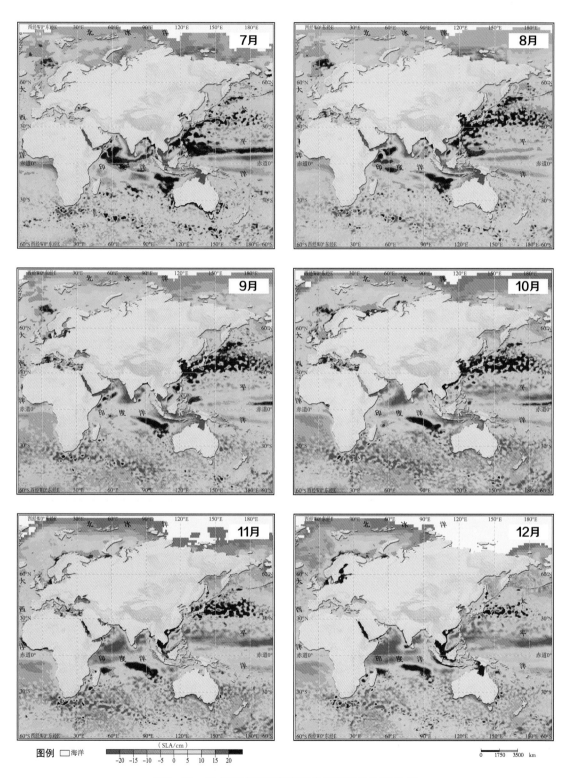

图7-11　重点海域海面高度异常月平均的空间分布

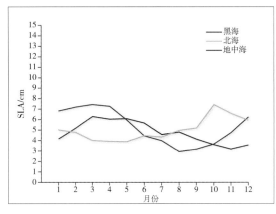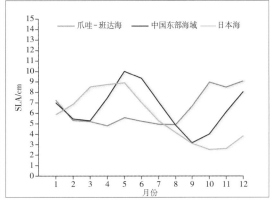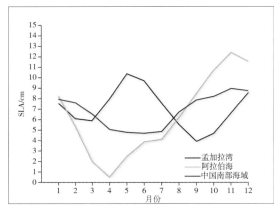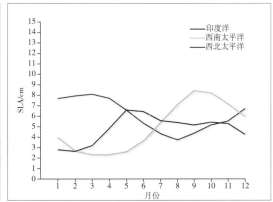

图7-12 重点海域海面高度异常空间平均的月变化

7.4 台风的空间分布及时间变化

通过对2006～2016年"一带一路"海上蓝色经济通道周边海域台风灾害发生情况的统计，分析了"一带一路"海上蓝色经济通道重点海域台风发生的频次、空间分布、年/月变化及强度。

7.4.1 台风灾害中心发生频次的空间分布

2006～2016年，"一带一路"海上蓝色经济通道周边海域台风灾害发生频次的空间分布如图7-13所示。台风灾害中心集中在40°S～40°N，但赤道5°N～5°S附近台风中心几乎不经过。台风发生最密集区域位于西北太平洋、中国东部海域和中国南部海域，表现为频次发生高，分布范围广。在南印度洋和西南太平洋海域台风分布呈现以20°S为中心的较密集分布带；在东太平洋海域，台风分布呈现东西走向；孟加拉湾和阿拉伯海海域也是台风分布的密集区。从发生频次来看，"一带一路"海域台风发生高频次区域较少，频次范围主要集中在1～7次；南北半球相比而言，北半球高频次台风灾害区域明显多于南半球海区。

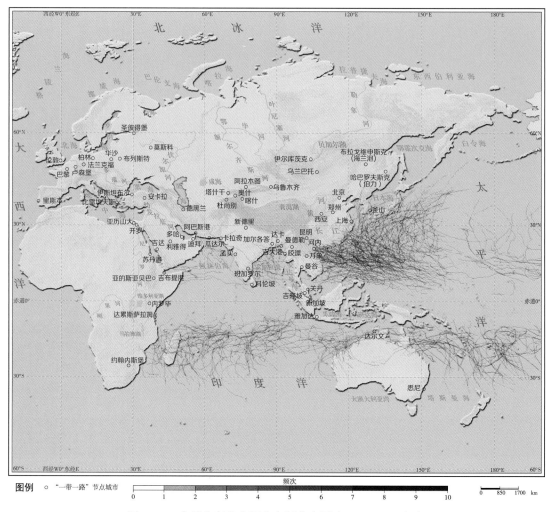

图7-13 台风灾害发生频次空间分布图（2006～2016年）

"一带一路"海上蓝色经济通道周边海域台风灾害逐年频次分布如图7-14所示。整体来看，历年台风灾害分布位置相近，集中在40°S～40°N以内，最密集区域主要集中在西北太平洋海域，这主要是由于西北太平洋有广阔的洋面，热带气旋可以较长时间发展，同时热带西北太平洋是全球大洋最暖的地方，夏季强烈的东亚夏季季风环流在此造成强烈的垂直对流活动，有利于将高温高湿的水汽从海洋向大气输送，容易形成热带气旋。从发生频次统计角度看，台风最大发生频次为5次，出现在2011年；从台风位置分布范围来看，范围最大的年份为2015年，最小年份为2010年。整体来说，"一带一路"海上蓝色经济通道周边海域逐年频次主要集中在3次以下，高频次台风区域较少。

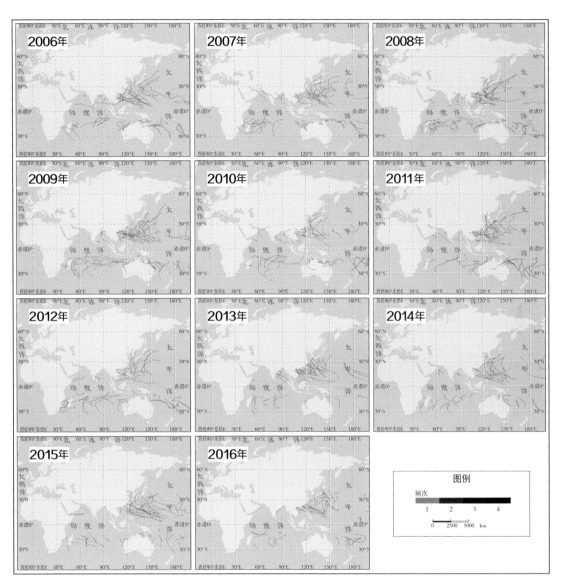

图7－14　台风灾害中心逐年频次分布图

7.4.2　台风发生频次的年、月变化

2006～2016年"一带一路"海上蓝色经济通道周边海域累计台风发生次数的逐年变化如图7－15所示。2006～2016年累计发生台风753次，年均发生次数达到69次；2010年发生次数最少，为50次；2015年发生次数最多，高达88次。2006～2016年"一带一路"海区历年发生次数均高于50次，沿岸国家和地区面临严峻挑战。

　　高强度台风中心风力较大，破坏性较强，图7－16给出了2006～2016年发生的高强度台风（Typhoon-4、Typhoon-5）的逐年统计结果。2006～2016年共发生高强度台风160次，其中2006年和2015年高强度台风发生次数较多。2015年发生26次，占总次数16.25%；2006年发生20次，占总次数12.5%。2008年和2010年发生次数较少，2008年发生8次，占总次数5%；2010年发生10次，占总次数6.25%。总体而言，"一带一路"海域高强度台风发生次数较频繁，年际差异较大。

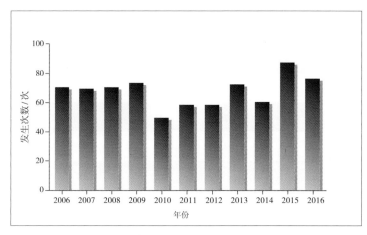

图7－15　"一带一路"海域台风发生次数逐年变化图

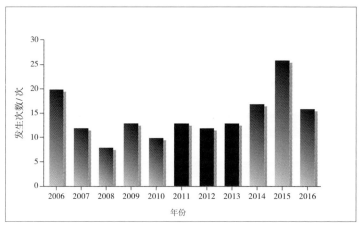

图7－16　"一带一路"海域高强度台风发生年份统计图

　　2006～2016年"一带一路"海上蓝色经济通道周边海域台风发生月份统计如图7－17所示。结果表明，1月台风累计发生76次，2月台风累计发生68次，3月台风累计发生61次，4月台风累计发生39次，5月台风累计发生25次，6月台风累计发生30次，7月台风累计发生77次，8月台风累计发生98次，9月台风累计发生80次，10月台风累计发生76次，11月台风累计发生64次，12月台风累计发生59次。整体来看，台风发生月份分布较均匀，高于10%的月份发生在1月、7月、8月、9月和10月，低于5%的月份只有5月和6月，没有明显的月份集中现象。这主要是由于"一带一路"海域覆盖范围较广，弱化了不同海域的月份和季节性集中现象。

2006～2016年"一带一路"海上蓝色经济通道周边海域强台风发生月份统计如图7-18所示。"一带一路"海域高强度台风（包括Typhoon-4，Typhoon-5）共发生160次，其中1月发生13次，2月发生11次，3月发生12次，4月发生8次，5月发生9次，6月发生6次，7月发生16次，8月发生22次，9月22次，10月发生25次，11月发生8次，12月发生8次。高强度台风发生月份明显集中，7～10月占比达到53.13%，1～3月占比22.5%，其他月份占比较少。

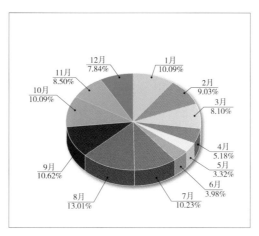

图7-17 "一带一路"海域台风发生月份统计图

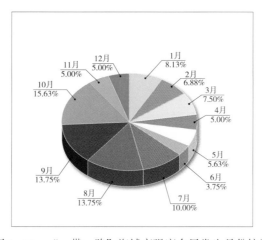

图7-18 "一带一路"海域高强度台风发生月份统计

7.4.3 台风强度变化

"一带一路"海域2006～2016年共发生台风753次，其中热带气旋（tropical depression）64次，热带风暴（tropical strom）332次，1级台风（typhoon-1）93次，2级台风（typhoon-2）54次，3级台风（typhoon-3）50次，4级台风（typhoon-4）111次，5级台风（typhoon-5）49次。图7－19为"一带一路"海域台风强度等级占比统计图。整体来看，台风发生以热带风暴为主，其次是1级台风，占比最小的是5级台风。低等级的热带气旋和热带风暴占比达到52.59%，对沿海区域造成影响较大的高等级4、5级台风占比为21.25%，依然占据较大比例。

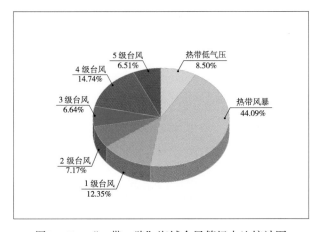

图7－19　"一带一路"海域台风等级占比统计图

因台风起源于大洋海域，5°S～5°N范围内的低纬度海域台风中心很少经过，故在台风发生次数统计上，重点对比分析西北太平洋、西南太平洋、南印度洋和北印度洋的台风发生。2006～2016年，西北太平洋海域台风发生317次（42.1%），西南太平洋海域台风发生104次（13.8%），北印度洋海域台风发生60次（8%），南印度洋台风发生175次（23.2%）（图7－20）。从统计结果来看，四个海域台风发生等级热带风暴占比最大，其中北印度洋海域热带风暴占比达到68.33%，西北太平洋海域热带风暴占比最小，为36.28%。影响最小的热带低气压存在较明显的区域性，西北太平洋海域占比达到15.77%，其他海域占比较少，其中北印度洋海域无热带低气压发生。高等级4、5级台风在四大海域依旧占据较大比例，皆在15%以上，其中西北太平洋海域占比最大，达到25.55%；其他海域高等级台风占比基本一致，西南太平洋海域高占比15.39%，南印度洋海域17.72%，北印度洋海域18.33%。

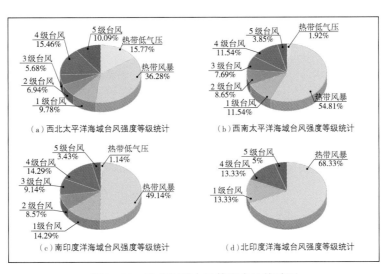

图7-20 重点海域台风等级占比统计图

八、结论与建议

本书秉承"一带一路"倡议提出的互联互通、合作共赢"的理念，面向联合国2030年可持续发展目标，开展"一带一路"生态环境状况的遥感监测与评估。首先，利用2010～2015年国内外卫星遥感数据，系统生成了监测区域现势性较强的生态系统类型、光温水条件、植被生长状态、城市热岛强度、路网密度、太阳能资源、水分收支和海洋灾害等方面的生态环境遥感专题数据产品。在专题数据产品的支持下，对"一带一路"主要陆域生态系统状况、重要城市区域发展与生态环境状况、陆路交通状况、陆域太阳能资源状况、陆域水分收支状况、重点海域海洋灾害状况进行了深入分析，取得了一系列监测、分析和评估结果。相关成果不仅可为"一带一路"建设提供现势性和基础性较强的生态环境信息，而且可作为落实联合国《2030可持续发展目标》生态环境动态监测评估的基准。

8.1 主要结论

（1）"一带一路"陆域十大分区中地带性气候资源禀赋差异悬殊，生态系统结构与生产力差异明显；欧洲区与俄罗斯北部寒温带与寒带森林、非洲南部区和东南亚区热带雨林是全球森林碳库的重要组成部分。2015年厄尔尼诺事件导致部分地区严重干旱，农田和草地生态系统生产力受到显著影响。

2015年"一带一路"陆域森林、荒漠、草地、农田、水域和城市等六大生态系统面积占比依次为34.73%、24.10%、23.44%、15.01%、2.15%、0.57%，东南亚区、非洲南部区、俄罗斯、大洋洲区、欧洲区以森林生态系统类型为主，中亚区和非洲北部区以草地和荒漠生态系统类型为主，南亚区以农田生态系统类型为主，东亚区农田、森林、草地和荒漠生态系统类型占比相对均衡。

2015年"一带一路"陆域森林地上生物量总量为2813亿t，主要分布在俄罗斯、非洲南部区、欧洲区、东亚区和东南亚区，各区占比依次为32.82%、26.71%、10.59%、8.80%、7.74%。森林地上生物量密度较高的区依次为非洲南部区、东南亚区、俄罗斯和欧洲区。

2015年受厄尔尼诺事件影响，非洲南部奥兰治河流域、东南亚马来群岛及澳大利亚墨累-达令河流域降水量减少最为明显。南亚区水稻主产区、欧洲区玉米和小麦主产区、澳大利亚南部的农田区，气候干旱严重，造成农作物减产1.8%～6.9%；蒙古、中国、澳大利亚、新西兰和南非等国家草地畜牧业也受到影响，非洲南部区和澳大利亚北部的热带草原区干旱最为严重，年平均叶面积指数下降3.79%。

（2）"一带一路"陆域水分收支空间分布不均。干旱区绿洲和半湿润/半干旱区的灌溉农区，大气降水不能满足农田蒸散耗水需求，依靠河流径流和地下水补充水分亏缺，农业生产用水与生态用水之间矛盾突出，导致局部生态环境退化。

非洲中部、东亚东南部和东南亚降水丰沛，降水量达到1000mm以上，水分盈余达到600mm以上；中亚、西亚及北非气候干旱，降水与蒸散均低于200mm。

丝绸之路沿线的中国河西走廊、塔里木河流域、中亚锡尔河流域等绿洲区水分亏缺量达到500mm，绿洲农业用水挤占生态用水，导致生态环境退化，土地荒漠化加重；印度西北部和中国华北平原农业灌区水分亏缺量达到200mm，主要通过调用恒河、黄河等地表径流，以及抽取地下水用于农业灌溉，导致部分地区地下水位显著下降，引发地面沉降等生态环境问题。

（3）"一带一路"陆域太阳能资源空间分布主要受纬度、地形和云量等因素的影响，其中纬度的影响最为突出，最适宜太阳能发电的地区主要分布在中低纬度的荒漠及稀疏植被地区。

"一带一路"陆域内非洲、西亚、南亚、大洋洲的低纬度云量较少地区太阳能资源最丰富，年平均太阳辐射总量大于6500MJ/m^2，且季相差异不明显；东南亚、中亚、东亚资源丰富，年平均太阳辐射总量大于5300MJ/m^2；欧洲资源也较为丰富，年平均太阳辐射总量为4300MJ/m^2。

太阳能资源的开发主要受太阳辐射年总量、季节变幅及土地覆盖的影响。适宜太阳能发电的地区主要分布在中低纬度的荒漠及稀疏植被区，包括西亚、非洲北部的撒哈拉地区，非洲南部的卡拉哈迪沙漠，以及澳大利亚中西部地区，年太阳能发电量大于350kW·h/m^2。

（4）由于所处的自然地理环境背景和社会经济发展水平各不相同，"一带一路"重要城市区域的生态环境状况、发展现状水平和发展速度也呈现出不同的特征。主要可以划分为城市规模大且持续发展、城市发展成熟但近期减速，城市发展规模滞后但城市发展速度较快，以及城市发展滞后且发展速度迟缓等4种类型。这对"一带一路"区域未来重点经济合作区的布局具有一定的指示意义。

在"一带一路"23个重要城市区域中京津冀、莫斯科、中原、曼谷、开罗长期以来一直拥有较高的发展速度，未来发展潜力较大；而巴黎、新加坡、悉尼、雅加达、约翰内斯堡的城市区域具有大城市规模，但近年来发展速度减缓，发展活力远不及前者。这两种不同发展特征的十大城市区域均是"一带一路"沿线国家的首都或重要大都市，城市规模和土地开发集约度高，社会经济发展水平高，在"一带一路"倡议实施中发挥着重要的引领、带动作用。关中、天山北坡、伊斯坦布尔、安卡拉、滇中、加尔各答、喀什七大城市区域属于"一带一路"沿线发展中国家的快速发展城市区域，城市规模和土地开发集约度居于中等水平，但城市发展速度较快，潜力巨大，通过加强基础设施建设，以及各国之间的合作和交流，这些城市区域有望成为"一带一路"沿线新的增长极和发展亮点。阿拉木图、塔什干、卡拉奇、内罗毕、达累斯萨拉姆、亚的斯亚贝巴等城市区域是"一带一路"沿线的重要港口或比较弱小的城市，城市规模小，开发水平低，发展活力不足，未来加强基础设施建设，逐步缩小与发达城市间的差距，可以发展成为"一带一路"建设的重要枢纽和节点城市。上述不同发展类型的城市区域，土地利用结构和生态环境状况各异，但是在城市建设和发展过程中，增加城市绿地覆盖率，避免盲目摊大饼式的空间扩展模式，打造优良宜居的生态环境状况，均是未来绿色城市发展的重要目标。

（5）经济走廊的通行能力与区域人口密度、社会经济发展程度和自然环境条件等呈高度的相关性。"一带一路"东西两端的欧洲经济圈和东亚经济圈的道路最为发达，中部地区交通基础设施存在明显的短板；中印、印欧之间陆路交通缺乏主干铁路和高等级公路的联通。

"一带一路"东西两端的东亚经济圈和欧洲经济圈道路通行能力指数分别为615m/km^{2}和541m/km^2，高于全区平均水平的4倍以上；印度的道路密度也处于较高的水平，通行能力指数为340m/km^2。

中蒙俄经济走廊、新亚欧大陆桥通行能力和通达状况较好的区域集中在走廊的两端，中部区域受严寒、地形起伏大、荒漠环境等地理因素的影响，通行能力和通达性较差；受荒漠、低温和地形崎岖等地理因素影响，中国-中亚-西亚经济走廊、中巴经济走廊通行能力和通达状况整体较差；中国-中南半岛经济走廊、孟中印缅经济走廊通行能力和通达状况整体较为均衡；中印、印欧之间陆路交通缺乏主干铁路和高等级公路的联通。

道路的修建会造成自然景观的破碎化，对生态系统完整性有一定影响。其中在中国-中亚-西亚经济走廊、新亚欧大陆桥经济走廊的灌丛和干旱草原等脆弱生态系统，道路对景观破碎度的影响超过10%。

（6）在"一带一路"的重点海域中，灾害性海浪和台风灾害主要影响西行、北上和南下三大蓝色经济通道的中高纬度海域，海面高度异常主要影响三大经济通道的低纬度海域。

灾害性海浪集中发生在每年10月至次年4月西北太平洋的40°N附近，以及2～11月西南太平洋和印度洋的55°S西风带区域；台风灾害主要集中在中纬度海区，最密集区域位于中国东部、南部海域和孟加拉湾等，高发月份集中在7～10月。

2015年的超强厄尔尼诺事件，使得太平洋向西稳定信风变弱甚至方向逆转，引起热带太平洋中部和东部上层海洋显著变热、热量的重新分配，以及区域降水量的改变，导致"一带一路"海域灾害性海浪和台风发生次数历年最多；太平洋低纬度海域海平面高度呈现与往年相反的异常分布，西部海平面降低，东部海平面升高。

8.2 建议

（1）科学谋划城市及交通基础设施欠发达地区的未来发展战略，以交通枢纽和城市区域合作园区建设统筹为突破口打通制约"互联互通"的关键薄弱环节，有效带动欠发达国家和地区实现可持续发展。

针对"一带一路"城市区域发展的4种不同类型，分别着力巩固和发展一批重要的引领带动型核心城市区域，同时注重培植一批新的增长极和发展亮点。重要港口或区位优势明显的中小城市区域应重点加强城市基础设施建设，形成经济廊道的重要枢纽和节点。在整体上规划构建满足"一带一路"倡议发展要求的21世纪城市区域网络。

在交通基础设施方面，对区域发展水平和发展速率普遍较低的中亚、西亚、中巴等经济走廊，应给予政策倾斜和扶持，优先发展交通基础设施，带动节点城市与合作园区建设；对于路网密度整体发展较为均衡的中南半岛、孟中印缅等经济走廊，合作园区建设和交通基础设施能力的提升可以并重；对于两端通行能力好，但中部交通亟待改进的中蒙俄经济走廊和新亚欧大陆桥，应重点关注补齐中部交通条件的短板，并在工程实施中特别关注高寒草地、荒漠等生态系统的保护。

（2）以生态环境保护和水资源承载力为制约因素，科学制订"一带一路"区域产业发展规划，兼顾生产用水、生活用水和生态用水之间的平衡，有效保护陆地生态系统，维护水资源安全。

在荒漠区的绿洲农田和集约化程度高的农业灌区，大气降水无法满足农田蒸散耗水需求，农业生产用水与生态、生活用水之间矛盾突出，面临严峻的水资源安全风险。中国河西走廊、塔里木河流域、中亚锡尔河流域等绿洲区，绿洲农业用水挤占生态环境用水；印度西北部和中国华北平原等农业灌区，主要通过调用恒河、黄河等地表径流，以及抽取地下水用于农业灌溉。上述地区应通过创新节水技术、调整产业结构、控制产业发展规模等措施，实现水资源平衡。

（3）加大政策扶植，发展智能电网，科学布局"一带一路"陆域太阳能资源开发，带动国际应对气候变化行动。

应对气候变化的国际行动、能源政策、自然条件和经济发展水平是太阳能产业发展的主要决定因素。澳大利亚太阳能资源禀赋优异，兼具国家政策扶持，目前属于全球第八大光伏市场，未来太阳能发电潜力巨大，可积极扩大国际合作，提高太阳能资源的利用比例。非洲北部和西亚地区光能资源丰富，但由于经济欠发达，缺少太阳能发电的经济技术扶植，各国装机量普遍较低。建议在"一带一路"国际合作中，主动提供太阳能光伏发电和智能电网改造等技术与经济援助，体现对国际应对全球变化行动的积极贡献，同时推动当地经济发展。

致　谢

　　"全球生态环境遥感监测年度报告"工作在中华人民共和国科学技术部和财政部的支持下，由国家遥感中心牵头、遥感科学国家重点实验室协助组织实施，中国科学院遥感与数字地球研究所、中国科学院地理科学与资源研究所、清华大学、国家海洋局第二海洋研究所共同完成。本书集成了国家高技术研究发展计划（863）"星机地综合定量遥感系统与应用示范"项目、国家重点基础研究发展计划（937）"复杂地表遥感信息动态分析与建模"项目、国家气候中心项目（20162001213）、国家自然科学基金项目（L1522026）等科研项目相关成果。

　　感谢国家卫星气象中心、中国资源卫星应用中心、环境保护部卫星环境应用中心、国家卫星海洋应用中心等提供卫星遥感观测数据；感谢中国科学院计算机网络信息中心提供产品生产的计算资源；感谢国家基础信息地理信息中心提供报告的基础地理底图；感谢中国科学院寒区旱区环境与工程研究所和北京师范大学等参与产品验证。

附　录

1. 遥感数据源

陆表定量遥感产品主要来源于863高技术发展计划"星机地综合定量遥感系统与应用示范"项目。产品生产以中国卫星数据为主、国外数据为辅（表1），利用多源协同定量遥感产品生产系统（MuSyQ），经过归一化处理形成了标准化、归一化的多源遥感数据集。经过多源数据协同反演生产了共性定量遥感产品，进而与专业模型结合，生产了定量遥感专题产品。

表1　生产陆表定量遥感产品所用数据信息列表

卫星	传感器	空间分辨率	时间分辨率
FY-3A/B/C	MERSI/VIRR	1km	1天
HJ-1A/B	CCD1/CCD2	30m	8天
GF-1/2	PMS	1～8m	4天
GF-4	PMI	50m	0.5小时
FY2E	VISSR	5km	1小时
Terra/Aqua	MODIS	1km	1天
Landsat 8	OLI	30m	16天
ALOS	PALSAR	25m	46天
MST2	VISSR	5km	1小时
MTSAT-2	VISSR	5km	1小时
MSG2	SEVIRI	5km	1小时
GOES-13	Imager	5km	3小时
GOES-15	Imager	5km	3小时

"全球生态系统与表面能量平衡特征参量生成与应用""全球地表覆盖遥感制图与关键技术研究"等项目和团队生产并提供了部分陆表遥感产品。

1）高分卫星（GF-1/2/4）

高分一号（GF-1）卫星搭载了两台2m分辨率全色、8m分辨率多光谱相机，四台16m分辨率多光谱相机。卫星工程突破了高空间分辨率、多光谱与高时间分辨率结合的光学遥感技术、多载荷图像拼接融合技术、高精度高稳定度姿态控制技术、5～8年高寿命可靠卫星技术，以及高分辨率数据处理与应用等关键技术，对于推动中国卫星工程水平的提升，提高中国高分辨率数据自给率，具有重大战略意义（表2、表3）。

表2　GF-1卫星轨道参数

参数	指标
轨道类型	太阳同步回归轨道
轨道高度	645km
轨道倾角	98.0506°
降交点地方时	10:30 am
回归周期	41天

表3　GF-1卫星有效载荷参数

载荷	谱段号	谱段范围/μm	空间分辨率/m	幅宽/km	侧摆能力	重访时间/天
全色多光谱相机	1	0.45～0.90	2	60（2台相机组合）	±35°	4
	2	0.45～0.52	8			
	3	0.52～0.59				
	4	0.63～0.69				
	5	0.77～0.89				
多光谱相机	6	0.45～0.52	16	800（4台相机组合）		2
	7	0.52～0.59				
	8	0.63～0.69				
	9	0.77～0.89				

　　高分二号（GF-2）卫星是中国自主研制的首颗空间分辨率优于1m的民用光学遥感卫星，搭载有两台高分辨率1m全色、4m多光谱相机，具有亚米级空间分辨率、高定位精度和快速姿态机动能力等特点，有效地提升了卫星综合观测效能，达到了国际先进水平。高分二号卫星于2014年8月19日成功发射，8月21日首次开机成像并下传数据。这是中国目前分辨率最高的民用陆地观测卫星，星下点空间分辨率可达0.8m，标志着中国遥感卫星进入了亚米级"高分时代"。主要用户为国土资源部、住房和城乡建设部、交通运输部和国家林业局等部门，同时还可为其他用户部门和有关区域提供示范应用服务（表4、表5）。

表4　GF–2卫星轨道参数

参数	指标
轨道类型	太阳同步回归轨道
轨道高度	631km
轨道倾角	97.9080°
降交点地方时	10:30 am
回归周期	69天

表5　GF–2卫星有效载荷参数

载荷	谱段号	谱段范围/μm	空间分辨率/m	幅宽/km	侧摆能力	重访时间/天
全色多光谱相机	1	0.45～0.90	1	45（2台相机组合）	±35°	5
	2	0.45～0.52	4			
	3	0.52～0.59				
	4	0.63～0.69				
	5	0.77～0.89				

高分四号（GF-4）卫星是中国第一颗地球同步轨道遥感卫星，采用面阵凝视方式成像，具备可见光、多光谱和红外成像能力，可见光和多光谱分辨率优于50m，红外谱段分辨率优于400m，设计寿命8年，通过指向控制，实现对中国及周边地区的观测（表6、表7）。

表6　GF42卫星轨道参数

参数	指标
轨道类型	地球同步轨道
轨道高度	36000km
定点位置	105.6° E

表7　GF-4卫星有效载荷参数

载荷	谱段号	谱段范围/μm	空间分辨率/m	幅宽/km	重访时间/s
可见光近红外（VNIR）	1	0.45～0.90	50	400	20
	2	0.45～0.52			
	3	0.52～0.60			
	4	0.63～0.69			
	5	0.76～0.90			
中波红外（MWIR）	6	3.5～4.1	400		

2）中国环境减灾卫星（HJ-1）

HJ-1全称中国环境与灾害监测预报小卫星星座，是中国专用于环境与灾害监测预报的卫星，由A、B两颗中分辨率光学小卫星和一颗合成孔径雷达小卫星C星组成，主要用于对生态环境和灾害进行大范围、全天候动态监测，及时反映生态环境和灾害发生、发展过程，对生态环境和灾害发展变化趋势进行预测，对灾情进行快速评估，为紧急求援、灾后救助和重建工作提供科学依据。

星座采取多颗卫星组网飞行的模式，每两天就能实现一次全球覆盖。其中两颗中分辨率光学小卫星HJ-1A/B均装载CCD相机，A星还装载一台高光谱成像仪，B星装载一台红外多光谱相机。CCD相机有可见光和近红外四个波段，空间分辨率为30m，幅宽700km。

3）北京一号小卫星（BJ-1）

北京一号是科技部和北京市联合发射的一颗具有中高分辨率双遥感器的对地观测小卫星，卫星质量166.4kg，轨道高度686km，中分辨率遥感器为32m多光谱，幅宽600km，高分辨率遥感器为4m全色，幅宽24km，卫星具有侧摆功能，在轨寿命5年（推进系统7年）。

4）风云二号气象卫星（FY-2E）

风云二号卫星为中国的第一代地球静止卫星，目前在轨运行，并提供应用服务的是02批3颗卫星FY-2C、FY-2D、FY-2E和03批的1颗卫星FY-2F，分别于2004年10月19日、2006年12月8日、2008年12月23日和2012年1月13日发射成功。风云二号卫星被世界气象组织纳入全球地球观测业务卫星序列，成为全球地球综合观测系统（GEOSS）的重要成员。

FY-2E星搭载有四个红外通道，分别是IR1长波红外通道、IR2红外分裂窗、IR3水汽通道和IR4中红外通道，以及一个可见光通道。其主要技术指标如表8所示。

表8　FY-2卫星有效载荷参数

通道	波段/μm	星下点分辨率/km	用途
可见光	0.55~0.90	1.25	白天的云、雪、水体
红外1	10.3~11.3	5	昼夜云、下垫面温度、云雪区分
红外2	11.5~12.5	5	昼夜云
红外3	6.3~7.6	5	半透明卷云的云顶温度、中高层水汽
红外4	3.5~4.0	5	昼夜云、高温目标

5）风云三号气象卫星（FY-3）

风云三号（FY-3）是中国第2代极地轨道气象卫星系列。FY-3A、3B和3C分别于2008年5月27日、2010年11月5日和2013年9月23日发射，目前FY-3B/C仍在轨运行。风云三号携带着多达11种有效载荷和90多种探测通道，可以在全球范围进行全天时探测。

中分辨率光谱成像仪（medium resolution spectral imager，MERSI）是风云三号携带的最重要的传感器之一。MERSI光谱范围为0.40～12.5μm，有20个波段，地面分辨率为250m至1km，扫描宽度为2900km，每天至少可以对全球同一地区扫描2次。MERSI能高精度定量遥感云特性、气溶胶、陆地表面特性、海洋水色和低层水汽等地球物理要素，实现对大气、陆地、海洋的多光谱连续综合观测。

6）地球观测系统（EOS）Terra/Aqua卫星

美国地球观测系统（earth observation system，EOS）发射了一系列卫星，其中Terra、Aqua和Aura三颗卫星成为系列，分别于1999年12月18日、2002年5月4日和2004年7月15日发射成功，目前均处于正常运转中。

搭载在Terra和Aqua两颗卫星上的中分辨率成像光谱仪（moderate resolution imaging spectroradiometer，MODIS）是美国地球观测系统（EOS）计划中用于观测全球生物和物理过程的重要仪器，具有36个中等分辨率水平（0.4～14μm）的光谱波段，地面空间分辨率分别为250m、500m和1000m，每1～2天对地球表面观测一次。MODIS的多波段数据可以同时提供反映陆地表面状况、云边界、云特性、海洋水色、浮游植物、生物物理、生物化学、大气水汽、气溶胶、地表温度、云顶温度、大气温度、臭氧和云顶高度等特征的信息，可用于对陆表、生物圈、固态地球、大气和海洋进行长期全球观测。

7）陆地卫星（Landsat）

Landsat是美国陆地探测卫星系统，1972年发射第一颗卫星Landsat 1，此后陆续发射了一系列陆地观测卫星，是目前在轨运行时间最长的光学陆地遥感卫星系列，成为全球广泛应用、成效显著的地球资源遥感卫星之一。

Landsat 7卫星于1999年发射，装备有增强型专题制图仪（enhanced thematic mapper plus，ETM+）设备，ETM+被动感应地表反射的太阳辐射和散发的热辐射，有8个波段的传感器，覆盖了从可见光到红外的不同波长范围，其多光谱数据空间分辨率为30m。目前最新的是Landsat 8，于2013年2月11号发射，携带有两个主要载荷：运营性陆地成像仪（operational land imager，OLI）和热红外传感器（thermal infrared sensor，TIRS），旨在长期对地进行观测，主要对资源、水、森林、环境和城市规划等提供可靠数据。OLI包括9个波段，空间分辨率为30m，其中包括一个15m的全色波段，成像宽幅为185km×185km。

8）多功能卫星（MTSAT-2）

日本的MTSAT-2作为MTSAT-1R的后继星，于2006年2月18日由种子岛航天中心发射升空，卫星位于近地点为249km，远地点为35888km，倾角为28.5°的地球同步轨道，卫星定位于140°E。MTSAT-2卫星用于气象观测，可在夜间辨别底层云雾，评估海面温度。

MTSAT-2星与MTSAST-1R都采用三轴姿态稳定，装载了5通道的可见光和红外扫描成像仪。可见光分辨率为1km，红外通道分辨率为4km，可见光和红外量化等级均提高到10bit。其性能参数如表9所示。

表9　MTSAT-2卫星有效载荷参数

通道	波段/μm	星下点分辨率/km	用途
可见光	0.55～0.90	1	白天的云、雪、水体
红外1	10.3～11.3	4	云顶温度、地表面温度、海面温度
红外2	11.5～12.5	4	
红外3	6.5～7.0	4	水汽含量
红外4	3.5～4.0	4	夜间云量、下层云雾

9）第二代地球静止卫星（MSG2）

欧洲第二代静止气象卫星MSG2于2005年12月21日发射成功，旨在现有基础上为欧洲气象预报员提供连续的天气图像。Meteosat-9在欧洲区域提供快速扫描模式（5分钟成像一次），在整个欧非区域每15分钟成像一次。MSG2搭载了可见/红外成像仪（SEVIRI）和地球能量收支传感器（GERB）。SEVIRI传感器有12个可见/红外通道，能提供反映地表状况、云特性、大气水汽、气溶胶、臭氧、二氧化碳、地表温度、云顶温度和云顶高度等特征的信息。GERB用来探测大气层顶的长波和短波收支。GERB有3个宽波段：可见光通道、水汽吸收通道、热红外通道，分辨率为45km×40km（表10）。

表10　Meteosat-9 SEVIRI参数

波段	波段范围/μm	空间分辨率/km	时间分辨率/分钟
可见近红外	VIS:0.6，VIS:0.8，NIR:1.6	3	15
短波红外	IR:3.9，WV:6.2，WV:7.3	3	15
热红外	8.7，9.7，10.8，12.0，13.4	3	15
高分辨率可见光HRV	0.5～0.9	1	15

10）地球静止业务环境卫星（GOES-13/15）

美国GOES系列卫星由NESDIS运行，用于支持天气预报、台风监测和气象研究。GOES-12以后的卫星上搭载了可见/红外成像仪（imager）、大气垂直探测仪（souder）。其中可见/红外成像仪有1个可见波段和4个红外波段，波段范围分别为0.52～0.71μm、3.73～4.07μm、13.0～13.7μm、10.20～11.20μm和5.80～7.30μm，空间分辨率分别为1km、4km、4km、4km和4km。大气垂直探测仪有18个红外通道和1个可见光通道，空间分辨率为8km。GOES-13和GOES-15分别位于75°W和135°W的赤道上空，称为GOES-East和GOES-West卫星，可对同一区域从不同角度进行成像。

2. 陆地遥感专题产品

利用多源多尺度遥感数据反演陆表定量遥感产品，用于生态环境遥感监测指标的计算，以及生态环境状况评价，报告技术路线如图1所示，陆地遥感专题产品如表11所示。

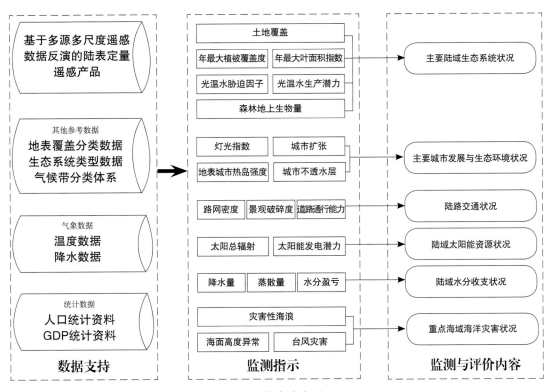

图1　技术路线图

表11　陆地遥感专题产品列表

产品名称	空间分辨率	时间分辨率	时间范围	卫星及传感器	
				国产	国外
生态系统类型	30m	1年	2015年	GF-1/2	Landsat　OLI
叶面积指数	1km	5天	2010～2015年	FY3-MERSI FY3-VIRR	Terra和Aqua MODIS
植被覆盖度	1km	5天	2010～2015	FY3-MERSI FY3-VIRR	Terra和Aqua MODIS
森林地上生物量	1km	1年	2010年和2015年	FY3-MERSI FY3-VIRR	MODIS
太阳总辐射	5km	1年	2010年和2015年	FY2E/VISSR	MTSAT-2/IMAGER, MSG2/SEVIRI, GOES13/IMAGER, TERRA/MODIS, AQUA/MODIS
蒸散	1 km	1天	2010～2015年	FY3-MERSI	Terra-MODIS MetOp-ASCAT
水分盈亏	1 km	1月	2010～2015年	FY3-MERSI	Terra-MODIS MetOp-ASCAT
道路网密度	1km	1年	2016年		
城市热岛	1km	8天	2010年和2015年		MODIS

1）生态系统类型产品

根据联合国《生物多样性保护公约》的规定，"生态系统"是指植物、动物和微生物群落和它们的无生命环境作为一个生态单位交互作用形成的一个动态复合体。一般而言，生态系统没有固定的范围与大小，通常视环境发生突变为生态系统的边界。

在2015年"一带一路"监测报告中，将地表覆盖发生显著变化的范围视为不同生态系统的边界，根据监测区域内地表覆盖类型将生态系统划分为森林、草地、农田、水域、城市和荒漠生态系统六大类型。其中，森林生态系统是以乔木和灌木为主体的生物群落，分别对应地表覆盖类型中的森林和灌丛；草地生态系统是以草本植物作为主要生产者的生物群落，对应地表覆盖中的草地；水域生态系统是以水为基质的生态系统，包括水域中的生物群落及其环境，对应地表覆盖分类系统中的水体、湿地和冰雪；荒漠生态系统包括沙漠、戈壁，以及耐寒的小乔木、灌木和半灌木，主要对应地表覆盖中的裸地及季节性灌丛。农田和城市是两类主要的人造生态系统。其中农田生态系统主要包括一年生草本作物和多年生木本作物，以及农田附属设施。城市生态系统指在空间上为不透水面的土地覆被类型分布区域。

该数据空间分辨率为30m，覆盖范围为亚洲、欧洲、非洲和大洋洲。生态系统类型制图流程分为三个步骤：2015土地覆盖样本采集、2015年土地覆盖图制图、制图数据后处理和类型合并。研究区生态系统类型的精度采用一批验证样本来检验，制图总体精度为73%，其中，农田生态系统的平均精度为56%，森林生态系统的平均精度79%，草地生态系统的平均精度61%，湿地生态系统的平均精度68%，城市生态系统平均精度54%，荒漠生态系统的平均精度83%（表12）。

表12 精度评价混淆矩阵

	农田	森林	草地	湿地	城市	荒漠	PA/%
农田生态系统	1028	270	165	8	8	2	69.41
森林生态系统	541	5760	947	33	14	183	77.03
草地生态系统	474	669	2608	16	15	228	65.04
湿地生态系统	19	48	38	282	3	13	69.98
城市生态系统	4	8	7	0	38	6	60.32
荒漠生态系统	333	316	875	88	1	4721	74.53
UA/%	42.85	81.46	56.21	66.04	48.1	91.62	73.03

2）光合有效辐射

光合有效辐射（photosynthetically active radiation，PAR）指400~700nm的太阳辐射能量，是绿色植物光合作用的能量来源。光合有效辐射距平是当年光合有效辐射相比过去15

年平均光合有效辐射的变幅百分比。根据遥感产品与ECMWF大气再分析数据获取，遥感产品与地面实测数据相比，晴天条件下均方根误差为25.9W/m²，决定系数为0.98，阴天条件下均方根误差为50.6W/m²，决定系数为0.87。本报告生产的2015年光合有效辐射产品空间范围覆盖"一带一路"监测陆域，空间分辨率为5km，时间分辨率为3小时。

3）植被生产潜力

光温水生产潜力（U）也称为气候生产潜力，是指除光照、温度、水资源条件对植被的限制外，其他的环境因素（二氧化碳、养分等）和作物群体因素处于最适宜状态，作物利用当地的光、温、水资源的潜在生产力，反映的是地区光温水资源综合作用的结果，可以利用光温生产潜力乘以水分限制因子得到。

光温生产潜力（Y）是假定水分、土壤肥力、农业技术措施均处于最适宜条件，只由气温和辐射所决定的产量，是理论产量上限，是一种期望值。

光温水生产潜力公式为：

$$U = Y \times f(W)$$

式中，$f(W)$ 为水分限制因子：

$$f(W) = \begin{cases} 1 & W \geq E \\ \dfrac{W}{E} & W < E \end{cases}$$

式中，W为降水量；E为蒸发量。

光温生产潜力公式为：

$$Y = Q_{PAR}(1-\alpha)(1-\beta)(1-\rho)(1-\gamma)(1-\omega)\,\varphi\,\lambda^{-1}(1-\theta)^{-1}P_t$$

式中，Q_{PAR}为光合有效辐射总量（MJ/m^2）；α为作物群体对辐射的吸收率，与叶面积有关，平均可取8%；ρ为非光合器官无效吸收率，取0.1；γ为光饱和限制率，在自然条件下取0；φ为量子效率，取0.224；ω为呼吸作用损耗，取0.3；λ为干物质发热量，取1.78×10^7J/kg；P_t为温度（t）订正系数，计算式为：

$$P_t = 4.301 \times 10^{-2}t - 5.771 \times 10^{-4}t^2$$

4）光温水胁迫因子

Nemani等（2003）基于物候控制模型提出对于植被生长产生胁迫的光照、温度、水分因子计算方法。其中，光照影响使用光合有效辐射计算；温度影响采用日最低温度计算；水分采用饱和水汽压差（VPD）计算，饱和水汽压差是指在一定温度下饱和水汽压与空气中的实际水汽压之间的差值，表示实际空气距离水汽饱和状态的程度，即空气的干燥程度。

利用每日三个参数作为输入分别计算光温水的日胁迫因子，通过平均计算全年影响，进而得到影响全年植被生长的主要胁迫因子。

温度胁迫因子计算公式：

$$iT_{\min}=1-\frac{T_{\min}-TM_{\min}}{TM_{\max}-TM_{\min}}$$

$$TM_{\min}=-2℃$$

$$TM_{\max}=5℃$$

式中，$TM_{\min}$为日最小温度的最小温度阈值；$TM_{\max}$为日最小温度的最大温度阈值。当日最小温度小于$-2℃$时，$iT_{\min}=0$，当日最小温度大于$5℃$时，$iT_{\min}=1$。$iT_{\min}$越大说明温度因子对植被生长的胁迫越大。温度胁迫因子仅描述低温胁迫，高温干旱胁迫通过水分胁迫因子进行描述。

光照胁迫因子计算公式：

$$i\text{Photo}=1-\frac{\text{Photo}-\text{Photo}_{\min}}{\text{Photo}_{\max}-\text{Photo}_{\min}}$$

$$\text{Photo}_{\min}=75\text{W/m}^2$$

$$\text{Photo}_{\max}=150\text{W/m}^2$$

式中，Photo为日平均光照量，单位为75W/m^2。当日光合有效辐射小于75W/m^2时，$i\text{Photo}=0$；当日光合有效辐射大于150W/m^2时，$i\text{Photo}=1$。$i\text{Photo}$越大，光照因子对植被生长的胁迫越大。

水分胁迫因子计算公式：

$$i\text{VPD}=1-\frac{\text{VPD}_{\max}-\text{VPD}}{\text{VPD}_{\max}-\text{VPD}_{\min}}$$

$$\text{VPD}_{\max}=900\text{Pa}$$

$$\text{VPD}_{\min}=4200\text{Pa}$$

式中，VPD为水汽压饱和差；$\text{VPD}_{\min}$为最小水汽压饱和差阈值；$\text{VPD}_{\max}$为最大水汽压饱和差阈值。当日饱和水汽压差大于4200Pa时，$i\text{VPD}=0$；当日VPD小于900Pa时，$i\text{VPD}=1$。$i\text{VPD}$越大，饱和水汽压差越大，即空气越干燥，水分胁迫越大。

基于Nemani提出的算法，利用光合有效辐射、日最低温度及饱和水汽压差数据（采用NASA/GMAO MERRA2气象再分析数据），生产2010~2015年"一带一路"陆域光温水胁迫因子产品，空间分辨率为0.5°，时间分辨率为1天。光温水胁迫因子空间分布符合实际空间分布规律。

5）森林地上生物量

森林地上生物量是指某一时刻森林活立木地上部分所含有机物质的总干量，包括干、皮、枝、叶等分量，用单位面积上的重量表示。森林地上生物量不仅是估测森林碳储量和评价森林碳循环贡献的基础，也是森林生态系统功能评价的重要参数。利用MODIS数据、雷达ALOS PALSAR数据、全球森林覆盖数据（global forest cover），基于支持向量回归的森林地上生物量反演模型，生产2010年和2015年"一带一路"陆域森林地上生物量专题产品，空间分辨率为1km，时间分辨率为1年，基于FAO数据对产品进行验证，产品总体精度为82.2%。

6）叶面积指数

叶面积指数（leaf area index，LAI）定义为单位地表面积上叶子表面积总和的一半，是描述植被冠层功能的重要参数，也是影响植被光合作用、蒸腾，以及陆表能量平衡的重要生物物理参量。基于多种传感器数据如Terra/MODIS、Aqua/ MODIS、FY3-MERSI、FY3-VIRR，结合DEM和地表分类图，在对遥感数据的质量进行分级基础上，基于随机辐射传输模型构建查找表反演LAI。利用本算法生产2010～2015年"一带一路"陆域LAI产品，空间分辨率为1km，时间分辨率为5天。利用2010～2015年CERN站网的75个LAI实测数据对中国区域MuSyQ LAI产品进行直接验证RMSE为0.99。

7）植被覆盖度

植被覆盖度（fractional vegetation coverage，FVC）定义为植被冠层或叶面在地面的垂直投影面积占植被区总面积的比例，是衡量地表植被状况的一个重要指标。基于像元二分模型和归一化植被指数（NDVI）数据，根据不同气候类型、不同土壤类型和植被类型采用不同的NDVI-FVC转换系数，生产2010～2015年"一带一路"陆域植被覆盖度产品，空间分辨率为1km，时间分辨率为5天。利用甘肃黑河流域和河北怀来地面观测数据对MuSyQ FVC产品进行直接验证，标准偏差0.078；此外，与基于SPOT-VEGETATION数据生成的GEOV1 FCOVER产品进行交叉验证，MuSyQ FVC产品在时空连续性方面均优于GEOV1 FCOVER产品。

8）距平值

本书采用距平值来描述植被生长状况的时空变化特征。该方法是指当年植被特征参量（如年累积叶面积指数、年最大植被覆盖度、光照胁迫因子、温度胁迫因子和水分胁迫因子）与多年植被特征参量平均值的差值，报告中为2010～2015年平均值。距平值的计算公式如下：

$$Bias = Temp_n - \frac{\sum_{i=1}^{n} Temp_i}{n}$$

式中，n为年数，本章中取值为6；$Temp_i$为第i年对应像元的植被特征参量；Bias为该像元的距平值。

9）热岛强度与热岛比率

城市热岛效应是指城市的气温明显高于外围郊区的现象，是衡量城市生态环境质量状况的主要指标。本书使用热岛强度和热岛比率来衡量城市热岛效应，基于直接比对方法及CE312观测数据，对陆表温度进行直接验证与间接验证，产品总体精度为1k以内，在此基础之上进行热岛强度与比率产品计算。

热岛强度计算公式如下：

$$\Delta T = T_u - T_b$$

式中，T_u为城市主体建成区内的平均温度；T_b为城市郊区的平均温度。

热岛比率是在城市建成区内，热岛面积占总建成区面积的比例，计算公式如下：

$$UHIR = HI_1 / (HI_0 + HI_1)$$

式中，UHIR为城市热岛比率；HI_0和HI_1分别为非热岛像元总面积和热岛像元总面积，热岛像元和非热岛像元的判别如表13所示。

表13　热岛像元和非热岛像元判别

像元	公式
非热岛像元	$(T_i - T_b) \leqslant \Delta T$
热岛像元	$(T_i - T_b) > \Delta T$

其中，T_i为建成区内每个像元点的温度。建成区内的某像元温度与T_b的温度差值小于热岛强度值，则定义该像元属于非热岛像元。如果某像元温度与T_b的温度差值大于热岛强度值，则定义该像元属于热岛像元。

10）路网密度

道路密度是指一定区域内道路总长度与该地区面积之比，是评价某一地区的交通状况的常用指标之一。计算公式为：

$$D_i = L_i / A_i, \quad i \in (1, 2, 3, \cdots, n)$$

式中，D_i为区域i的道路设施网络密度（km /km²）；L_i为区域i的道路长度或节点数量；A_i为区域i的用地面积。

11）道路通行能力指数

不同类型运输线路的等级通行能力不同，给不同类别的道路赋予不同的权重。一定区域内不同等级道路的加权平均总和与该地区面积之比，即为道路通行能力指数。

12）景观破碎度

破碎度表征景观被分割的破碎程度，反映景观空间结构的复杂性，在一定程度上反映了人类对景观的干扰程度。它是由于自然或人为干扰所导致的景观由单一、均质和连续的整体趋向于复杂、异质和不连续的斑块镶嵌体的过程，景观破碎化是生物多样性丧失的重要原因之一，它与自然资源保护密切相关。

公式如下：

$$C_i = N_i / A_i$$

式中，C_i为景观i的破碎度；N_i为景观i的斑块数；A_i为景观i的总面积。

13）道路对景观破碎度的影响占比

自然环境中的道路作为一种隔离性很强的线性基础设施，对景观有切割的作用。在有道路和无道路两种情景下，可计算道路对景观格局指数的贡献率。其计算方法是，道路对景观破碎度的影响占比 =（有道路景观破碎度—无道路景观破碎度）/ 有道路景观破碎度。

14）公路通达性指数

公路通达性指数是描述国家和地区基础设施建设水平的重要考量，数值越大，表明公路通达性越好，其交通基础设施越发达，城市与区域之间的可达性越强。

公路通达性指数的计算过程如下：首先对原始第1级道路分别计算5km、10km、15km、20km、25km缓冲区，将以上缓冲区分别赋为第1~5级道路。接着对原始第2级道路也分别计算5km、10km、15km、20km、25km缓冲区，但是将以上缓冲区分别赋为第2~6级道路。以此类推，由原始第3级道路经缓冲区计算得到第3~7级道路；由原始第4级道路经缓冲区计算得到第4~8级道路；由原始第5级道路经缓冲区计算得到第5~9级道路。由此计算得到9级道路，特别地，将9级之外的道路增补为第10级道路。参照当前道路通行速度的国际标准，将1~10级公路通达性指数分别赋值为100km/h、90km/h、80km/h、70km/h、60km/h、50km/h、40km/h、30km/h、20km/h、10km/h。最后，对以上所有缓冲区做叠加运算，将通过每个像元的最高道路等级作为该像元的最终道路等级，由此可以得到每个像元的公路通达性指数。

15）下行短波辐射

短波辐射，一般指的是0.3~4μm的太阳辐射能量。太阳辐射能在可见光波段（0.4~0.76μm）、红外波段（>0.76μm）和紫外波段（<0.4μm）部分的能量分别占50%、43%和7%，即集中于短波波段，故将太阳辐射称为短波辐射。下行短波辐射是指太阳辐射穿过大气层，被大气吸收、散射，以及经过地表-大气间的多次散射后，最终到达地表部分的太阳辐射能。本报告生产的2015年下行短波辐射产品空间范围覆盖"一带一路"监测陆域，空间分辨率为5km，时间分辨率为3小时及每日，利用地面观测数据与卫星遥感产品直接对比的方法，对产品进行直接验证，总体偏差为10.13W/m²（5.86%），均方根误差为35.83W/m²（20.72%）。

《中华人民共和国气象行业标准》（QX/T 89—2008）依照太阳总辐射年总量，将太阳能资源划分为四个等级，分别如下：

（1）资源最丰富，太阳总辐射年总量≥6300 MJ/（m²·a）；

（2）资源很丰富，太阳总辐射年总量5040~6300 MJ/（m²·a）；

（3）资源丰富，太阳总辐射年总量3780~5040 MJ/（m²·a）；

（4）资源一般，太阳总辐射年总量<3780 MJ/（m²·a）。

16）太阳能发电潜力评估

太阳能发电潜力定义为：

$$G = I \times h \times A \times P$$

式中，G 为指太阳能发电潜力；I 为辐射度；h 为指一年光照小时数；P 为太阳能板的能量转换系数，取值0.168；A 为可获得太阳能的面积，其计算公式为：

$$A = \sum_{j=1}^{n} \pi_j A_j$$

式中，π_j 为第 j 类土地利用类型的适应性因子；A_j 为 j 类土地利用类型所占的比例。同时，坡度大于5°的地区不适合太阳能发电。

17）蒸散

蒸散（evapotranspiration, ET）是土壤-植物-大气连续体中水分运动的重要过程，包括蒸发和蒸腾，蒸发是水由液态或固态转化为气态的过程，蒸腾是水分经由植物的茎叶散逸到大气中的过程。本章根据遥感产品和欧洲中期天气预报中心ECMWF大气再分析数据生产的 2010～2015年蒸散产品空间范围覆盖全球，空间分辨率为1km，时间分辨率为1天，利用涡动相关站点潜热通量观测数据对蒸散产品进行精度评价，多数站点的产品精度达到80%以上。

18）水分盈亏

水分盈亏反映了不同气候背景下大气降水的水分盈余亏缺特征，是指降水与蒸散之间的差值。本章生产的2010～2015年水分盈亏产品空间范围覆盖全球，空间分辨率为1km，时间分辨率为1个月。

3. 海洋遥感专题产品

采用的原始卫星数据为海面有效波高、海平面高度异常、MTSAT-1R和MTSAT-2可见光反射率及红外亮温。在此基础上，反演并生产"一带一路"海域的灾害性海浪、海平面高度异常、台风中心产品（表14）。

表14　原始卫星数据产品

产品名称	空间分辨率/km	时间分辨率/年	时间范围	卫星及传感器	
				国产	国外
灾害性海浪	25	1	2006～2016年	Radar Altimeter / HY-2	RA / Envisat，RA/Geosat，RA/Jason-1/2
台风灾害	25	1	2006～2016年	S-VISSR/FY-2E	VISSR/MTSAT-1R，VISSR/MTSAT-2
海面高度异常	25	1	2006～2016年	Radar Altimeter / HY-2	RA/Envisat，RA/Geosat，RA/Jason-1/2

1）灾害性海浪

根据国际波级表规定，海浪级别按照海面有效波高进行划分，有效波高大于等于4m的海浪称为灾害性海浪。海面有效波高是指将某一时段连续测得的所有波高按大小排列，取总个数中的前1/3个大波波高的平均值，对卫星高度计遥感观测海面有效波高是通过分析卫星接收的海面对雷达的回波信号，反演获得海面有效波高产品，利用已有的海面有效波高遥感产品，即海面有效波高遥感融合产品，根据定义，确定灾害性海浪的分布。基于匹配点对比分析方法及海上浮标实测数据，对海面有效波高产品进行直接验证，产品总体相对误差为15%。

2）海平面高度异常

海平面高度异常是由海面高度减去平均海表面和潮汐的影响获得，海平面高度是海的平均高度，通常与标准平面高度比较来确定，卫星高度计是测量海平面高度的有效手段，因测量机理的限制，获取的星下点观测范围内的海面高度；平均海面一般采用多年平均值。基于匹配点对比分析方法及海上浮标实测数据，对海面高度产品进行直接验证，产品总体均方根误差为0.6m。

3）台风

台风灾害，是一种热带气旋，在气象学上，按世界气象组织的定义，热带气旋中心持续风速达到12级（每小时118km或以上）称为飓风，在西北太平洋地区称为台风。台风发生，海面风速巨大，也伴随着降水，常常给海上航行的船只、沿海环境带来破坏性的灾害。

台风云系云层较厚，具有强反射率、云顶温度较低等特点，而台风在台风眼处无云遮挡，晴空，反射率和温度反映的是海面的状况。因此，台风云系云顶可见光反射率较高，台风中心可见光波段反射率较低，台风云系云顶温度较低，台风中心温度呈现高值。在台风云系识别的基础上，进一步确定台风中心。基于对比分析方法及MODIS卫星观测数据，对产品进行直接验证与间接验证，产品总体精度为16km。

4. 其他参考数据

1）遥感夜间灯光数据

夜间灯光数据由美国国防气象卫星（defense meteorological satellite program，DMSP）提供的DMSP夜间灯光数据和美国Suomi-NPP卫星提供的VIIRS夜间灯光数据，Suomi-NPP卫星利用其可见红外成像辐射仪（VIIRS）在2012年4～10月间拍摄，距地表大约824km，采用极地轨道，由多幅无云影像合成得到夜间灯光数据。DMSP卫星传感器具有较强的光电放大能力，已广泛应用于城镇灯光探测工作，可以综合反映交通道路、居民地等与人口、城市因子相关的信息。

2）DEM

年报使用的数字高程模型数据（DEM）是由美国地质调查局（USGS）公开发布的GMTED2010（global multi-resolution terrain elevation data 2010）数据，空间分辨率为30″（即30s=0.00833333°）。该产品有多个数据源，包括航天飞机雷达测图计划（SRTM）、加拿大高程数据、SPOT 5参考3D数据、NASA的ICESat数据等。陆海地形特征分析选用英国海洋学数据中心（http://www.bodc.ac.uk）提供下载的全球30弧秒DEM数据，该数据集成了经过严格质量控制的船测水深数据、卫星监测的重力分布数据等，经过整合而形成全球范围的地形信息。

3）降水量

降水是区域水分补给的重要来源，以降雨和降雪为主。降水量是指一定时段内（日降水量、月降水量和年降水量）降落在单位面积上的总水量，用mm深度表示，降水距平百分率是当年降水相比2010～2015年平均降水的变幅百分比。年报采用公开发布的多源卫星融合降水数据CMORPH BLENDED 2010～2015年产品，空间范围覆盖全球，空间分辨率为0.25°，时间分辨率为1天。

4）气候区划数据

气候带区划数据采用柯本-盖格气候带分区数据，以气温和降水为指标，并参照自然植被的分布对气候类型进行划分。全球共分为冬干冷温气候、冬干温暖气候、冰原气候、地中海式气候、夏干冷温气候、常湿冷温气候、常湿温暖气候、荒漠气候、热带季风气候、热带干湿气候、热带雨林气候、苔原气候和草原气候13个类别。

5）生态功能区划数据

参考联合国粮农组织（FAO）的生态功能区划分类体系进行生态功能类型划分。

6）统计数据

包含人口、GDP、进出口贸易等统计资料，统计资料分别来自"国际统计年鉴""世界银行WDI数据库"和"中国统计年鉴"。

7）OpenStreetMap开源地图

OpenStreetMap（OSM）是一个网上地图协作计划，目标是创造一个内容自由且能让所有人编辑的世界地图。OSM的地图由用户根据手提GPS装置、航空摄影照片、其他自由内容甚至单靠地方智慧绘制。网站里的地图图像及向量数据皆以共享创意姓名标示-相同方式分享2.0授权。本书使用OpenStreetMap中的铁路数据包含火车和地铁矢量数据，陆路交通包含道路、联合道、特殊道路、小径、建设道路、属性及其他七大类矢量数据。

5. 分区国家（表15）

表15　分区国家列表

分区名称	国家列表
俄罗斯1国	俄罗斯
东亚5国	中国、蒙古、朝鲜、韩国、日本
中亚5国	吉尔吉斯斯坦、塔吉克斯坦、乌兹别克斯坦、土库曼斯坦、哈萨克斯坦
西亚18国	塞浦路斯、亚美尼亚、叙利亚、黎巴嫩、伊拉克、科威特、约旦、巴林、卡塔尔、格鲁吉亚、以色列、伊朗、也门、沙特阿拉伯、阿联酋、土耳其、阿曼、阿塞拜疆
南亚8国	阿富汗、尼泊尔、不丹、马尔代夫、孟加拉国、巴基斯坦、斯里兰卡、印度
东南亚11国	老挝、文莱、东帝汶、新加坡、柬埔寨、缅甸、泰国、越南、印度尼西亚、马来西亚、菲律宾
大洋洲22国	马绍尔群岛、瑙鲁、所罗门群岛、库克群岛、美属萨摩亚、瓦努阿图、斐济、汤加、纽埃、皮特凯恩、北马里亚纳、图瓦卢、托克劳、萨摩亚、密克罗尼西亚联邦、瓦利斯和富图纳、巴布亚新几内亚、新西兰、澳大利亚、新喀里多尼亚、基里巴斯、帕劳
欧洲44国	安道尔、阿尔巴尼亚、奥地利、比利时、保加利亚、瑞士、捷克、德国、丹麦、西班牙、芬兰、法国、英国、希腊、匈牙利、爱尔兰、冰岛、意大利、列支敦士登、卢森堡、摩纳哥、马耳他、荷兰、挪威、波兰、葡萄牙、罗马尼亚、斯洛伐克、圣马力诺、俄罗斯、克罗地亚、白俄罗斯、马其顿、爱沙尼亚、斯洛文尼亚、立陶宛、拉脱维亚、摩尔多瓦、乌克兰、瑞典、塞尔维亚、黑山、梵蒂冈、波黑
非洲南部42国	安哥拉、贝宁、博茨瓦纳、布基纳法索、布隆迪、赤道几内亚、多哥、佛得角、冈比亚、刚果（布）、刚果（金）、几内亚、几内亚比绍、加纳、加蓬、津巴布韦、喀麦隆、科摩罗、科特迪瓦、肯尼亚、莱索托、利比里亚、留尼汪（法）、卢旺达、马达加斯加、马拉维、毛里求斯、莫桑比克、纳米比亚、南非、南苏丹、尼日利亚、塞拉利昂、塞内加尔、塞舌尔、圣多美和普林西比、圣赫勒拿（英）、斯威士兰、坦桑尼亚、乌干达、中非、赞比亚
非洲北部17国	阿尔及利亚、突尼斯、利比亚、摩洛哥/亚速尔群岛（葡）、埃及、西撒哈拉、马里、毛里塔尼亚、尼日尔、苏丹、埃塞俄比亚、厄立特里亚、吉布提、乍得、索马里、加那利群岛（西）、马德拉群岛（葡）

参 考 文 献

董月娥, 左书华. 2009. 1989年以来我国海洋灾害类型、危害及特征分析. 海洋地质动态, 25(6): 28~33.

范科红, 李阳兵, 冯永丽. 2011. 基于GIS的重庆市道路密度的空间分异. 地理科学, 31(3): 365~371.

郜吉东, 佘军, 丑纪范, 等. 1996. 利用星载雷达高度计确定海面动力高度的一种新方案. 兰州大学学报(自科版), (1): 133~137.

国家发展和改革委员会, 国家海洋局. 2017, "一带一路" 建设海上合作设想. http:// www. ndrc. gov. cn/zcfb/zcfbtz/201711/W020171116582151403282. pdf . 2017-6-19.

贾立, 郑超磊, 胡光成, 周杰, 卢静, 王昆. 2017. "一带一路" 及其毗邻区域地表蒸散发数据集(2015) (ETMonitor_ET_B&R_1km_2015). 全球变化科学研究数据出版系统. DOI:10. 3974/geodb. 2017. 04. 11. V1.

李杰, 李岳. 1999. 海洋灾害. 北京: 知识出版社.

李静, 柳钦火, 赵静, 林尚荣. 2017. 一带一路及其毗邻区域植被光温水胁迫因子距平数据集（0. 625° 分辨率, 2015）(B&RAPTV2015) . 全球变化科学研究数据出版系统. DOI:10. 3974/geodb. 2017. 03. 19. V1.

李静, 柳钦火, 赵静, 林尚荣, 仲波, 吴善龙. 2017a. 一带一路及其毗邻区域1 km/5 d分辨率叶面积指数数据集（2010）(MuSyQ-LAI-1km5d-2010) . 全球变化科学研究数据出版系统. DOI:10. 3974/geodb. 2017. 04. 03. V1.

李静, 柳钦火, 赵静, 林尚荣, 仲波, 吴善龙. 2017b. 一带一路及其毗邻区域1 km/5 d分辨率叶面积指数数据集（2011）(MuSyQ-LAI-1km5d-2011) . 全球变化科学研究数据出版系统. DOI:10. 3974/geodb. 2017. 04. 04. V1.

李静, 柳钦火, 赵静, 林尚荣, 仲波, 吴善龙. 2017c. 一带一路及其毗邻区域1 km/5 d分辨率叶面积指数数据集（2012）(MuSyQ-LAI-1km5d-2012) . 全球变化科学研究数据出版系统. DOI:10. 3974/geodb. 2017. 04. 05. V1.

李静, 柳钦火, 赵静, 林尚荣, 仲波, 吴善龙. 2017d. 一带一路及其毗邻区域1 km/5 d分辨率叶面积指数数据集（2013）(MuSyQ-LAI-1km5d-2013) . 全球变化科学研究数据出版系统. DOI:10. 3974/geodb. 2017. 04. 06. V1.

李静, 柳钦火, 赵静, 林尚荣, 仲波, 吴善龙. 2017e. 一带一路及其毗邻区域1 km/5 d分辨率叶面积指数数据集（2014）(MuSyQ-LAI-1km5d-2014) . 全球变化科学研究数据出版系统. DOI:10. 3974/geodb. 2017. 04. 07. V1.

李静, 柳钦火, 赵静, 林尚荣, 仲波, 吴善龙. 2017f. 一带一路及其毗邻区域1 km/5 d分辨率叶面积指数数据集（2015）(MuSyQ-LAI-1km5d-2015). 全球变化科学研究数据出版系统. DOI:10. 3974/geodb. 2017. 04. 08. V1.

李静, 柳钦火, 赵静, 林尚荣, 仲波, 吴善龙. 2017g. 一带一路及其毗邻区域1 km分辨率年平均叶面积指数数据集（2015）(MuSyQ-AMLAI-1km-2015). 全球变化科学研究数据出版系统. DOI:10. 3974/geodb. 2017. 04. 02. V1.

李静, 柳钦火, 赵静, 穆西晗, 林尚荣, 仲波, 吴善龙. 2017h. 一带一路及其毗邻地区1 km / 5 d分辨率植被覆盖度数据集（2010）(MuSyQ-FVC-1km5d -2010). 全球变化科学研究数据出版系统. DOI:10. 3974/geodb. 2017. 04. 13. V1.

李静, 柳钦火, 赵静, 穆西晗, 林尚荣, 仲波, 吴善龙. 2017i. 一带一路及其毗邻地区1 km / 5 d分辨率植被覆盖度数据集（2011）(MuSyQ-FVC-1km5d -2011). 全球变化科学研究数据出版系统. DOI:10. 3974/geodb. 2017. 04. 14. V1.

李静, 柳钦火, 赵静, 穆西晗, 林尚荣, 仲波, 吴善龙. 2017j. 一带一路及其毗邻地区1 km / 5 d分辨率植被覆盖度数据集（2012）(MuSyQ-FVC-1km5d -2012). 全球变化科学研究数据出版系统. DOI:10. 3974/geodb. 2017. 04. 15. V1.

李静, 柳钦火, 赵静, 穆西晗, 林尚荣, 仲波, 吴善龙. 2017k. 一带一路及其毗邻地区1 km / 5 d分辨率植被覆盖度数据集（2013）(MuSyQ-FVC-1km5d -2013). 全球变化科学研究数据出版系统. DOI:10. 3974/geodb. 2017. 04. 16. V1.

李静, 柳钦火, 赵静, 穆西晗, 林尚荣, 仲波, 吴善龙. 2017l. 一带一路及其毗邻地区1 km / 5 d分辨率植被覆盖度数据集（2014）(MuSyQ-FVC-1km5d -2014). 全球变化科学研究数据出版系统. DOI:10. 3974/geodb. 2017. 04. 17. V1.

李静, 柳钦火, 赵静, 穆西晗, 林尚荣, 仲波, 吴善龙. 2017m. 一带一路及其毗邻地区1 km / 5 d分辨率植被覆盖度数据集（2015）(MuSyQ-FVC-1km5d -2015). 全球变化科学研究数据出版系统. DOI:10. 3974/geodb. 2017. 04. 18. V1.

李静, 柳钦火, 赵静, 穆西晗, 林尚荣, 仲波, 吴善龙. 2017n. 一带一路及其毗邻区域1 km分辨率年最大植被覆盖度数据集（2015）(MuSyQ-MFVC-1km- 2015). 全球变化科学研究数据出版系统. DOI:10. 3974/geodb. 2017. 04. 12. V1.

李月辉, 吴志丰, 陈宏伟, 等. 2012. 大兴安岭林区道路网络对景观格局的影响. 应用生态学报, 23(8): 2087～2092.

李月辉, 胡远满, 李秀珍, 等. 2003. 道路生态研究进展. 应用生态学报, 14(3): 447～452.

李双成, 许月卿, 周巧富, 王磊. 2004. 中国道路网与生态系统破碎化关系统计分析. 地理科学进展, (05): 78-85, 110.

刘良明. 2005. 卫星海洋遥感导论. 武汉: 武汉大学出版社, 230～232, 239～240.

刘勤, 严昌荣, 何文清. 2007. 山西寿阳县旱作农业气候生产潜力研究. 中国农业气象, 28(3): 271～274.

牛铮, 寇培颖, 刘正佳, 毕恺艺, 孟梦. 2017. 一带一路及其毗邻区域道路网密度数据集 (2016) (RoadRailwayDensity_B&R_2016). 全球变化科学研究数据出版系统. DOI:10. 3974/geodb. 2017. 03. 15. V1.

王建源, 赵玉金, 陈艳春, 等. 2010. 山东省太阳辐射及其光热生产潜力评估. 安徽农业科学, 11(2): 3581～3583.

王毅, 孙佳俊, 韩永, 项杰. 2011. 基于卫星云图的台风云系特征提取算法研究. 遥感技术与应用, 26(3): 287～293.

魏伟, 石培基, 脱敏雍, 等. 2012. 基于GIS的甘肃省道路网密度分布特征及空间依赖度分析. 地理科学, 32(11): 1297～1303.

许富祥. 1996. 中国近海及其邻近海域灾害性海浪的时空分布. 海洋学报(中文版), (02): 26～31.

杨光, 宋清涛, 蒋兴伟, 等. 2016. HY-2A 卫星海面高度数据质量评估. 海洋学报, 38(11): 90～96.

张海龙, 张乾, 龚围, 辛晓洲, 李丽, 柳钦火. 2017. 一带一路及其毗邻区域5 km分辨率太阳总辐射量数据集 (2015) (B&R_SR_5km_2015). 全球变化科学研究数据出版系统. DOI:10. 3974/geodb. 2017. 03. 14. V1.

张乾, 辛晓洲, 张海龙, 龚围, 李丽, 柳钦火. 2017a. 一带一路及其毗邻区域0. 25° 分辨率植被生产潜力数据集 (2015) (B&RPlantProducPotential). 全球变化科学研究数据出版系统. DOI:10. 3974/geodb. 2017. 03. 16. V1.

张乾, 辛晓洲, 张海龙, 龚围, 李丽, 柳钦火. 2017b. 一带一路及其毗邻区域0. 25° 分辨率太阳能发电潜力数据集 (2015) (B&RSolarPower). 全球变化科学研究数据出版系统. DOI:10. 3974/geodb. 2017. 03. 17. V1.

宗跃光, 周尚意, 彭萍, 刘超, 郭瑞华, 陈红春. 2003. 道路生态学研究进展. 生态学报, (11): 2396～2405.

Chelton D B, Ries J C, Haines B J, Fu L L, Callahan P S. 2001. Satellite altimetry. Satellite Altimetry and Earth Sciences: A Handbook of Techniques and Applications. In: Fu L L, Cazenave A. International Geophysics Series, 69: 1～132.

Chen C, Zhu J, Lin M, et al. 2013. The validation of the significant wave height product of HY-2 altimeter-primary results. Acta Oceanol Sin, 32: 82～86.

Cui Y K, Jia L. 2014. A modified Gash model for estimating rainfall interception loss of forest using remote sensing observations at regional scale. Water, 6(4): 993～1012.

FAO. 2015. Global Forest Resources Assessment 2015. FAO Forestry Research Paper, Rome.

Forman R, Sperling D, Bissonette J, et al. 2002. Road Ecology: Science and Solutions. Washington D C: Island Press.

GB/T 19201-2006. 2006. 热带气旋等级. 北京:中国气象局.

Gong P, Wang J, Yu L, et al. 2013. Finer resolution observation and monitoring of global land cover: First mapping results with Landsat TM and ETM+ data. International Journal of Remote Sensing, 34(7): 2607~2654.

Guangjun X U, Yang J, Yuan X U, et al. 2014. Validation and calibration of significant wave height from HY-2 satellite altimeter. Journal of Remote Sensing, 18(1): 206~214.

Hansen M C, Potapov P V, Moore R, Hancher M, Turubanova S A, Tyukavina A, Thau D, Stehman S V, Goetz S J, Loveland T R, Kammareddy A, Egorov A, Chini L, Justice C O, Townshend J R G. 2013. High-resolution global maps of 21st-century forest cover change. Science: 342 (6160): 850~853, DOI: 10. 1126/science. 1244693.

Hao Z Z, Gong F, Tu Q G, et al. 2011. The tropical cyclone intensity estimation based on MODIS data: A case study. SPIE Remote Sensing International Society for Optics and Photonics.

Hu G C, Jia L. 2015. Monitoring of evapotranspiration in a semi-arid inland river basin by combining microwave and optical remote sensing observations. Remote Sensing, 7(3): 3056~3087.

Hu T, Wang X, Zhang D, et al. 2017. Study on Typhoon Center Monitoring Based on HY-2 and FY-2 Data. IEEE Geoscience & Remote Sensing Letters, (99): 1~5.

Jolly W M, Nemani R, Running S W. 2005. A generalized, bioclimatic index to predict foliar phenology in response to climate. Global Change Biology, 11(4): 619~632.

Kim H H. 1992. Urban heat island. International Journal of Remote Sensing, 13(12): 2319~2336.

Liu D, Pang L, Xie B. 2009. Typhoon disaster in China: Prediction, prevention, and mitigation. Natural Hazards, 49(3): 421~436.

Liu Q, Babanin A V, Guan C, Zieger S, et al. 2016. Calibration and validation of HY-2 altimeter wave height J Atmos. Oceanic Technol, 33: 919~936.

Lu J, Jia L, Zheng C L, Zhou J, van Hoek M, Wang K. 2016. Characteristics and trends of meteorological drought over China from remote sensing precipitation datasets. IEEE International Geoscience and Remote Sensing Symposium (IGARSS), 7581~7584. doi: 10. 1109/IGARSS. 2016. 7730977.

Molles Manuel C. 1999. Ecology: Concepts and Applications. John Wiley, 80(2): 482.

Nemani R R, Keeling C D, Hashimoto H, Jolly W M, Piper S C, Tucker C J, et al. 2003. Climate-driven increases in global terrestrial net primary production from 1982 to 1999. Science,

300(5625): 1560～1563.

Nerem R S, Haines B J, Hendricks J, et al. 2013. Improved determination of global mean sea level variations using TOPEX/POSEIDON altimeter data. Geophysical Research Letters, 24(11): 1331～1334.

NSOAS. 2011. HY-2A radar altimeter data format user guide. National Satellite Ocean Application Service, 94.

Oke T R. 2010. The energetic basis of the urban heat island. Quarterly Journal of the Royal Meteorological Society, 108(455): 1～24.

Rasul A, Balzter H, Smith C. 2015. Spatial variation of the daytime Surface Urban Cool Island during the dry season in Erbil, Iraqi Kurdistan, from Landsat 8. Urban Climate, 14: 176～186.

Sinha P C. 1988. Coastal and Marine Disasters (1st ed). New Delhi, India: Anmol Publications.

Smith T M, Smith R L, Waters I. 2012. Elements of ecology. San Francisco: Benjamin Cummings.

Tansley A G. 1935. The use and abuse of vegetational concepts and terms. Ecology, 16(3): 284～307.

Tian W, Wu LG, Zhou WC, et al. 2014. A typhoon recognition and center position method based on Fengyun-2 satellites data. International Journal of U- & E-Service, Science & Technology, 7(6): 227～236.

Wang S F, Leduc S, Wang S C, et al. 2009. A new thinking for renewable energy model: Remote sensing-based renewable energy model. International Journal of Energy Research, 33(8): 778～786.

U. S. Department of Transportation. 1999. Bureau of Transportation Statistics. National Transportation Statistics, BTS99-04(Washington, DC: 1999).

Wang S F, Koch B. 2010. Determining profits for solar energy with remote sensing data. Energy, 35(7): 2934～2938.

Wang S F, Leduc S, Wang S C, et al. 2009. A new thinking for renewable energy model: Remote sensing-based renewable energy model. International Journal of Energy Research, 33(8): 778～786.

Yu L, Wang J, Gong P. 2013. Improving 30 m global land-cover map FROM-GLC with time series MODIS and auxiliary data sets: A segmentation-based approach. International Journal of Remote Sensing, 34(16): 5851～5867.

Yu L, Wang J, Li X C, et al. 2014. A multi-resolution global land cover dataset through multisource data aggregation. Science China Earth Sciences, 57(10): 2317~2329.

Zhang H, Wu Q, Chen G. 2015. Validation of HY-2A remotely sensed wave heights against buoy data and Jason-2 altimeter measurements J Atmos. Oceanic Technol, 32: 1270~1280.

Zheng C L, Jia L, Hu G C, Lu J, Wang K. 2016. Global evapotranspiration derived by ETMonitor model based on earth observations. IEEE International Geoscience and Remote Sensing Symposium (IGARSS), 222~225. doi: 10. 1109/IGARSS. 2016. 7729049.

Zheng G, Yang J S, Liu A K, et al. 2016. Comparison of typhoon centers from SAR and IR images and those from best track data sets. IEEE Transactions on Geoscience & Remote Sensing, 54(2): 1000~1012.

"一带一路"生态环境状况

第三部分
全球典型重大灾害对植被的影响

全球生态环境
遥感监测
2017
年度报告

» 典型重大干旱影响下的
陆地植被变化

» 典型重大洪水灾害影响
下的陆地植被变化

» 典型重大林火灾害影响下的
陆地植被变化

» 典型重大地震灾害影响
下的陆地植被变化

全球生态环境
遥感监测
2017
年度报告

一、引　言

近几十年，随着全球气候变化及人类活动的影响不断加剧，自然灾害频发，陆地生态系统面临的压力空前增大。随着越来越多的遥感卫星发射升空，以及遥感反演技术的不断发展，可以生产出陆表植被叶面积指数（LAI）、植被覆盖度（FVC）、吸收光合有效辐射比例（FAPAR）、总初级生产力（GPP）等一系列与植被变化直接相关联的全球陆表特征参量产品，遥感监测为开展重大灾害对全球植被变化的影响提供了可能。本报告是以全球陆域为主要研究区域，基于定量遥感产品数据集对全球陆表植被状况进行计算分析，评估全球植被对重大自然灾害的响应及恢复状况，为全球生态环境保护、防灾减灾等相关领域的科学研究和政府决策提供准确的信息支持，对于人类有效应对自然灾害，实现联合国可持续发展目标具有重要意义。

1.1　全球灾害及植被影响监测

自然灾害是发生在地球表层系统中，能造成人类生命和财产损失的自然事件。全球范围内造成人员伤亡、经济损失和影响社会发展的主要自然灾害有地震、洪水、干旱、暴风、热带气旋（飓风、气旋、台风）、滑坡、海啸、火山喷发、虫害、热浪、火灾、雪崩、寒潮等。自然灾害造成的人员伤亡和经济损失与当地的经济和社会发展程度、人口数量和防灾措施等相关。

比利时灾害疫情研究中心、联合国亚洲及太平洋经济社会委员会（亚太经社会）等发布的研究报告表明，在过去的30年内，与气候相关的自然灾害数量较之前大幅上升，呈现出灾害种类多、分布范围广、发生频率高的特征。从区域分布看，北半球中纬度地区和环太平洋地带是自然灾害多发地区。亚洲是全球自然灾害发生频率最高的区域，也是受自然灾害影响最大的洲。中国遭遇的自然灾害频次位居全球首位。除了中国，全球受自然灾害危害最大的10个国家中有7个来自亚洲（日本、印度、印度尼西亚、菲律宾等），其余3个分别是美国、墨西哥、澳大利亚。就地理位置而言，自然灾害频发的10个国家大多处于地质及生态脆弱地区，如日本、菲律宾、印度尼西亚处于地震带上。

重大自然灾害对陆地生态系统产生严重威胁，并影响生态系统的结构、功能与服务，进而对人类社会的可持续发展带来不可忽视的影响。水旱灾害可导致农、畜产品减产，直接威胁人类食物安全；林火、地震等自然灾害造成植被生态系统的严重损毁，对人类生存环境和生物多样性的维系造成重大影响。为实现联合国千年可持续发展目标，有效应对自然灾害的威胁，必须不断提升对全球重大自然灾害及其生态环境影响的综合监测能力，充分发挥遥感技术的优势，实现对全球范围自然灾害及生态影响的快速、准确监测。

1.2 植被遥感参数产品

反映植被生长状况的植被遥感参数有叶面积指数（LAI）、吸收光合有效辐射比例（FAPAR）、植被覆盖度（FVC）、总初级生产力（GPP）等。叶面积指数是单位地表面积上植被单面绿叶面积的总和，是陆地植被的一个重要结构参数，可有效反映植物光合面积大小、植被冠层结构和健康状况等信息；吸收光合有效辐射比例是表征植被生长状态的关键参数，影响着植被的生物、物理过程，如光合、呼吸、蒸腾、碳循环和降水截获量估算等；植被覆盖度是植被覆盖地面的百分比；陆表植被总初级生产力反映了植物通过光合作用累积有机干物质的过程，体现了陆地生态系统在自然条件下的生产能力。

本章依托"十一五"国家863计划重点项目"全球陆表特征参量产品生成与应用研究"，"十二五"国家863计划地球观测与导航领域"全球生态系统与表面能量平衡特征参量生成与应用"，与"十三五"国家重点研发计划"全球变化及应对"重点专项"全球气候数据集生成及气候变化关键过程和要素监测"项目所形成的GLASS产品生产系统和海量多源遥感数据的数据库管理系统，针对叶面积指数、吸收光合有效辐射比例、植被覆盖度、总初级生产力等数据，完成年报所需要的全球陆表30多年（1982～2016年）最新版本的产品数据的生产，数据覆盖范围为全球陆地，时间分辨率为8天，每年共监测46次，空间分辨率为1km×1km或5km×5km。

1.3 分析对象和内容

世界上的主要自然灾害如地震、洪涝、台风、火灾、干旱等都会对植被产生一定的影响，也会直接或间接地影响到陆地生态系统与人类生存环境。综合考虑自然灾害发生的频率、造成的损失、对植被的影响程度以及遥感技术监测评估的可行性等多种因素，本报告主要选取了干旱、洪水、林火、地震4类发生频率高、对植被影响大的自然灾害，分析其对植被的影响。遥感技术具有宏观、动态、快速、准确等特点，在监测植被动态变化方面具有独特优势。通过灾前灾后的遥感影像对比，可以快速监测重大自然灾害所引发的植被覆盖变化，分析灾害对植被的影响程度，评估灾害的影响范围和影响过程。

本章筛选了全球30年来对陆地植被变化造成影响的重大干旱、洪水、林火和地震灾害事件，分析了各类灾害事件的空间分布特征、发生频率及其影响；在此基础上重点分析了以下三个方面内容：①选取3个典型重大干旱事件、3个典型重大洪水事件、3个典型重大林火事件、2个典型重大地震灾害事件，分析了灾害范围、灾害强度及其时空变化特征；②基于1982年以来的GLASS-LAI/FVC/GPP/FAPAR等遥感数据集产品，通过距平分析、时间序列分析等方法分析了受灾区域内植被遥感参数的时空变化特征；③比较了不同植被类型对灾害的响应特征及恢复过程的差异，探讨了自然和人为因素对植被恢复过程的影响，为自然灾害防治与生态环境保护规划与管理提供科学依据。

二、典型重大干旱影响下的
陆地植被变化

本章基于标准化降水蒸散发指数（SPEI）、全球灾害事件数据库（emergency events database, EM-DAT）、GLASS的叶面积指数产品和光合有效辐射吸收比例产品，运用距平分析和空间统计分析等方法，研究了2001年中国华北平原及周边干旱、2007年美国东南部地区干旱和2009～2010年中国西南地区干旱对不同陆地植被的影响，分析结果表明如下。

（1）在干旱发展过程中，不同植被类型的植被遥感参数（LAI和FAPAR）距平通常会随着旱情由轻到重再到轻的变化而呈现先下降后上升的趋势，说明干旱对植被遥感参数的影响与干旱严重程度密切相关。

（2）不同植被类型对干旱的响应过程有所差异。干旱发展过程中，草地的LAI和FAPAR对干旱的响应早于林地，下降幅度大于林地，干旱结束时回升也滞后于林地。以2009～2010年中国西南地区干旱为例，草地植被受干旱影响的持续时间大约比林地多1/3。干旱对不同植被的影响范围也有所不同。在2007年美国东南部地区的干旱事件中，受干旱影响，森林的LAI和FAPAR较多年平均水平下降的面积比例约为43%，而同期疏林地与稀树草原的LAI和FAPAR下降的面积比例约为65%。

（3）农田灌溉是减轻干旱影响的有效措施。灌溉农田受干旱的影响程度小于非灌溉农田和草地。在中国华北平原及周边地区，灌溉农田植被遥感参数受2001年干旱影响下降的幅度仅为非灌溉农田下降幅度的一半左右，在旱情最严重的6月非灌溉农田LAI下降了0.51，而灌溉农田的LAI只下降了0.23。

2.1 全球干旱基本特征

干旱是一种持续的、异常的降水短缺，是供水不能满足正常需水的一种地表水分不平衡状态，不同的供需关系会产生不同类型的干旱（气象干旱、农业干旱、水文干旱和社会经济干旱）。干旱灾害是干旱这种致灾因子在特定孕灾环境（自然环境和人文环境）中与承灾体（农牧业、城市和生态环境等）发生相互作用，使承灾体受到危害的现象。

量化干旱的指标有几十种，最常用的有帕尔默干旱指数（PDSI）、标准化降水指数（SPI）和标准化降水蒸散发指数（SPEI）。本章采用SPEI作为研究全球30年来干旱特征的指标，并利用该指标进行干旱事件的识别。干旱分级为轻旱、中旱、重旱、特旱（计算方法详见附录）。本章中使用的SPEI数据下载自西班牙国家研究委员会（CSIC）网站（http://spei.csic.es/index.html）。

2.1.1　全球干旱面积年际变化特征

通过对全球1981～2014年陆地SPEI的统计表明：1981～2014年全球轻旱面积百分比和中旱面积百分比均呈下降趋势；但是全球重旱和特旱面积百分比变化趋势以2004年为分界点，2004年以前呈下降趋势，2004年以后呈现上升趋势（图2－1）。

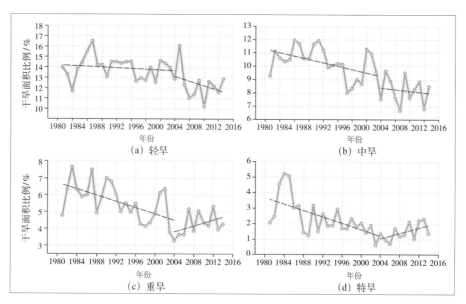

图2－1　1981～2014年全球不同等级干旱面积变化

2.1.2　全球干旱空间分布特征

为定量评估全球不同区域的干旱发生情况，在对栅格尺度上的全球30年来干旱发生频率统计的基础上，将全球划分为干旱少发区（干旱频率＜10%）、干旱中发区（10%≤干旱频率≤20%）和干旱多发区（干旱频率＞20%）。

30年来全球大部分区域处于干旱中发区，干旱少发区和干旱多发区的面积较小。干旱少发区主要分布在欧洲北部、俄罗斯西北部和中东部、非洲中西部，以及加拿大中部和美国东北部，同时非洲中西部、南亚中部和阿根廷的大部及巴西中东部也是干旱少发区；干旱多发区主要包括非洲西部、乍得、苏丹的中部，西伯利亚部分地区，阿拉斯加和加拿大交界处，巴西东部和秘鲁的大部等（图2－2）。

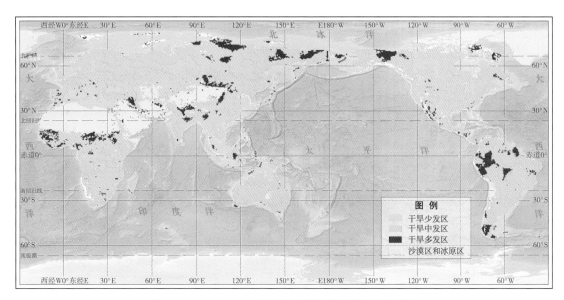

图2-2 1981～2014年全球干旱频率统计的空间分布

2.2 典型案例基本情况

本章基于SPEI的统计结果，并参考全球灾害事件数据库（EM-DAT），在综合考虑干旱的严重性、干旱的发生区域及陆地植被类型等要素的基础上，选择发生在2001年中国华北平原及周边、2007年美国东南部地区和2009～2010年中国西南地区的3个典型干旱案例，详细分析了典型重大干旱对陆地植被的影响（表2-1）。

表2-1 选择的典型重大干旱案例

案例	区域	开始时间（年/月）	结束时间（年/月）
1	中国华北平原及周边	2001/04	2001/11
2	美国东南部地区	2007/02	2007/12
3	中国西南地区	2009/06	2010/04

2.2.1 2001年中国华北平原及周边干旱

中国华北平原及周边的大部分区域属于温带半干旱和半湿润季风气候区，冬季寒冷干燥、夏季高温多雨；该地区主要植被类型包括耕地、典型草原、郁闭灌丛和稀疏灌丛，气候变化和人类活动对该地区的植被生长具有重要影响。

1）2001～2014年中国华北平原及周边干旱面积变化

通过图2-3可以看出，2001～2014年，中国华北平原及周边不同等级干旱频发。从2001～2014年华北平原及周边干旱面积变化可以看出，2001年是该地区干旱较为严重的一年，2001年的干旱主要发生在植被生长季，因此，选取发生在中国华北平原及周边地区的2001年4～11月的干旱事件作为典型案例，分析干旱灾害对该地区主要植被类型的影响。

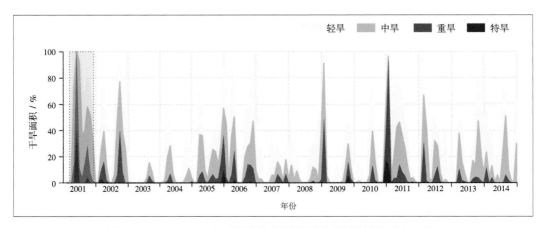

图2-3　2001～2014年中国华北平原及周边干旱面积百分比变化

2）2001年中国华北平原及周边干旱时空变化特征

2001年4月～2001年11月，中国华北平原及周边整体干旱比较严重，尤其是2001年5月；这次干旱事件中较为严重的区域主要分布在华北北部（河北省北部及山西省北部），以及河南省的中部和北部，山东省是受干旱影响较轻的区域（图2-4）。

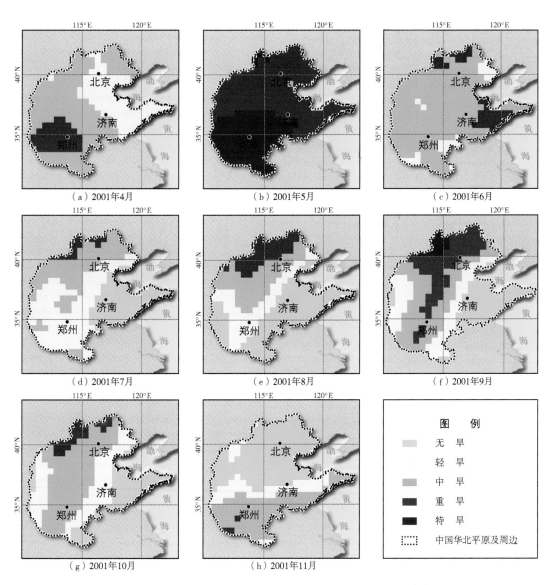

图2-4 2001年4~11月中国华北平原及周边干旱空间演变

全球典型重大灾害对植被的影响

2.2.2　2007年美国东南部地区干旱

美国东南部地区大部分位于亚热带地区，属亚热带季风气候，雨热同期，植被类型复杂多样。

1）2001～2014年美国东南部地区干旱面积变化

2001～2014年，美国东南部地区的干旱以轻旱和中旱为主，2007年该地区发生了大面积的严重干旱，特旱和重旱区域的面积百分比达到了14年间的最高值，因此选取2007年2～12月发生在美国东南部的干旱事件作为典型案例（图2-5）。

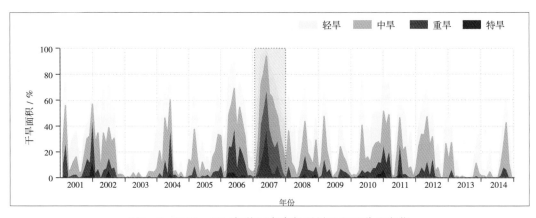

图2-5　2001～2014年美国东南部干旱面积百分比变化

2）2007年美国东南部地区干旱时空变化特征

2007年2～12月美国东南部地区的干旱事件历时11个月，从时间上看该地区的3～7月是干旱比较严重的时段，11月和12月干旱逐渐消除；从空间来看，该区域的北部是旱情严重的区域（图2-6）。

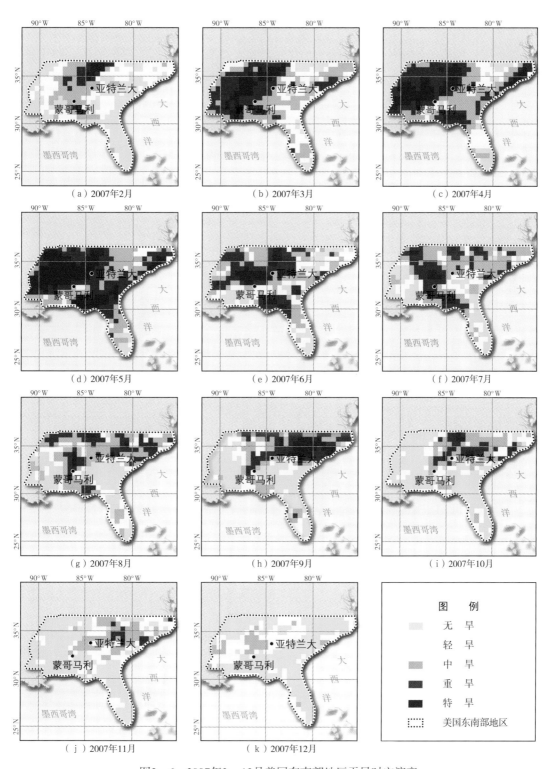

图2-6　2007年2～12月美国东南部地区干旱时空演变

2.2.3　2009～2010年中国西南地区干旱

中国西南地区包括青藏高原东南部、四川盆地和云贵高原的大部，区内气候类型多样，以亚热带和温带气候为主，垂直气候差异显著，是中国自然条件最为复杂，自然环境较为优越的区域之一。近年来在全球气候变化影响下，地处季风区的西南地区，对气候变化敏感。

1）2001～2014年中国西南地区干旱面积变化

2001～2014年中国西南地区不同等级干旱频发，其中2009～2011年是中国西南地区旱情比较严重的三年，重旱和特旱区域的面积比例较大（图2－7）。

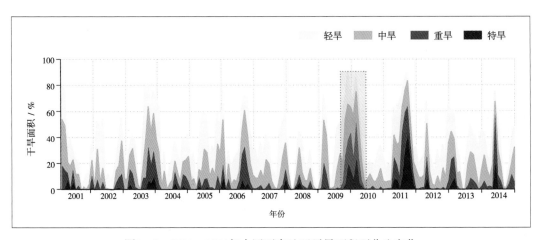

图2－7　2001～2014年中国西南地区干旱面积百分比变化

本章基于SPEI识别干旱，结合灾害事件数据库（EM-DAT），选取2009年6月～2010年4月发生在中国西南地区的重大干旱为典型案例，分析该重大干旱对该地区陆地植被的影响。

2）2009～2010年中国西南地区干旱时空变化特征。

2009年6～8月，该区局部发生轻旱和中旱，9月起，干旱范围逐渐扩大，重旱和特旱面积迅速增加，2009年11月～2010年2月是该区域干旱特别严重的阶段。云南省的西北部和贵州省的大部是受此次干旱影响严重的地区（图2－8）。

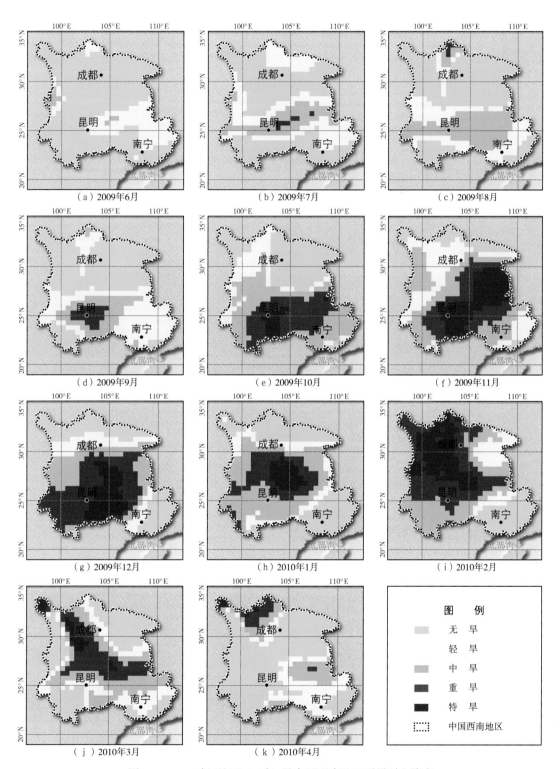

图2－8　2009年6月至2010年4月中国西南地区干旱时空演变

2.3 陆地植被受干旱影响的状况分析

由于不同植被类型对干旱的响应有所差异,需分析干旱对不同植被类型的影响。同时,干旱事件从开始到结束会持续一段时间,因此通常利用干旱时段内,干旱指标的累加值,即干旱严重性指数来描述干旱事件,本章采用干旱严重性指数来表达一个干旱事件的严重程度。

在选取上述典型干旱灾害案例的基础上,结合研究区的植被类型和干旱严重性指数空间分布图(图2-9),在每个研究区域选取三种代表性植被类型(表2-2)进行陆地植被受干旱影响的分析。

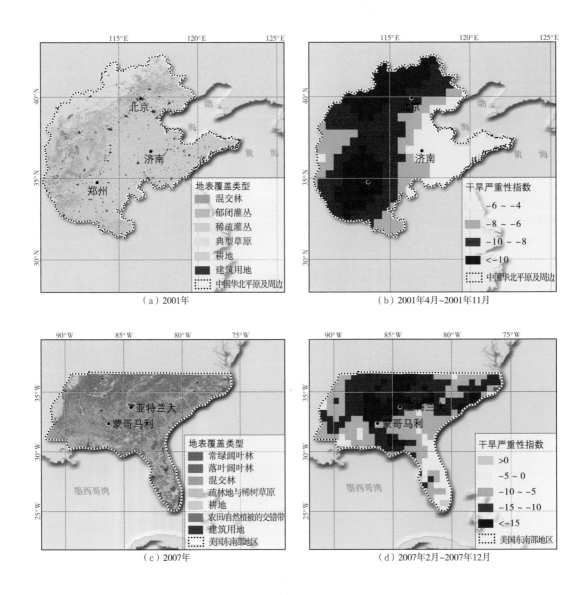

(a) 2001年

(b) 2001年4月~2001年11月

(c) 2007年

(d) 2007年2月~2007年12月

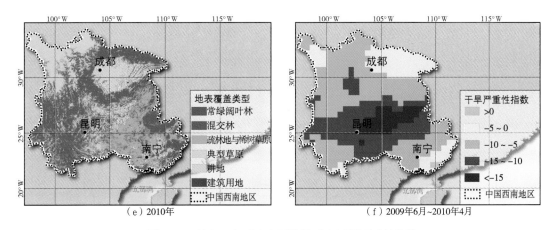

（e）2010年 　　　　　　　　　　（f）2009年6月~2010年4月

图2-9　研究区主要地表覆盖类型和干旱严重性指数

表2-2　研究区地表覆盖类型选取

案例	区域	地表覆盖类型
1	中国华北平原及周边	郁闭灌丛、典型草原、耕地
2	美国东南部地区	混交林、农田/自然植被的交错带、耕地
3	中国西南地区	混交林、疏林地与稀树草原、耕地

2.3.1　陆地植被受干旱影响的空间变化分析

利用GLASS产品中的LAI和FAPAR，以栅格为分析单元，运用距平分析的方法研究干旱对中国华北平原及周边、美国东南部地区和中国西南地区的陆地植被的影响，若距平值小于0，说明干旱导致陆地植被的LAI和FAPAR低于多年平均水平。

1）中国华北平原及周边干旱对陆地植被影响的空间分析

2001年4~11月，中国华北平原及周边的LAI距平和FAPAR距平呈现负值的区域中，其面积及负距平大小与干旱演进过程有一定的关系（图2-4、图2-10、图2-11），说明干旱对植被遥感参数的影响与干旱严重程度相关。华北平原多为灌溉区，当干旱发生时大部分耕地会灌溉，因此耕地上的LAI距平和FAPAR距平通常要高于其他植被类型，说明灌溉可有效减轻干旱对耕地的影响。

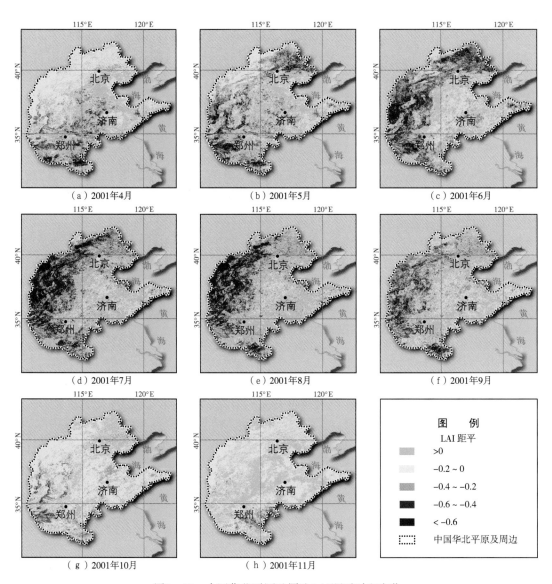

图2-10 中国华北平原及周边LAI距平时空变化

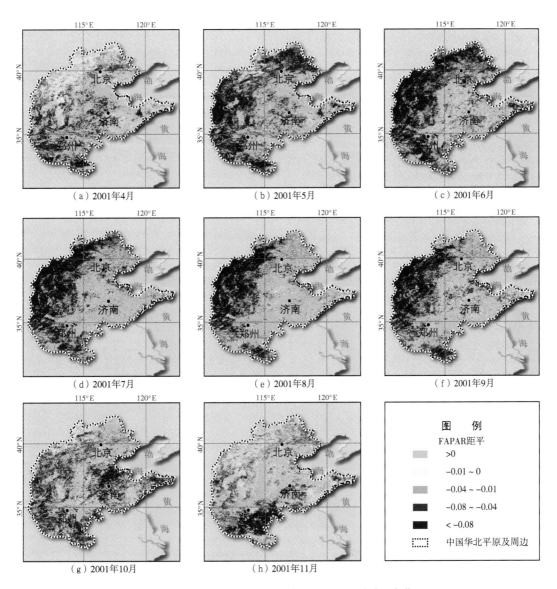

图2-11 中国华北平原及周边FAPAR距平时空变化

中国华北平原及周边2001年4～11月的LAI距平累加值和FAPAR距平累加值，反映了该干旱事件对这一地区植被LAI和FAPAR影响的累加效应；干旱严重性指数反映了该地区在2001年4～11月这段时间内干旱的整体严重程度。通过对比分析植被遥感参数（LAI和FAPAR）距平累加值和干旱严重性指数的空间分布，可以理解在干旱事件过程中植被受干旱影响的整体特征。

通过图2-12的植被类型、干旱严重性、植被遥感参数距平累加值比较可以得出以下结论。

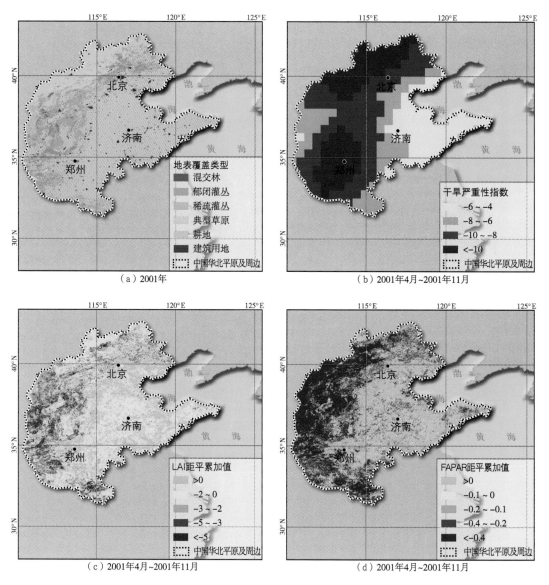

图2－12　中国华北平原及周边植被类型、干旱严重性指数、植被遥感参数
距平累加值空间分布

（1）灌溉条件影响耕地植被对干旱的响应。坝上地区的耕地主要为非灌溉农田，相对分布于河南、山东境内的灌溉农田，非灌溉农田更容易受到干旱的影响，灌溉农田植被遥感参数下降幅度仅为非灌溉农田的50%左右。

（2）该地区北部的典型草原分布区和山西中部的灌丛分布区域是旱情严重区域，草地和灌丛在干旱发生时往往得不到人工水分补充，所以上述区域LAI距平和FAPAR距平低于其他区域。

（3）该地区的耕地大部分为灌溉耕地，在整个干旱事件过程中，该地区耕地的LAI和FAPAR较多年平均水平下降的面积比例分别约为70%和60%，而同期典型草原LAI和FAPAR较多年平均水平下降的面积比例均为90%左右，说明灌溉减轻了干旱对该地区耕地等影响，使耕地上的作物抵抗干旱的能力高于典型草原。

2）美国东南部地区干旱对陆地植被影响的空间分析

2007年2月～2017年12月美国东南部地区的LAI距平、FAPAR距平的时空演变趋势和美国东南部地区该时段干旱的时空演变趋势类似（图2-6、图2-13、图2-14），比较图2-6、图2-13和图2-14可以得出以下结论。

（1）旱情严重时不同植被类型的LAI和FAPAR均会受到干旱影响，植被对干旱的响应存在滞后效应：旱情严重的4～7月该地区植被遥感参数低于多年平均水平的区域的面积比例较大；但旱情严重的3月，植被遥感参数低于多年平均水平的区域的面积比例却较小，体现了植被对干旱响应的滞后效应。

（2）不同植被类型对干旱的响应不同，林地受干旱影响较小。5～9月，严重的旱情导致该地区北部的FAPAR明显低于多年平均水平，但是在这一区域内有一个东北—西南方向的以混交林和阔叶林为主要植被类型的狭长区域，该狭长区域的FAPAR要高于多年平均水平，受干旱的影响并不明显。

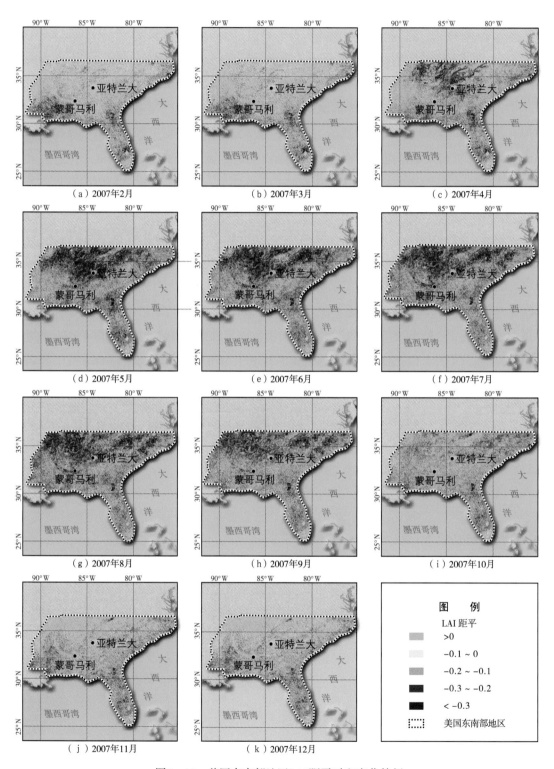

图2-13　美国东南部地区LAI距平时空变化特征

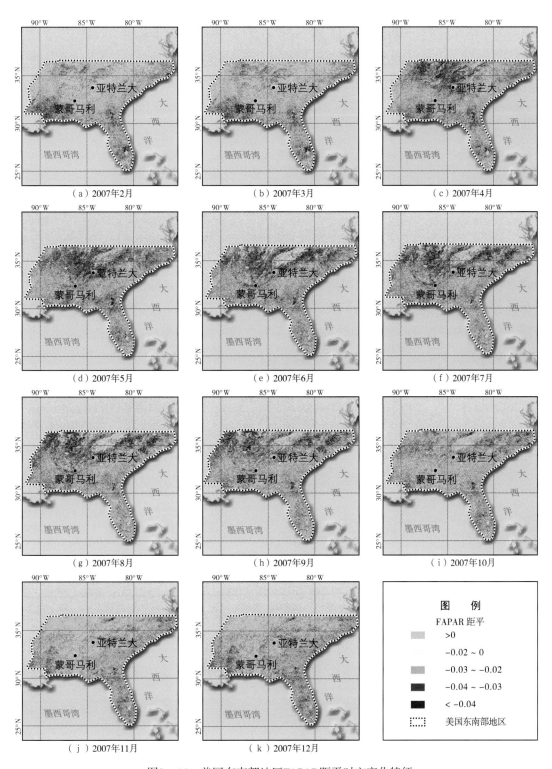

图2-14　美国东南部地区FAPAR距平时空变化特征

美国东南部地区2007年2~12月的植被遥感参数（LAI，FAPAR）距平累加值可以反映这一时段的干旱对该地区植被遥感参数影响的累积效应。综合分析该地区不同植被类型的空间分布图及LAI距平累加值、FAPAR距平累加值和干旱严重性指数空间分布，美国东南部地区2007年2~12月的干旱事件对陆地植被的影响特征如下。

（1）干旱严重的区域通常对应植被遥感参数距平累加值较小的区域。该地区的北部是干旱严重性指数较大的区域，这一区域的植被遥感参数距平累加值（LAI和FAPAR）比其他区域要低。

（2）不同植被类型对干旱的响应差异明显。该地区林地对干旱的响应明显小于草地。在北卡和南卡两州的西北部存在着一个东北—西南方向的狭长区域，其植被类型主要为林地，虽然该区域旱情严重，但该区域植被遥感参数的距平累加值要明显高于周边非林地区域。统计分析结果也表明在此次干旱事件中，受干旱影响，该地区混交林的LAI和FAPAR较多年平均水平下降的面积比例约为43%，而同期疏林地与稀树草原的LAI和FAPAR较多年平均水平下降的面积比例约为65%，因此疏林地与稀树草原对干旱的响应比混交林更为明显（图2-15）。

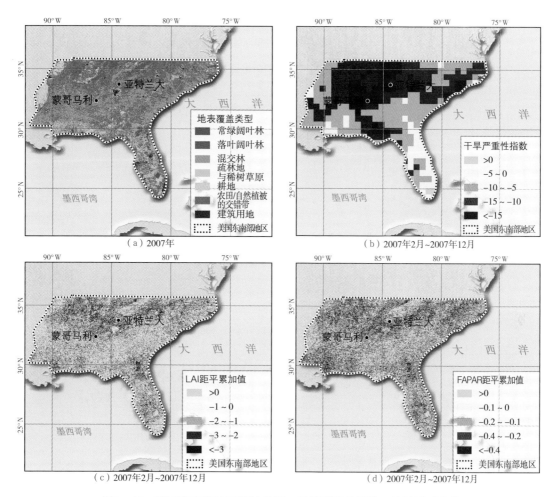

图2-15　美国东南部地区植被类型、干旱严重性指数、植被遥感参数
距平累加值空间分布

3）中国西南地区陆地植被受干旱影响的空间分析

对比图2-8、图2-16和图2-17可以看出，中国西南地区2009年11月～2010年2月的旱情严重，该地区植被的LAI和FAPAR较多年平均水平下降的区域的面积比例较大，且下降幅度也高于其他月份，说明干旱对植被遥感参数影响与干旱灾害严重程度密切相关。

干旱开始阶段（6～8月），该区域旱情较轻，但四川盆地的植被遥感参数（LAI和FAPAR）已经开始低于多年平均水平，出现红色连片区域，说明在旱情较轻时，四川盆地内的植被就已经受到胁迫，这主要是由于盆地内部的主要植被类型是非灌溉农田，作物生长主要依赖于降水，对干旱更为敏感。

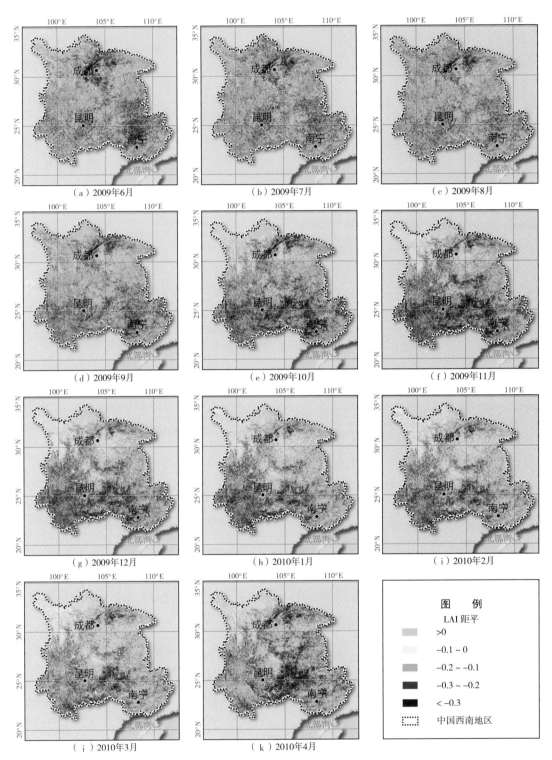

图2-16 中国西南地区LAI距平时空变化特征

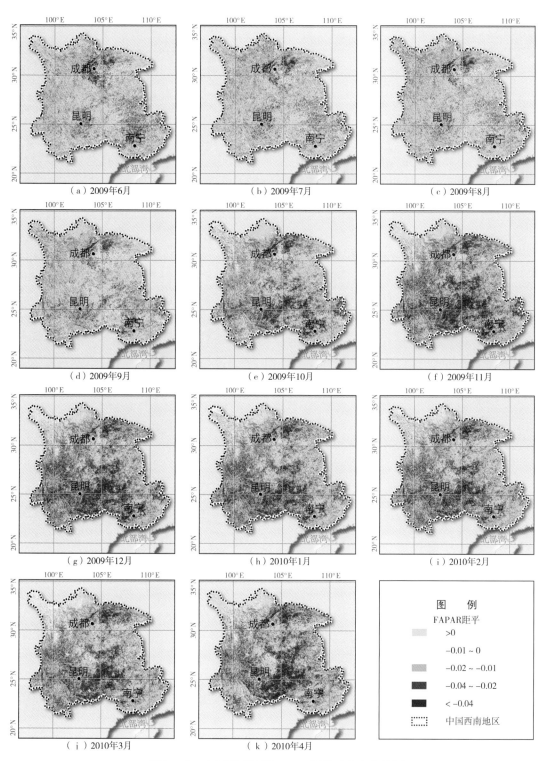

图2-17 中国西南地区FAPAR距平时空变化特征

中国西南地区2009年6月~2010年4月的植被LAI距平和FAPAR距平的累加值反映了这一时段的干旱对该区域植被的LAI和FAPAR影响的累积效应；通过图2-18可以得出以下结论。

（1）疏林地与稀树草原对此次干旱的响应程度大于混交林。疏林地与稀树草原分布区的干旱严重性要高于其他区域，且疏林地与稀树草原抵抗干旱的能力较弱，统计结果也显示该地区疏林地与稀树草原的LAI和FAPAR较多年平均水平下降的面积比例均约为80%，而同期混交林LAI和FAPAR下降的面积比例均约为65%。

（2）四川盆地主要为农业区，作物生长容易受到干旱的影响。虽然四川盆地整体干旱严重性指数较小，但是四川盆地北部主要为非灌溉区，因此该区的LAI距平累加值和FAPAR距平累加值也较小，说明植被受干旱影响大于盆地内的灌溉区。

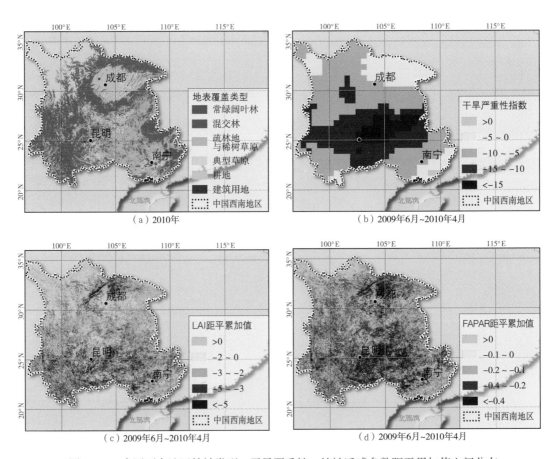

图2-18　中国西南地区植被类型、干旱严重性、植被遥感参数距平累加值空间分布

2.3.2 陆地植被受干旱影响的时间变化分析

1）中国华北平原及周边不同植被类型受干旱影响的时间分析

中国华北平原及周边的郁闭灌丛、典型草原、灌溉农田和非灌溉农田，在干旱时段（2001年4～11月）的LAI和FAPAR低于多年平均水平，并且随着干旱程度由轻到重再到轻的变化，植被遥感参数下降的幅度呈现先增大后减小的趋势（图2-19、图2-20）。

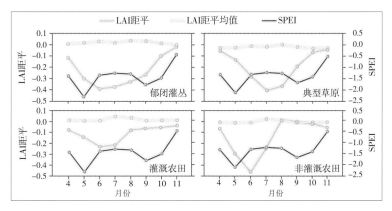

图2-19　干旱对华北平原及周边不同植被类型LAI的影响

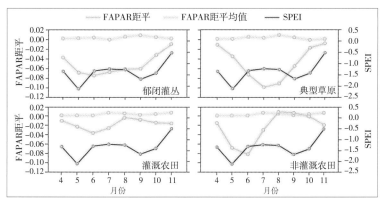

图2-20　干旱对中国华北平原及周边不同植被类型FAPAR的影响

农田灌溉是减轻干旱影响的有效措施。灌溉农田受干旱的影响程度小于非灌溉农田和草地，甚至小于郁闭灌丛。在中国华北平原及周边地区，灌溉农田植被遥感参数受2001年干旱影响下降的幅度仅为非灌溉农田下降幅度的一半左右，在旱情最严重的6月非灌溉农田LAI下降了0.51，而灌溉农田的LAI只下降了0.23。

为进一步分析干旱事件（2001年4～11月）前后，郁闭灌丛、典型草原和耕地的LAI距平和FAPAR距平的变化情况，本节进一步统计分析了2001～2002年LAI距平和FAPAR距平的变化情况（图2-21、图2-22）。

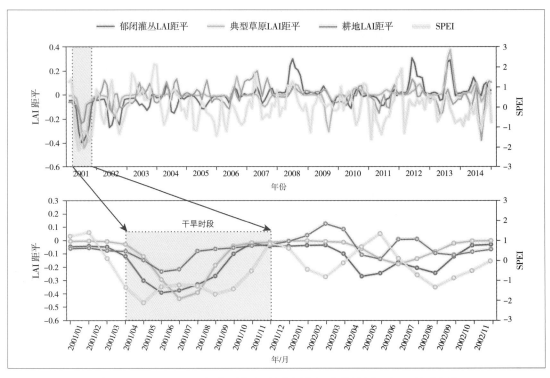

图2-21　2001～2014年中国华北平原及周边不同植被类型LAI距平变化

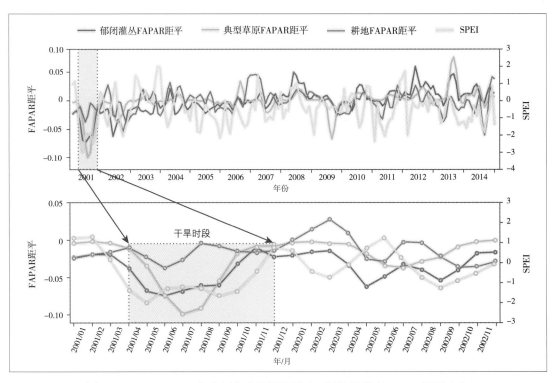

图2-22　2001～2014年中国华北平原及周边不同植被类型FAPAR距平变化

通过图2-21和图2-22可以得出以下结论。

（1）三种植被类型均受到了此次干旱事件的影响。在所选干旱事件的时段内，郁闭灌丛、典型草原和耕地等三种植被类型的植被遥感参数距平值均随着旱情由轻到重再到轻而呈现先下降后上升的变化过程。

（2）灌溉会影响作物对干旱的响应。因干旱发生时，该地区的大部分耕地会进行灌溉，所以在此次干旱事件过程中耕地的植被遥感参数较多年平均水平的下降幅度和趋势并不明显。

2）美国东南部地区不同植被类型受干旱影响的时间分析

在干旱开始阶段，美国东南部地区的混交林、农田/自然植被交错带和耕地的LAI和FAPAR并没有低于多年平均水平，但随着旱情加剧，该区域三种植被类型的LAI和FAPAR开始低于多年平均水平（图2-23、图2-24），说明植被对干旱的响应具有滞后性。

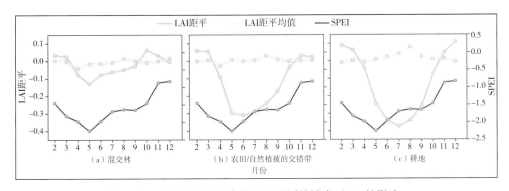

图2-23　干旱对美国东南部地区不同植被类型LAI的影响

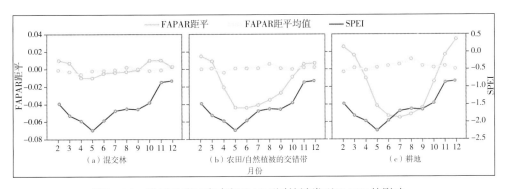

图2-24　干旱对美国东南部地区不同植被类型FAPAR的影响

通过图2-23和图2-24可以看出，不同植被类型的植被遥感参数距平的下降幅度并不相同。混交林的LAI距平和FAPAR距平和多年平均水平相比，下降的幅度要小于其他两种植被类型，说明混交林具有较高的抵抗干旱的能力；耕地是三种植被类型中最容易受到干旱影响的植被类型，在同等干旱程度下，耕地的LAI距平和FAPAR距平通常要小于其他两种植被类型。

为进一步分析干旱事件（2007年2～12月）前后，混交林、耕地和农田/自然植被交错带的LAI距平和FAPAR距平变化的差异，进一步对比2007～2008年 LAI距平和FAPAR距平的变化（图2-25、图2-26），结果表明：

（1）在2007年2～12月这一干旱时段，随着干旱程度的变化，美国东南部地区的混交林、耕地，以及农田/自然植被交错带的植被遥感参数（LAI和FAPAR）距平都经历了先下降后上升的变化过程；

（2）在相同程度的干旱下，混交林地的LAI距平和FAPAR距平值比其他两种植被类型高，说明混交林抵抗干旱的能力更强；在美国东南部，耕地是三种植被类型中最容易受到干旱影响的植被类型。

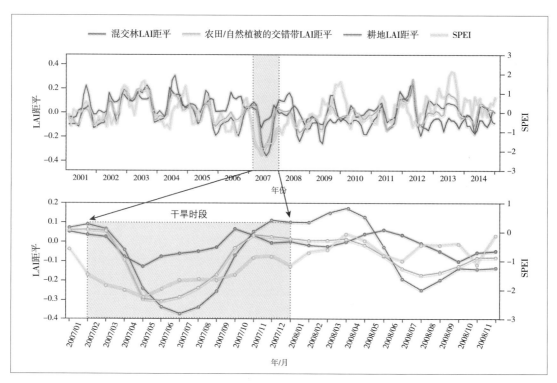

图2-25　2001～2014年美国东南部地区不同植被类型LAI距平变化

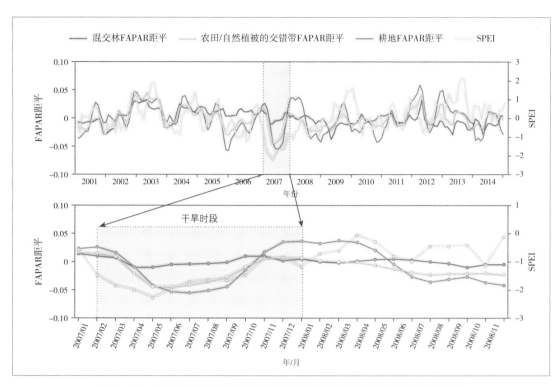

图2-26 2001～2014年美国东南部地区不同植被类型FAPAR距平变化

3）中国西南地区干旱对植被影响的时间分析

干旱时段（2009年6月～2010年4月）内，中国西南地区的混交林、疏林地与稀树草原、耕地的LAI和FAPAR低于多年平均水平（图2-27、图2-28），说明干旱降低了它们的LAI和FAPAR。

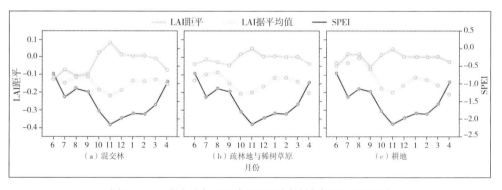

图2-27 干旱对中国西南地区不同植被类型LAI的影响

　　分析图2－27和图2－28，对比混交林、疏林地与稀树草原、耕地上的植被遥感参数距平在干旱时段的变化特征可以发现：不同植被类型对干旱的响应过程有所差异。干旱发展过程中，疏林地与稀树草原LAI和FAPAR的响应早于混交林，受干旱影响的持续时间与混交林相比长约1/3。

　　为进一步分析所选干旱事件发生（2009年6月～2010年4月）前后混交林、疏林地与稀树草原和耕地的植被遥感参数距平的变化差异，统计分析三种植被类型2009～2010年LAI距平和FAPAR距平的变化情况（图2－29、图2－30）。

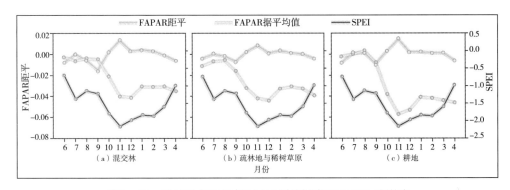

图2－28　干旱对中国西南地区不同植被类型FAPAR的影响

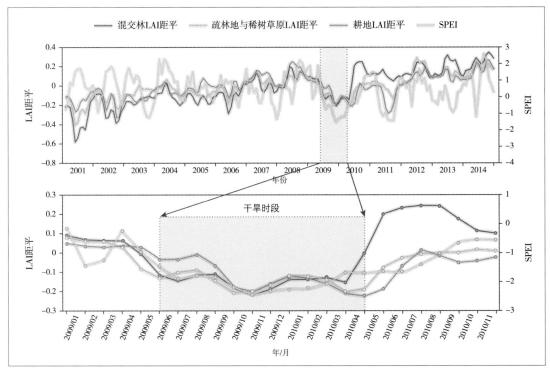

图2－29　2001～2014年中国西南地区不同植被类型LAI距平变化

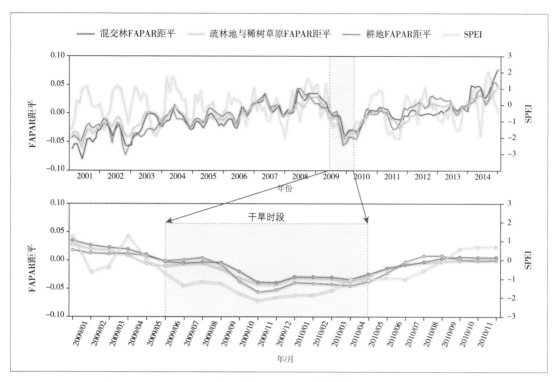

图2－30　2001～2014年中国西南地区不同植被类型FAPAR距平变化

通过图2－29和图2－30，可以得出以下结论。

2001～2014年，中国西南地区混交林、疏林地与稀树草原、耕地的植被遥感参数（LAI和FAPAR）距平整体呈现上升趋势，但是在2009年6月～2010年4月干旱发生期间，LAI距平和FAPAR距平随着旱情的加剧先下降，之后随着旱情的缓解，LAI距平和FAPAR距平又逐渐上升。

不同植被类型对干旱的响应过程有所差异。混交林比疏林地与稀树草原抵抗干旱的能力更强，这使得在干旱即将结束时，混交林的植被遥感参数的恢复速度要快于疏林地与稀树草原。

三、典型重大洪水灾害影响下的
陆地植被变化

本章基于GLASS产品叶面积指数（LAI）、吸收光合有效辐射比例（FAPAR）、植被覆盖度（FVC）和总初级生产力（GPP）数据，2010年的全球30m地表覆盖数据，以及全球灾害事件数据库（emergency events database，EM-DAT）数据，利用时间序列分析和空间统计分析等方法，分析了2005年美国新奥尔良地区、2010年巴基斯坦印度河流域和2013年中俄黑龙江流域等典型洪水灾害对陆地植被变化的影响及其恢复过程差异，结果表明如下。

（1）特大洪水在短期内会对植被造成较大影响，但影响时间较短，一般不超过两年。植被遥感参数值在洪水淹没期间明显下降，退水后较快上升，整体上对森林、草地、湿地等自然植被没有后滞性的影响，但会造成当季农作物的减产甚至绝收。在3个洪水灾害影响区中，巴基斯坦印度河流域和中俄黑龙江流域洪水灾害后一年内各植被遥感参数已恢复甚至超过灾前水平；美国新奥尔良地区洪水灾害后植被遥感参数的恢复过程则需2年。

（2）不同植被类型受洪水影响不同。草地、耕地和部分湿地植被受洪水影响较大，而森林基本不受洪水影响，如中俄黑龙江流域受淹地区（以湿地植被和耕地受淹为主）相比常年LAI、GPP和FAPAR分别减少了27.44%、29.89%和56.03%，而美国新奥尔良受淹地区（以湿地、城市和林地受淹为主）相比常年LAI、GPP和FAPAR则只分别减少了20.82%、18.24%和28.73%。

（3）在洪水事件发生后，不同气候类型区的洪水淹没区和周边地区植被响应明显不同。在湿润半湿润地区，洪水会对淹没区植被造成损害，但对非淹没区影响不大，如美国新奥尔良地区和中俄黑龙江流域洪水发生区；在干旱半干旱地区，如巴基斯坦印度河流域洪水发生区，淹没地区植被受到损害，但周边地区获得了额外的水分补给，促进了植被生长。

3.1 全球洪水灾害基本特征

洪水是一种常见的自然灾害，分布于全球各大洲，尤其是东亚、东南亚和北美地区等。图3-1是美国达特茅斯洪水观测站记录的全球1985年1月~2017年3月典型洪水事件的分布图，图3-2统计了全球1985~2015年每年发生洪水的次数，其趋势表现为先上升后下降，在2003年达到顶峰，共296次。

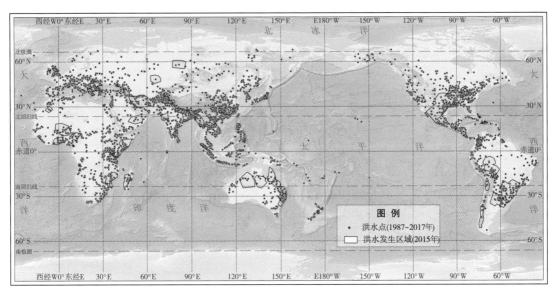

图3-1　1985～2017年全球洪水分布

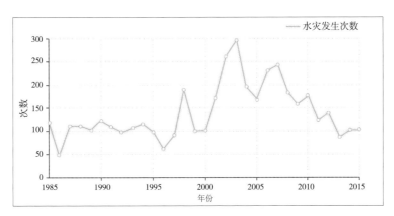

图3-2　1985～2015年全球洪水事件发生次数

依据EM-DAT灾害数据库统计资料显示，1980～2016年全世界共发生重大洪水灾害4179次，死亡人数超过30万人，影响的人群超过30亿人，造成的经济损失超过5000亿美元。本章以洪水事件造成的人口死亡数、经济损失严重程度、对植被造成的影响程度和洪水事件本身的典型性为依据，挑选出3个影响范围较大和植被受影响严重的典型洪水灾害事件，分别为2005年美国新奥尔良地区洪水事件、2010年巴基斯坦印度河流域洪水事件和2013年中俄黑龙江流域洪水事件（表3-1）。其中黑龙江流域洪水主要考虑松花江汇入黑龙江的河口段，具体点位为黑龙江同江市，2013年该地区发生了严重的洪水灾害；印度河流域洪水选取了印度河三角洲中下游地区，受淹地区主要位于巴基斯坦旁遮普省木尔坦市附近；北美地区选取受洪水灾害影响最严重的新奥尔良市及其周边地区，2005年北美地区发生了严重的卡特里娜飓风并引起了严重的洪水灾害。

表3—1　洪水灾害件选取统计表

事件	主要区域	地点	起止时间（年/月/日）	
1	美国路易斯安那州	新奥尔良市	2005/8/29	2005/9/19
2	巴基斯坦印度河	木尔坦市	2010/7/28	2010/8/7
3	中俄黑龙江流域	同江市	2013/8/12	2013/9/5

3.2　典型案例基本情况

3.2.1　2005年美国新奥尔良地区洪水

新奥尔良是美国路易斯安那州南部的一座海港城市，该地区地势平坦，东边是浩瀚的墨西哥湾，北边是庞恰特雷恩湖。该地区属于亚热带湿润气候，7月平均气温最高，超过27℃，1月最低，约为11.6℃。年降水量约为1400mm，夏季多暴雨，冬季降水较少。2005年，超强飓风卡特里娜引起的狂风和强降水对路易斯安那州、密西西比州及亚拉巴马州等地造成了灾难性的破坏，尤其是庞恰特雷恩湖和新奥尔良市之间的防洪堤决堤，直接造成了新奥尔良市超过80％的城区被淹，时间长达两个星期之久。图3－3展示了该地区洪水过境前和过境时刻的Landsat影像。

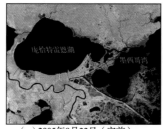 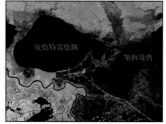

（a）2005年8月22日（灾前）　　　　（b）2005年9月7日（灾中）

图3－3　2005年新奥尔良地区洪水灾前和灾中影像

利用Landsat影像和MNDWI水体指数方法提取得到该地区洪水淹没范围（图3－4）。洪水淹没区域主要位于庞恰特雷恩湖周边，其中又以新奥尔良市及其周边最为严重。

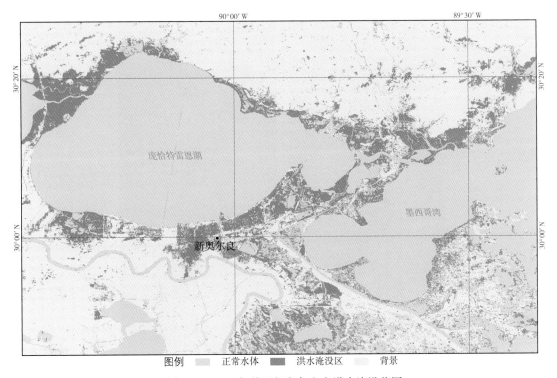

图3-4　2005年美国新奥尔良市洪水淹没范围

图例 ▨ 正常水体 ▨ 洪水淹没区 ▨ 背景

3.2.2　2010年巴基斯坦印度河流域洪水

巴基斯坦位于南亚西北部，境内主要河流为印度河。该河流发源于青藏高原，穿过巴基斯坦北部沿中央平原流到阿拉伯海。巴基斯坦大部分地区为亚热带气候，南部为热带气候，北部的克什米尔则是高原温带气候。全国各地区降水普遍较少，但中南部平原地区降水相对较多，尤其是在夏季，该地区时常出现大暴雨的现象。2010年7月下旬，巴基斯坦发生了一起全国性的特大型暴雨灾害事件，受灾人数约2000万，死亡人数超过1500人，是继1929年以来该国出现的最大洪水事件。以受洪水影响最严重的巴基斯坦中部木尔坦市附近印度河沿岸地区为本章的研究区之一。图3-5展示了该地区洪水过境前和过境时刻的Landsat影像。

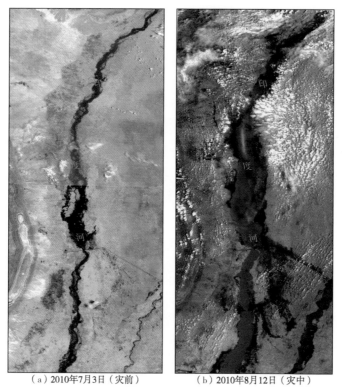

（a）2010年7月3日（灾前）　　　　（b）2010年8月12日（灾中）

图3-5　2010年巴基斯坦印度河流域洪水灾前和灾中影像

　　图3-6显示了用Landsat影像和MNDWI水体指数方法提取得到的该地区洪水淹没范围。洪水淹没区主要位于巴基斯坦印度河中游两岸及下游三角洲地区。

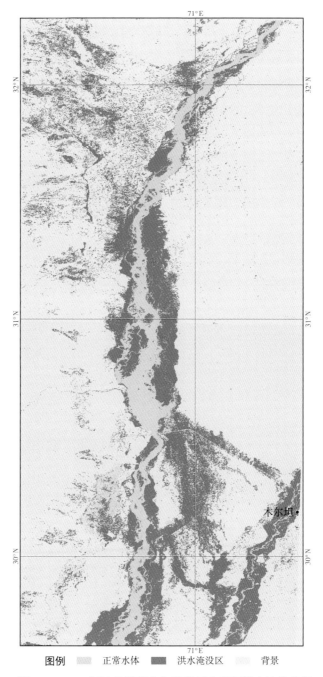

图例 ▨ 正常水体 ▨ 洪水淹没区 ▨ 背景

图3－6 2010年巴基斯坦木尔坦附近印度河洪水淹没范围

3.2.3 2013年中俄黑龙江流域洪水

黑龙江为中国和俄罗斯的界河，松花江是黑龙江右岸最大的支流。该地区地势低洼平坦，土地肥沃，是传统的农业种植区。该地区属温带湿润、半湿润气候，全年降水主要集中在夏季。由于地势低洼平坦，强降水会导致严重的洪水灾害。

2013年，该地区降水开始时间较早，且持续时间很长。至8月，很多地方出现了河流决堤现象，发生了严重的洪水灾害。同江市位于松花江汇入黑龙江的河口处，此处受灾最为严重，很大一部分城市被淹没。图3-7展示了该地区洪水过境前和过境时的Landsat影像。

图3-8是用Landsat影像和MNDWI方法提取得到的该地区洪水淹没范围。洪水淹没区域主要位于松花江和黑龙江左岸，以及黑龙江右岸部分地区。

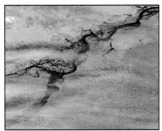 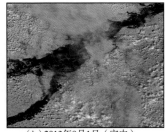

（a）2013年7月16日（灾前）　　　（b）2013年8月1日（灾中）

图3-7　2013年中俄黑龙江流域洪水灾前和灾中影像

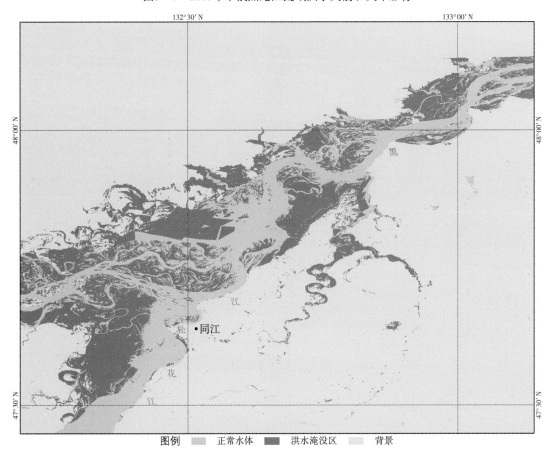

图例　　▨ 正常水体　　▨ 洪水淹没区　　▨ 背景

图3-8　2013年中俄黑龙江流域洪水灾前和灾中影像

3.3 陆地植被受洪水灾害影响状况分析

基于洪水淹没范围，选取GLASS植被遥感参数数据和地表覆盖数据，分析洪水事件对植被的影响。

3.3.1 陆地植被受洪水灾害影响的空间变化分析

1）2005年美国新奥尔良地区洪水

为探究2005年美国新奥尔良地区洪水对植被影响的空间分布状况，本章选取植被覆盖度（FVC）进行具体分析，统计洪水年2005年前后4年洪水期间（8月29日～10月24日）该洪水淹没地区内各像元的FVC平均值（图3－9）。2005年受淹地区的FVC相比2004年明显下降，可见此次洪水对植被造成了严重影响；2006年FVC明显提升，但相比灾前2004年未完全恢复；2007年的FVC和洪水前2004年差距很小，植被已经基本恢复。

为进一步细化受影响植被的类型，本章获取了30m分辨率的地表覆盖数据，利用叠置和空间统计分析方法获取洪水淹没区各地表覆盖类型的面积（图3－10）。

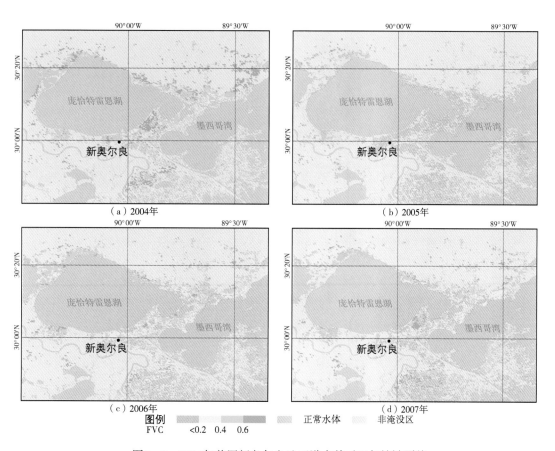

图3－9　2005年美国新奥尔良地区洪水前后四年植被覆盖

全球典型重大灾害对植被的影响

该地区受淹的植被类型以湿地植被、城市植被和林地为主，以及少部分灌丛、草地和耕地。其中湿地受淹面积最大，达18.29万hm²，占总面积的71.97%；建筑用地被淹面积为3.02万hm²，占比11.89%；林地被淹面积为1.56万hm²，占比6.14%；灌丛被淹面积为0.30万hm²，占比1.17%；草地被淹面积为0.21万hm²，占比0.84%；耕地被淹面积为0.13万hm²，占比0.53%。

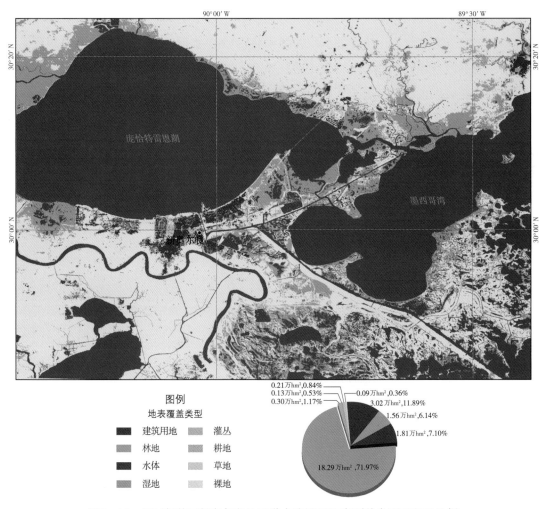

图3-10 2005年美国新奥尔良地区洪水淹没区地表覆盖类型面积及比例

2）2010年巴基斯坦印度河流域洪水

为探究2010年巴基斯坦印度河流域洪水对植被影响的空间分布状况，本章选取FVC进行具体分析，统计2010年前后4年洪水期间（7月20日～9月14日）该地区内各像元的FVC平均值，见图3-11。受淹地区南部的FVC较高，普遍大于0.4；北部相对较低，尤其是离河道较远地区，这与当地的气候有关。2010年受淹地区的FVC相比2009年南部和中部地区（FVC较高）明显下降，北部几乎不变（FVC较低），可见此次洪水对不同地区造成的影响差异较大。对比洪水前后4年，2011年相比2010年的FVC明显提高，且高于灾前的2009年，可见植被恢复很快，洪水带来的水分补给一定程度上促进了植被生长。可见洪水对该地区植被损害持续时间很短，洪水过后，洪水充当的水源会促进植被生长，其持续时间长达两年左右。

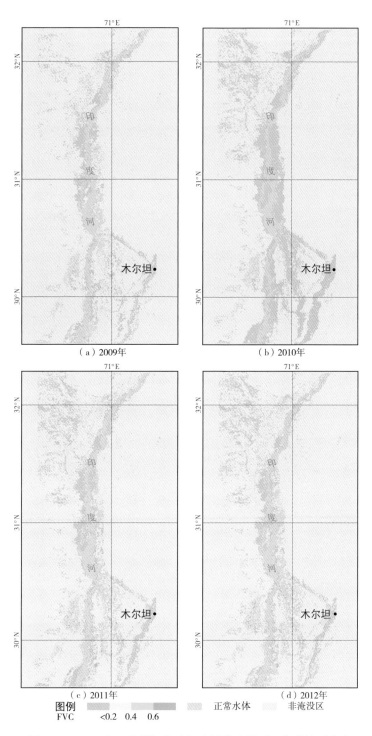

图3-11　2010年巴基斯坦印度河流域洪水前后四年植被覆盖度

　　基于30m地表覆盖数据，利用叠置和空间统计分析方法统计该地区植被受淹具体类型。结果表明，该地区主要淹没的植被覆盖类型包括耕地和草地，以及少部分林地和湿地植被等。其中耕地被淹没面积最大，为274.35万hm²，占总面积的89.66%；草地其次，被淹面积为19.25万hm²，占比6.29%；然后为林地，被淹面积为5.39万hm²，占比1.76%；最后是湿地，被淹面积为1.33万hm²，占比0.43%。此次洪水对耕地植被影响最大，洪水会导致当年的农作物减产甚至绝收，但是来年由于洪水补给了水分，耕地植被生长更加茂盛，所以FVC在灾害第2年快速提高（图3－12）。

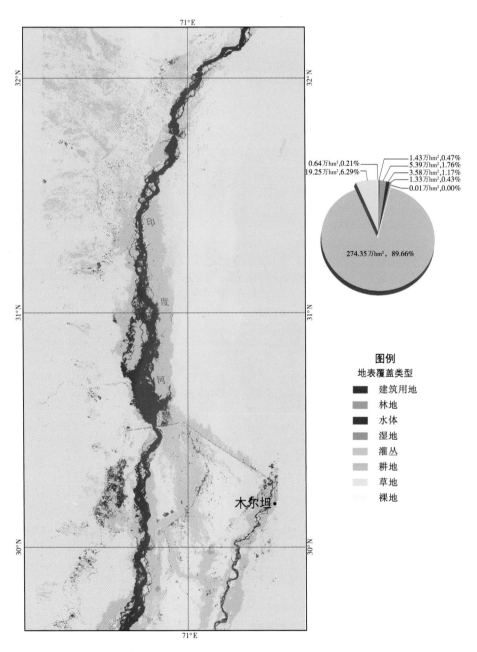

图3－12　2010年巴基斯坦印度河流域洪水淹没区地表覆盖类型面积及比例

3）2013年中俄黑龙江流域洪水

为探究2013年中俄黑龙江流域洪水对植被影响的空间分布及恢复状况，本章选取FVC进行具体分析，统计2013年前后四年洪水期间（8月5日～9月30日）该地区内各像元的FVC平均值，见图3-13。受淹地区的植被覆盖率普遍较高，2013年受淹地区的FVC相比2012年明显下降，此次洪水对该地区植被造成的影响很大。对比洪水前后4年，2014年相比2013年明显提高，甚至部分地区略高于2012年，2015年和2014年基本无差别，可见洪水对该地区植被的影响持续时间不超过1年。

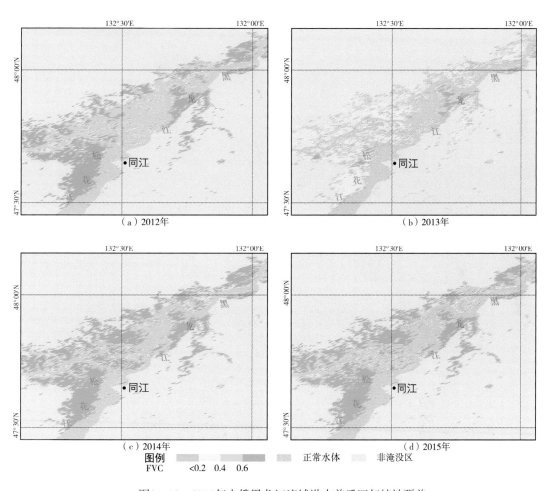

图3-13　2013年中俄黑龙江流域洪水前后四年植被覆盖

　　基于30m地表覆盖数据，统计该地区植被受淹具体类型。该地区主要淹没的植被覆盖类型包括湿地植被和耕地植被，以及少部分草地和林地。其中湿地植被被淹面积最大，为6.00万hm²，占比57.49%；耕地其次，被淹面积为3.31万hm²，占比31.66%；然后为草地，被淹面积为0.64万hm²，占比6.11%；最后是林地，被淹面积为0.21万hm²，占比1.99%（图3－14）。

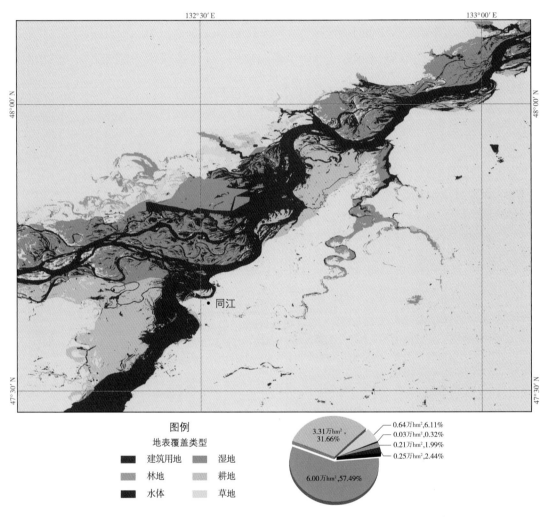

图3－14　2013年中俄黑龙江流域洪水淹没区地表覆盖类型面积及比例

　　综上所述，洪水对3个案例的植被空间分布和植被种类影响差异较大。美国新奥尔良地区洪水主要发生在湖两岸，主要受影响的植被包括湿地植被、林地和城市植被，林地整体受影响较小，恢复较快；湿地植被和城市植被尤其是低矮草本植物会遭到一定程度破坏，恢复较慢。巴基斯坦印度河流域洪水发生在印度河两岸，主要受影响的植被为耕地植被和草地，不同于上述区域，洪水对该地区植被先破坏后促进，洪水过后植被尤其是耕地植被生长更加茂盛。其中中俄黑龙江流域的洪水主要分布在河道两旁，受影响植被类型主要为耕地植被和一些湿地植被，以及部分森林植被等。

3.3.2 陆地植被受洪水灾害影响的时间变化分析

1）2005年美国新奥尔良地区洪水

利用该地区洪水淹没范围图掩膜GLASS产品得到2000～2016年每8天的植被遥感参数数据，对每一幅影像求洪水淹没区像元平均值，统计分析得到新奥尔良市及周边的2000～2016年植被参数变化曲线图，洪水期为2005年8月29日～10月24日。由图3-15（a）可知，2000～2016年淹没区的LAI、FAPAR和GPP变化具有很好的年周期性，而且三者的一致性很好。每年的植被遥感参数峰值差距较小，2002～2004年的植被遥感参数峰值较大，2006年和2009年相对较小。图3-15具体展示了洪水前后一年植被遥感参数的变化，洪水期处于植被遥感参数呈快速下降的阶段，这与当地植被物候变化有关。

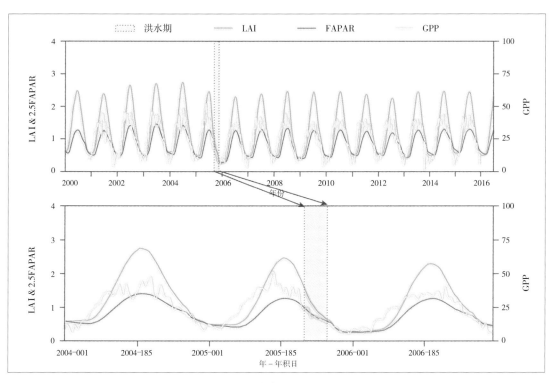

图3-15　美国新奥尔良地区植被遥感参数（LAI、FAPAR和GPP）变化曲线图

　　为探究洪水对植被的影响，本章统计出了2000～2015年每年8月5日～9月30日该地区洪水淹没区域和周边非淹没区域的LAI、FAPAR和GPP的均值变化情况，见表3-2和图3-16。其中，非淹没区设定为淹没区外接矩形的未淹没部分，下同。表3-2中的植被遥感参数值为洪水期间淹没区域和周边非淹没区域各期影像的平均值，图3-16中归一化均值是将LAI、FAPAR和GPP进行归一化后再求平均得到的结果，红色点为洪水年份的植被遥感参数均值。通过将植被遥感参数峰值和各年同一时期的植被遥感参数均值进行对比，发现2005年（洪水年）的各个植被遥感参数相比2000年以后的所有年份均是最低的，可见洪水

全球典型重大灾害对植被的影响

对植被造成了显著的负面影响。再对比洪水淹没区和非淹没区，可以看出，非淹没区的植被遥感参数均值普遍高于对应年份洪水淹没区域的均值，其中2005年（洪水年）非淹没区和淹没区的植被遥感参数均值差值最大，可见2005年洪水淹没区域植被受到较大影响。洪水年淹没区的LAI、FAPAR和GPP值相比16年的均值结果，分别减小了20.82%、18.24%和28.73%；非淹没区分别减小了5.65%、7.30%和3.13%。

图3－16中还可以看出，2005年以后的2006年和2007年洪水淹没区域和非淹没区域的植被遥感参数差值比2004年偏低，证明植被还未完全恢复，但2007年和2004年比差异很小，且相比其他年份差异较小，可见2007年大部分地区植被都已经恢复。总的来说，洪水对该地区植被的影响持续时间较长，大部分地区在1年以上，但不超过两年。

表3－2　美国新奥尔良地区洪水植被遥感参数年均值（8月29日～10月24日）

年份	LAI		FAPAR		GPP	
	淹没区	非淹没区	淹没区	非淹没区	淹没区	非淹没区
2000	1.70	2.60	0.415	0.554		
2001	1.66	2.59	0.410	0.551	33.12	38.22
2002	1.78	2.53	0.437	0.547	31.75	38.53
2003	1.85	2.46	0.456	0.544	35.74	40.15
2004	1.84	2.58	0.444	0.554	33.98	39.84
2005	1.30	2.26	0.331	0.491	22.11	37.25
2006	1.53	2.27	0.392	0.504	31.18	38.91
2007	1.63	2.42	0.403	0.524	32.69	39.53
2008	1.43	2.32	0.362	0.510	26.66	36.91
2009	1.59	2.36	0.391	0.517	26.42	32.91
2010	1.66	2.23	0.398	0.514	33.06	39.56
2011	1.63	2.31	0.399	0.524	31.85	39.81
2012	1.46	2.30	0.379	0.524	26.32	36.73
2013	1.67	2.33	0.409	0.526	32.34	38.85
2014	1.75	2.36	0.426	0.544	33.66	39.29
2015	1.76	2.42	0.430	0.552	34.44	40.27

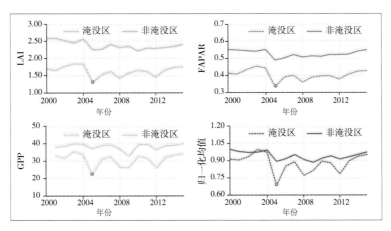

图3-16　美国新奥尔良地区植被遥感参数年际（8月29日～10月24日）变化

2）2010年巴基斯坦印度河流域洪水

图3-17为巴基斯坦木尔坦市附近印度河洪水淹没区的2000～2016年植被遥感参数变化曲线图，洪水期为2010年7月20日～9月14日。由图3-17可知，2000～2016年淹没区的3个植被遥感参数变化具有很好的一致性和年周期性，且该地区植被遥感参数一年呈现两个波峰。第一个波峰出现在2月底3月初，为大波峰；第二个出现在8月底9月初，为小波峰。本次洪水发生时间为2010年7月20日～9月14日，刚好处在第二个波峰前到波峰阶段。图3-17展示了2009～2011年的植被遥感参数变化，2010年洪水期间3个植被遥感参数相比2010前后两年（有歧义）同一时间明显要小，可见洪水对植被有显著影响。

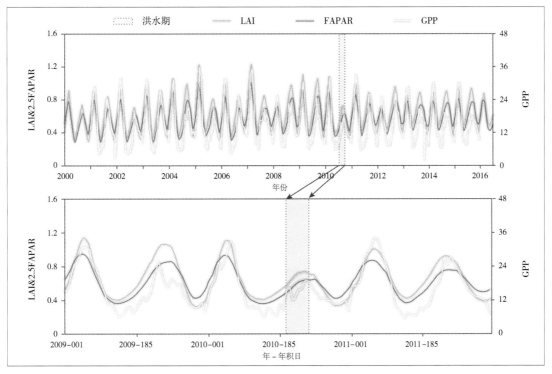

图3-17　巴基斯坦印度河流域植被遥感参数变化曲线图

为进一步探究洪水对植被的影响，本章统计出了2000～2015年7月20日～9月14日的LAI、FAPAR和GPP的平均值变化情况，见表3-3和图3-18。表3-3中的植被遥感参数值为洪水期间淹没区域和周边非淹没区域各期影像的平均值，图3-18中归一化均值是将LAI、FAPAR和GPP进行归一化后再求平均得到的结果，红色点为洪水年份2010年的植被遥感参数均值。对比各年同一时期的植被遥感参数均值，发现2010年洪水淹没区的各个植被遥感参数（包括LAI、FAPAR、GPP及其归一化值）相比2000年以后的所有年份均是比较低的，相比前后3年是最小值，可见洪水对淹没区植被造成了较大的负面影响。不同的是，洪水淹没区域的植被遥感参数在下一年迅速提高，且2011年GPP明显高于2009年，可见洪水一定程度上促进了淹没区植被增长。2010年淹没区的LAI、FAPAR和GPP相比16年的均值结果，分别减小了16.09%、12.27%和17.39%；非淹没区则分别上升了10.79%、11.82%和32.63%。

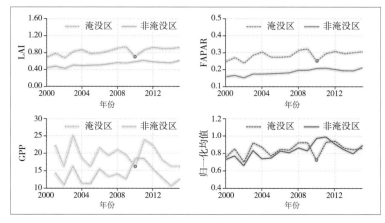

图3-18　巴基斯坦印度河流域植被遥感参数年际（7月20日～9月14日）变化

图3-18中，2010年以后的2011年和2012年非淹没区域的植被遥感参数比2010年明显偏高，证明洪水为该地区补给了水分并促进了植被增长，但到2013年已经明显下降。总的来说，洪水对该地区植被的影响表现为淹没区先抑制后促进，这种影响持续时间在两年左右。

表3—3　巴基斯坦印度河流域洪水植被遥感参数年均值（7月20日～9月14日）

年份	LAI		FAPAR		GPP	
	淹没区	非淹没区	淹没区	非淹没区	淹没区	非淹没区
2000	0.70	0.44	0.247	0.156		
2001	0.78	0.47	0.270	0.163	22.09	14.33
2002	0.67	0.42	0.236	0.148	16.04	10.85
2003	0.83	0.50	0.284	0.173	24.90	16.28
2004	0.87	0.49	0.303	0.171	18.59	11.39
2005	0.77	0.50	0.272	0.174	16.00	11.39
2006	0.79	0.50	0.272	0.175	21.43	15.49
2007	0.83	0.53	0.277	0.179	19.15	13.30
2008	0.90	0.56	0.313	0.194	20.84	14.05
2009	0.93	0.55	0.322	0.194	19.34	12.63
2010	0.69	0.59	0.249	0.205	15.99	18.42
2011	0.86	0.62	0.294	0.207	23.69	18.31
2012	0.92	0.58	0.307	0.198	22.01	15.40
2013	0.89	0.57	0.293	0.191	17.90	12.99
2014	0.89	0.56	0.299	0.191	16.18	10.72
2015	0.92	0.62	0.305	0.210	16.28	12.77

3）2013年中俄黑龙江流域洪水

图3－19为中俄黑龙江流域洪水淹没区的2000～2016年植被遥感参数变化曲线图，洪水期为2013年8月5日～9月30日。由图3－19可知，2000～2016年淹没区的LAI、FAPAR和GPP变化具有很好的一致性和年周期性，但每年的植被遥感参数峰值差距较大。2014年和2015年峰值明显偏高，而2003年、2009年和2013年这三年的植被遥感参数峰值则明显偏低，其中2013年3个植被遥感参数均最低，这与该地区2013年夏季发生洪水有较大关系。2013年春夏两季黑龙江流域的降水比往年明显偏多，部分地区出现洪水，到8～9月，该地区发生严重洪水，这说明植被遥感参数下降很大程度上是由洪水引起。图3－19具体展示了洪水前后一年植被遥感参数的变化。洪水期处于植被遥感参数从峰值急剧下降的阶段，这与当地植被物候变化有关。

全球典型重大灾害对植被的影响

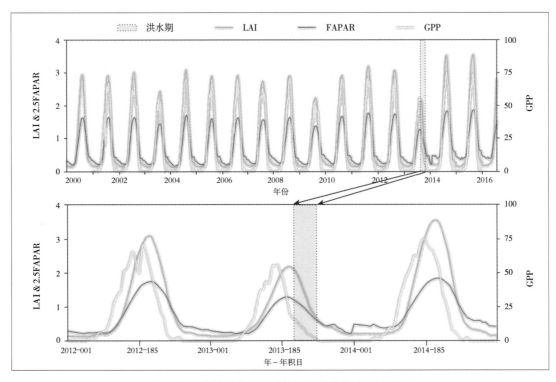

图3－19　中俄黑龙江流域植被遥感参数变化曲线图

　　为探究洪水对植被的影响，统计出了2000～2015年每年8月5日～9月30日该地区洪水淹没区域和周边非淹没区域的LAI、FAPAR和GPP的平均值变化情况，见表3－4和图3－20。表3－4中的植被遥感参数值为洪水期间各期影像的平均值，图3－20中归一化均值是将LAI、FAPAR和GPP进行归一化后再求平均得到的结果，红色点为洪水年份的植被遥感参数值。对比各年同一时期的植被遥感参数均值，2013年洪水的各个植被遥感参数相比2000年以后的所有年份均是最低的，可见洪水对植被造成了显著的负面影响。再对比洪水淹没区域和非淹没区域，可以看出，非淹没区域的植被遥感参数普遍高于对应年洪水淹没区域的值，其中2013年（洪水年）非淹没区和淹没区的植被遥感参数值相差最大，可见2013年洪水淹没区域植被受到较大影响。洪水年淹没区的LAI、FAPAR和GPP相比16年的均值结果，分别减小了27.44%、29.89%和56.03%；非淹没区LAI上升了0.26%，GPP和FAPAR分别增加了2.10%和9.48%。

表3—4 中俄黑龙江流域洪水植被遥感参数年均值（8月5日～9月30日）

年份	LAI		FAPAR		GPP	
	淹没区	非淹没区	淹没区	非淹没区	淹没区	非淹没区
2000	1.97	2.24	0.530	0.582		
2001	1.90	2.29	0.517	0.588	39.44	44.52
2002	1.93	2.34	0.520	0.592	38.83	43.93
2003	1.53	2.03	0.446	0.545	33.66	41.60
2004	1.96	2.25	0.528	0.576	42.62	46.50
2005	1.80	2.25	0.496	0.574	39.70	45.49
2006	1.94	2.33	0.528	0.593	42.55	47.58
2007	1.82	2.21	0.514	0.579	39.80	44.38
2008	1.94	2.37	0.528	0.598	41.20	46.76
2009	1.50	2.06	0.446	0.551	34.27	42.58
2010	1.95	2.26	0.531	0.579	40.02	43.95
2011	2.04	2.34	0.564	0.601	33.53	37.00
2012	2.00	2.36	0.557	0.605	42.51	46.81
2013	1.37	2.29	0.364	0.573	16.69	39.91
2014	2.25	2.35	0.602	0.603	41.15	43.16
2015	2.40	2.53	0.628	0.632	43.52	47.24

　　从图3-20还可以看出，2013年以后的2014年和2015年洪水淹没区和非淹没区的植被遥感参数均有一定程度上的提高，2014年和2012年相比已经相差不大，2015年已明显超过了2012年，由于该地区遥感植被指数整体处于上升的趋势，这种情况与人为种植有关。总体来说，洪水对该地区植被的影响持续时间为1年左右。

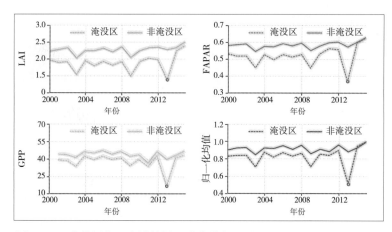

图3-20 中俄黑龙江流域植被遥感参数年际（8月5日~9月30日）变化

　　3个地区的植被遥感参数在洪水时段内变化不相同，3次洪水发生时间均在夏末秋初，植被处于生长季后期。由于受淹植被类型不同，植被受破坏影响持续时间也不同，2005年美国新奥尔良地区洪水影响持续时间为两年左右，另外两个持续时间不超过一年。此外，巴基斯坦印度河流域为干旱半干旱气候，除河道两旁耕地外，基本无茂盛的植被，洪水很大程度上会为该地区补充水分，促进植被生长，持续时间在两年左右。

四、典型重大林火灾害影响下的
陆地植被变化

本章基于GLASS产品叶面积指数（LAI）、吸收光合有效辐射比例（FAPAR）数据，结合MODIS地表覆盖数据，MODIS MCD45燃烧面积产品，以及全球灾害事件数据库（EM-DAT）数据，通过距平分析及时间序列分析等方法，分析了1987年中国黑龙江省大兴安岭林区林火、1988年美国黄石国家公园林火及2009年澳大利亚东南部维多利亚州林火对陆地植被变化的影响及其恢复过程差异，结果表明如下。

（1）林火火烧强度越大，则植被受损程度越高，表现在高火烧强度LAI、FAPAR值在灾后降幅较大，最大降幅为未过火林地的33.1%～41.9%，低火烧强度LAI、FAPAR值在火灾后最大降幅为未过火林地的8.9%～26.7%，高火烧强度LAI、FAPAR值最大降幅为低火烧强度LAI、FAPAR降幅的1.6～3.8倍。

（2）火烧迹地的植被遥感参数恢复时间与林火灾害的规模、过火区域的分布特征，以及自然条件有关。过火面积越小，分布越离散，则植被恢复时间越短，如维多利亚州林火，植被遥感参数值在2～3年内恢复至未过火地区的90%以上，这也与2011年澳大利亚降水丰沛有关；黄石公园与大兴安岭林火规模较大，过火区集中连片分布，植被遥感参数恢复时间较长，两个区域的植被遥感参数分别需要20多年和10年恢复至未过火区域水平，但植被种群结构的恢复需要更长时间。

（3）林火灾害后，不同的恢复手段对植被恢复的过程及效果影响较大。大兴安岭林火后，灾区采用清理过火林木、局部人工造林等人工干预措施，加快了森林植被恢复，促进了森林生物量和碳汇功能的提高；而作为重要自然保护地的美国黄石国家公园，灾后仅采用自然恢复措施，经过20多年，基本恢复了原有的地带性森林植被和景观。与黄石公园相比，大兴安岭过火区植被遥感参数的恢复时间缩短约一半。

4.1 全球林火灾害基本特征

林火是最为严重的自然灾害之一，蔓延速度快，通常会造成巨大的损失和破坏。林火对国家经济发展、全球生态平衡、个人生命财产安全具有很大威胁。据世界灾害风险图集（world atlas of natural disaster risk）研究表明，全世界每年发生火灾约20万次，过火面积3.50亿～4.50亿hm²。

结合MODIS Collection5.1燃烧面积产品MCD45，以及EM-DAT提供的灾害数据，筛选具有一定规模的林火事件，分析从2000～2015年全球林火分布状况。图4-1为2000～2015年全球林火分布图。全球范围内，火灾发生频率具有明显的区域差异：北美洲太平洋沿岸、欧洲南部、大洋洲、中国东北部火灾发生频率较高；而南美洲、非洲火灾发生频率较低。从2000～2015年，林火发生最为频繁的前十名国家有：美国、澳大利亚、俄罗斯、加拿大、印度尼西亚、智利、西班牙、葡萄牙、南非、保加利亚。由图4-2可以看出，随时间递增，火灾发生频率有所变化，2002年前后，火灾发生频率较高；2008年火灾发生频率最低，总体比例趋于稳定。

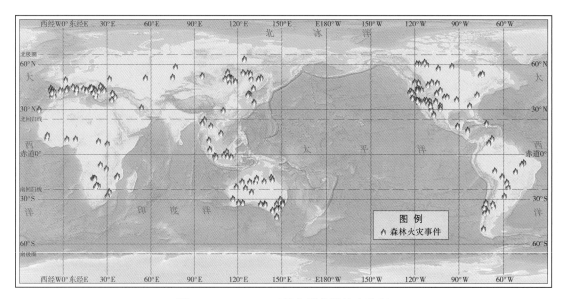

图4-1　2000～2015年全球典型林火分布

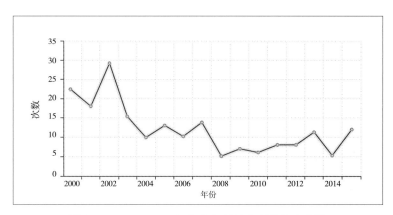

图4-2　2000～2015年全球典型林火事件发生次数

4.2 典型案例基本情况

依据林火死亡人数、森林受损面积、财产损失的严重程度选取林火多发区3个典型的林火事件：1987年中国黑龙江省大兴安岭林区林火、1988年美国黄石国家公园林火及2009年澳大利亚东南部维多利亚州林火作为典型案例，分别分析林火影响下的陆地植被变化情况（表4-1）。

表4-1　典型重大林火事件分析概述

事件	影响面积/万hm²	持续时间/天	起止时间/（年/月/日）
大兴安岭林火	133.0	28	1987/5/5~6/2
黄石公园林火	56.9	140	1988/7/2~11/18
维多利亚州林火	41.0	36	2009/2/7~3/14

4.2.1　1987年中国大兴安岭林火

大兴安岭是我国面积最大的林区，北部邻接俄罗斯，东部为小兴安岭，西部为内蒙古呼伦贝尔大草原，林地面积为678.40万hm²，该地区属于寒温带大陆季风气候区，兼具山地气候特点，冬寒夏暖，年温差大；夏季降水较多。大兴安岭位于寒温带针叶林区域，81.23%的土地被森林植被覆盖，但大兴安岭森林结构单一，主要树种为以兴安落叶松为主的针叶林及白桦等阔叶林。大兴安岭北部气候干冷，风力较大，为林火多发区域，火灾高发期为春秋季。1987年5月6日~6月2日，大兴安岭北部林区发生了特大林火。

这次火灾在大兴安岭地区的西林吉（漠河县）、图强（图强镇）、阿木尔（劲涛镇）和塔河4个林业局所属的几处林场同时发生，过火面积达133.0万hm²。火灾过后，大兴安岭林管局制订了森林资源恢复工程实施方案，及时清理过火林木，局部采用人工造林措施、人工促进更新和封山育林等多种方式，全面立体地进行火烧迹地更新、生态系统和森林碳汇恢复。

1）林火空间分布特征

基于林火灾前和灾后多年植被生长期（7~10月）的Landsat5-TM/Landsat8-OLI影像进行假彩色合成，得到火灾前后的遥感影像对比图，见图4-3，绿色代表植被，暗红色斑块为火烧迹地，火烧斑块基本成片分布，较为聚集。

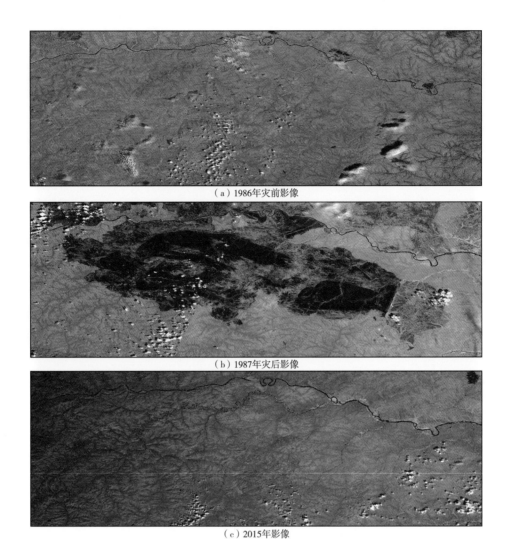

（a）1986年灾前影像

（b）1987年灾后影像

（c）2015年影像

图4-3　大兴安岭火灾前后遥感影像

2）火烧强度分布情况

基于Landsat5-TM的4波段与7波段分别计算火灾前后的差分归一化燃烧比指数
（the differential normalized burn ratio, dNBR），得到大兴安岭的林火火烧强度分布图
（图4-4），分别以高火烧强度林地、低火烧强度林地的植被变化情况来分析大兴安岭植
被受火灾的影响状况。

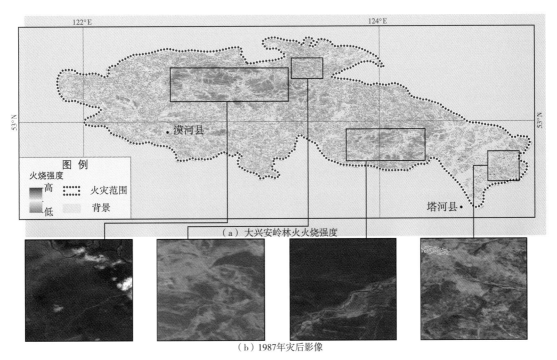

（a）大兴安岭林火火烧强度

（b）1987年灾后影像

图4－4　大兴安岭火烧强度分布

本次火灾规模大，过火面积广，过火区域主要分布在大兴安岭区域的漠河县和塔河县，植被类型以林地为主。大兴安岭高强度过火区域分布较为集中，位于过火区域的中心位置，过火区外围火烧强度较弱。

4.2.2　1988年美国黄石国家公园林火

黄石国家公园（简称黄石公园）坐落于美国怀俄明州、蒙大拿州和爱达荷州的交界处，大部分位于美国怀俄明州境内，位于洛基山脉中部，为高原山地气候，低海拔地区四季较温暖，高海拔地区冬季寒冷；降水受海拔、湿润气流共同影响而分布不均。黄石公园主要植被类型包括：洛克松等针叶林、白杨等落叶林、灌木及草地。1988年夏天是黄石公园在有历史记录的112年以来最为干燥的时期，降水量约为长期平均值的36%，相对湿度不到长期平均值的20%，且雷电多发，风势加剧。1988年7月2日开始，黄石公园各地陆续爆发了森林火灾，直至11月18日大火才被完全扑灭，据美国国家消防中心调查：受灾区域约占黄石公园总面积的36%。

黄石公园的大火呈马赛克形状，即某些区域植被被严重毁坏，而另一些区域破坏较为轻微。大火燃烧的主要方式有三种：破坏性较大的树冠火、同时燃烧树冠和地面植物的混合火，以及只烧毁小型植物和已经死亡植物的地表火。黄石公园大火后并没有采取重栽树木等人工恢复措施，大火过后草本植物生长迅速；大火之后的2～5年，大部分植物开始缓慢恢复。

1）林火空间分布特征

基于火灾灾前和灾后多年植被生长期（7～10月）的Landsat5-TM/Landsat8-OLI影像进行假彩色合成，得到火灾前后的遥感影像对比图，如图4－5所示，绿色代表植被，红色斑块为火烧迹地，黄石公园的火烧斑块分布较为离散。

（a）1987年灾前影像   （b）1989年灾后影像   （c）2015年影像

图4－5   黄石公园林火前后遥感影像

2）火烧强度分布情况

同样，分别计算火灾前后的dNBR，得到黄石公园的林火火烧强度分布图（图4－6）。

黄石公园的过火区域主要分布在公园的西部、南部及东北部，过火区域植被类型以林地为主，高、低火烧强度火烧迹地交叉分布。

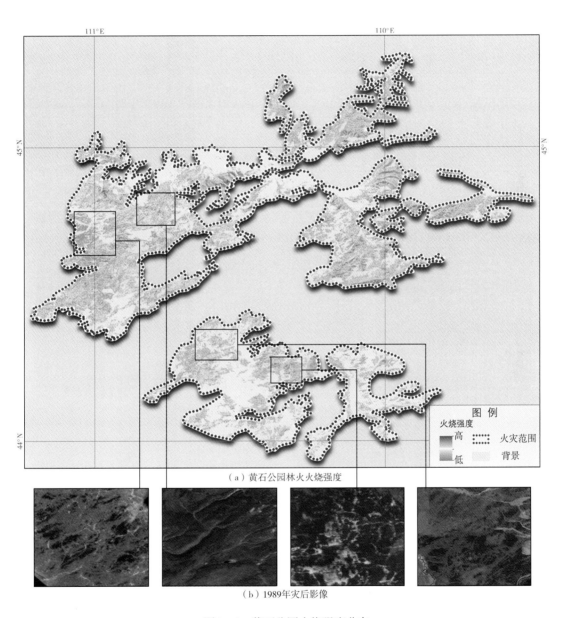

（a）黄石公园林火火烧强度

图例

火烧强度
高
低

火灾范围
背景

（b）1989年灾后影像

图4-6　黄石公园火烧强度分布

4.2.3 2009年澳大利亚东南部维多利亚州林火

维多利亚州位于澳大利亚大陆东南端，总面积2376万hm²，30%为森林覆盖，属于地中海气候。维多利亚州的四季与北半球相反，每年1月、2月最炎热，7月、8月气温最低，受海洋影响较大，昼夜温差较小；降水量自东南向西北逐渐减少，年均降水量为660mm，其中冬春两季降水较多。2009年2月7日～3月14日澳大利亚爆发了历史上最大的森林火灾，主要起因是人为影响，但高温与严重的旱情加快了火灾蔓延，燃烧总面积达41.0万hm²，造成了巨大的人员、财产损失。

1）林火空间分布特征

基于火灾灾前和灾后多年植被生长期（2～4月）的Landsat5-TM/Landsat8-OLI影像进行假彩色合成，得到火灾前后的遥感影像对比图，见图4－7，绿色代表植被，暗红色斑块为火烧迹地，火烧斑块呈小块广泛分布在维多利亚州南部林地的外围地区，主要分布在Saint Leonard、Mount Latrobe、Leroy、Stanley等山地林区。

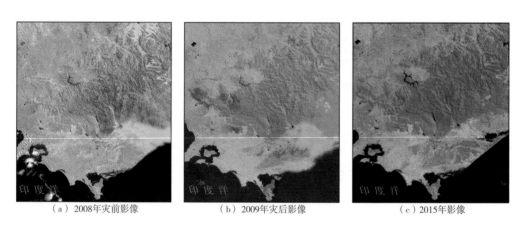

（a）2008年灾前影像　　　（b）2009年灾后影像　　　（c）2015年影像

图4－7　维多利亚州林火前后遥感影像

2）火烧强度分布情况

同样，分别计算火灾前后的dNBR，得到维多利亚林火火烧强度的分布图（图4－8）。维多利亚林火过火区分布在林地外围地区，且过火区内火烧强度较高。

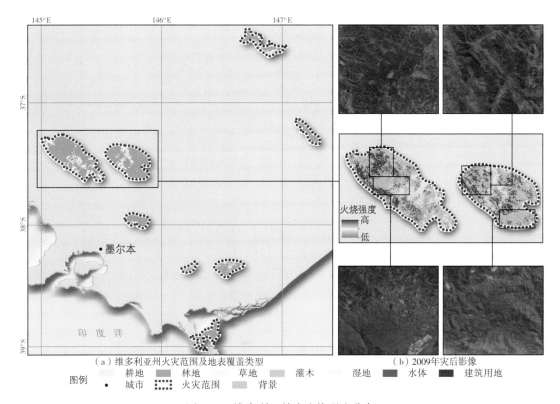

图例

（a）维多利亚州火灾范围及地表覆盖类型　　　　　　　　　　　　（b）2009年灾后影像

图例　耕地　林地　草地　灌木　湿地　水体　建筑用地
　　　·城市　⋮⋮火灾范围　背景

图4-8　维多利亚林火火烧强度分布

4.3 陆地植被受林火灾害影响的状况分析

本章利用GLASS产品的植被遥感参数数据：LAI和FAPAR，分别分析大兴安岭、黄石公园和维多利亚州地区典型的高火烧强度林区、低火烧强度林区的植被受火灾的影响状况。

4.3.1 陆地植被受林火灾害影响的空间变化分析

1）植被遥感参数空间变化分析

首先构建大兴安岭、黄石公园、维多利亚州的年植被遥感参数时间序列数据，再计算各地区植被遥感参数距平值，通过距平值分布图来展示植被遥感参数（LAI、FAPAR）的空间变化情况。图4-9分别为大兴安岭、黄石公园、维多利亚州未过火林地的各类植被遥感参数的年内变化情况。

全球典型重大灾害对植被的影响

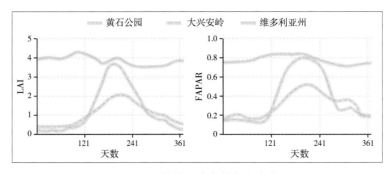

图4-9　植被遥感参数年内变化

由图4-9可知，大兴安岭与黄石公园林地的LAI、FAPAR变化规律相似，即指数值先增高后降低，生长季值较高，7月值最大；维多利亚州地区与北半球季节相反，LAI、FAPAR在年内先上升到最大值，后降低，再缓慢上升，4月、5月值最大。首先基于每8天的植被遥感参数数据进行均值合成得到月植被遥感参数数据，再基于最大值合成得到年植被遥感参数数据。大兴安岭、黄石公园的年植被遥感参数值由7月的均值计算得到，维多利亚州的年植被遥感参数值由4月的均值计算得到。

图4-10展示了大兴安岭林地LAI、FAPAR距平值在林火发生年（1987年）及之后的变化情况。LAI、FAPAR距平图中，绿色为正值，代表某年LAI、FAPAR值高于多年来平均水平，黄色、红色为负值，代表某年LAI、FAPAR值低于多年来平均水平；红色负值等级越大，说明偏离程度越大。

过火范围内的LAI、FAPAR距平值在1987年为负值且偏离程度最大（LAI：-3.60～-2.0，FAPAR：-0.60～-0.20），即1987年植被相比多年平均状况明显受损；过火范围内的LAI、FAPAR距平值随时间变化有所提高，1987年过火地区LAI距平值基本在-3.60～-2.0范围内，1992年LAI距平值为最低等级的像元数量减少一半左右，1999年，正LAI距平像元数量增大，2002年大部分像元距平值为正，FAPAR也呈现相似规律，说明植被正在恢复。1992年低距平值分布地区与大兴安岭高火烧强度地区高度吻合，说明高火烧强度区植被恢复较慢，而低火烧强度区植被恢复较快。

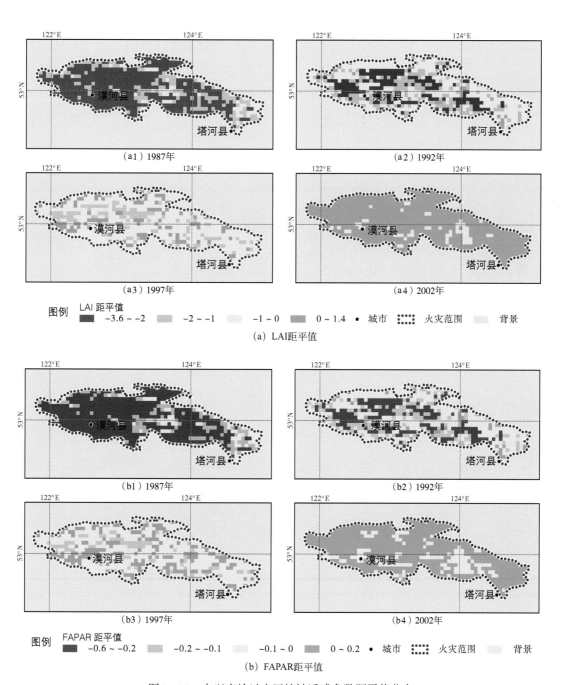

图4-10 大兴安岭过火区植被遥感参数距平值分布

图4-11展示了黄石公园林地LAI、FAPAR距平值在林火发生后的变化情况。过火范围内的LAI、FAPAR距平值在1989年为负值且偏离程度最大：LAI（-1.70～-1.0），FAPAR（大部分像元距平值为：-0.40～-0.20），即1989年植被相比多年平均状况明显受损；过火范围内的LAI、FAPAR距平值随时间变化逐渐升高：1989年过火区LAI距平值为-1.70～-1.0的像元比例最多，1994年仅少数像元LAI距平值为-1.70～-1.0，1999年正距平像元比例增加，FAPAR也呈现相似规律，说明植被正在恢复。

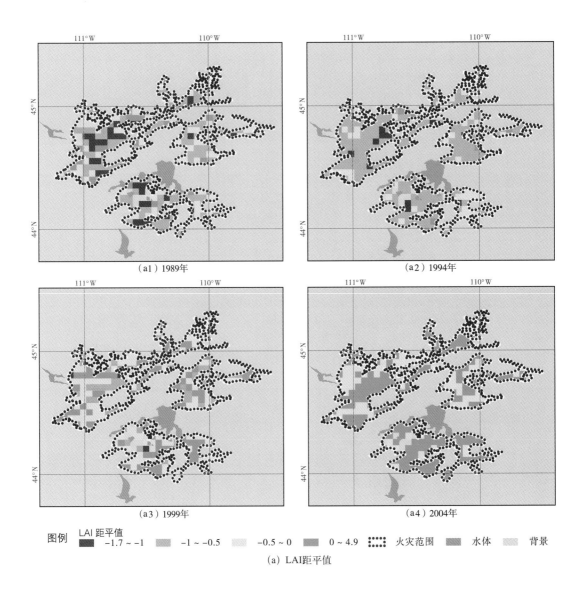

（a1）1989年 　　（a2）1994年

（a3）1999年 　　（a4）2004年

图例　LAI距平值　■ -1.7～-1　▨ -1～-0.5　░ -0.5～0　▓ 0～4.9　⁙ 火灾范围　▩ 水体　▨ 背景

（a）LAI距平值

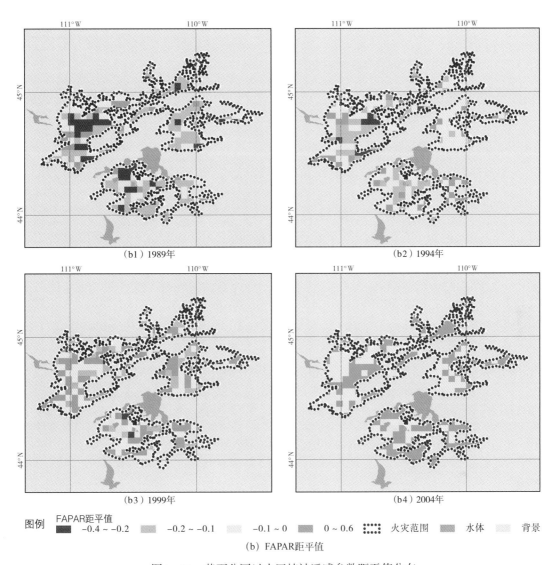

图例 FAPAR距平值
■ -0.4 ~ -0.2   ▦ -0.2 ~ -0.1   ▨ -0.1 ~ 0   ▨ 0 ~ 0.6   ⣿ 火灾范围   ▨ 水体   ▨ 背景

（b）FAPAR距平值

图4-11　黄石公园过火区植被遥感参数距平值分布

　　图4-12展示了维多利亚州林区LAI、FAPAR距平值在林火发生年（2009年）及之后的变化情况。过火范围内的LAI、FAPAR距平值在2009年为负值且偏离程度最大：LAI（-3.10～-1.0），FAPAR（-0.70～-0.20），即2009年植被相比多年平均状况明显受损；每一年过火范围内的LAI、FAPAR距平值都低于周围未过火地区的值，说明过火区植被相对未过火区受损；从2009～2015年，过火区与未过火区LAI、FAPAR距平值差异逐渐减小，2009年LAI距平差值约为3.0，2013年距平差值约为0.50；FAPAR也呈现相似规律，说明植被正在恢复；2011年的低距平值分布情况与维多利亚州的高火烧强度地区分布情况高度吻合，说明高火烧强度植被恢复较慢，而低火烧强度植被恢复较快。

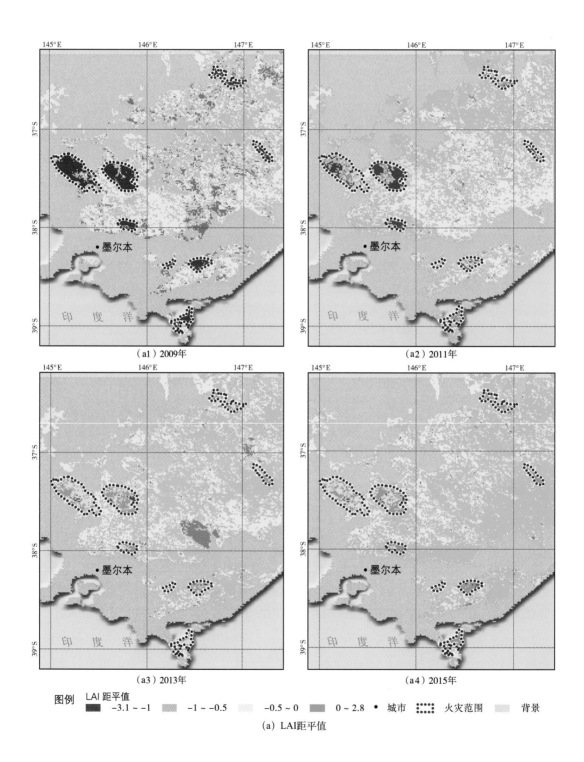

（a1）2009年

（a2）2011年

（a3）2013年

（a4）2015年

图例　LAI距平值
▨ -3.1～-1　▨ -1～-0.5　▨ -0.5～0　▨ 0～2.8　• 城市　⫶⫶⫶ 火灾范围　▨ 背景

（a）LAI距平值

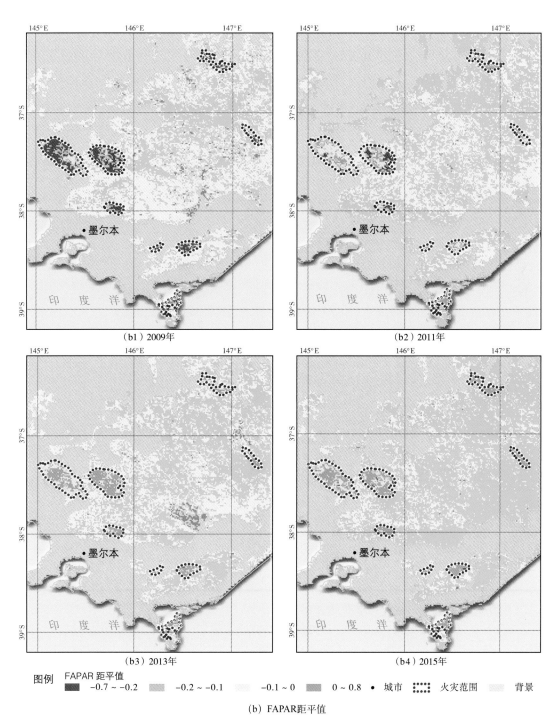

（b1）2009年 （b2）2011年

（b3）2013年 （b4）2015年

图例　FAPAR 距平值
　　　■ -0.7 ~ -0.2　▨ -0.2 ~ -0.1　□ -0.1 ~ 0　▨ 0 ~ 0.8　• 城市　⋮⋮⋮ 火灾范围　░ 背景

（b）FAPAR距平值

图4-12　维多利亚州过火区及周边地区植被遥感参数距平值分布

为了量化大兴安岭、黄石公园、维多利亚州过火区LAI距平值的变化规律，分别统计图4-10~图4-12中对应年份不同LAI距平等级值的比例。绿色为正值像元比例，红色、橙色、黄色为负值像元比例，红色代表受损程度最严重。

由图4-13（a）可以看出，大兴安岭地区，1987~2002年灾后共15年，1987年LAI负距平像元所占比例最大，为99.71%，随时间递增缩减到8.73%；1992年过火区部分像元的距平值呈现正值，距平值整体有所提升，进一步说明了林火对植被的破坏作用，以及植被的恢复状况。

黄石公园地区（图4-13（b）），从1989~2004年灾后15年，负距平像元比例由90.12%缩减至32.02%，正距平像元比例由9.88%增大至69.17%；距平值为（-0.50~0.0）的像元比例先增大后减小，说明该地区在林火灾害后植被遥感参数先由严重负偏恢复至轻微负偏，而后恢复至平均水平以上。

维多利亚州地区（图4-13（c）），从2009~2015年灾后6年，负距平像元比例由99.02%缩减至48.31%，而正距平像元比例由0.98%增加至51.69%，植被遥感参数距平值范围由（-3.10~-1.0）增加至（-0.50~0.0），以及（0.0~2.80）。

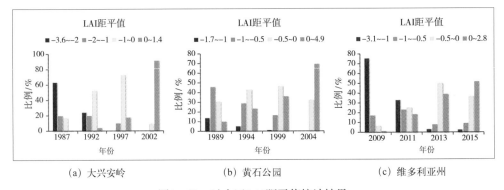

(a) 大兴安岭　　　　　　　(b) 黄石公园　　　　　　　(c) 维多利亚州

图4-13　过火区LAI距平值统计结果

2）陆地植被覆盖类型灾后变化情况分析

以2000~2013年的MCD12Q1 500m地表覆盖数据分析大兴安岭（图4-14、图4-15）、黄石公园（图4-16、图4-17）在林火灾害后的植被演替情况，维多利亚州林火发生时植被响应情况及林火后的植被演替情况（图4-18、图4-19），维多利亚州过火区为图4-8（b）中典型过火区。

由图4-14可以看出，大兴安岭过火区域森林（以混交林、落叶针叶林、落叶阔叶林为主）所占比例最高，且随时间变化面积逐步扩大（由74.51%增至87.53%）；混合植被指耕地与天然植被的混合区域，随时间变化逐渐被森林所代替（由19.25%缩减至5.45%），且其主要分布区域与高火烧强度区域吻合；草地所占比例有所波动；湿地比例有所降低。具体变化情况如图4-15所示。从2000～2013年，混合植被比例逐渐缩减，而森林所占比例逐渐增加。森林与混合植被在2004年为变化转折点，森林增加迅速，混合植被加速缩减，这与灾后16年，以白桦为主、混有一定量落叶松的乔木层已逐渐形成的研究结果一致；2007年植被类型比例趋于稳定；2009年森林比例达到最大值，这与灾后21年，落叶人工松林群落的丰富度达到最大值的研究结果一致。

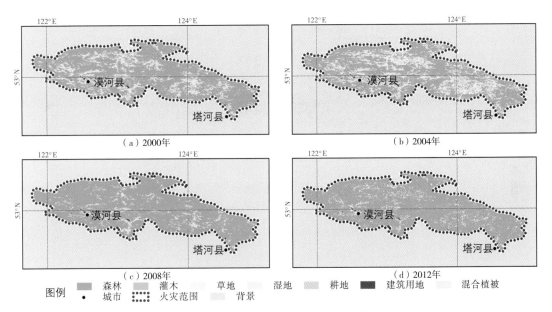

图4-14 大兴安岭过火区地表覆盖

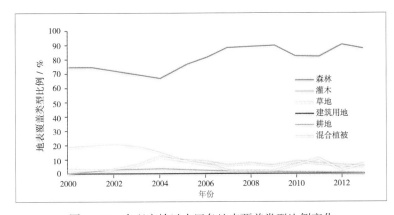

图4-15 大兴安岭过火区各地表覆盖类型比例变化

由图4-16可以看出，黄石公园过火区从2000～2012年植被类型以草地向森林（以常绿针叶林、常绿阔叶林为主）转化，其中，草地所占比例由61.74%降低至45.57%，而森林所占比例由6.35%增长至51.16%。说明火灾后一段时间黄石公园植被类型以草地为主，随时间变化草地逐渐演变为森林。各植被类型变化情况如图4-17所示。2000～2013年，草地所占比例波动较大，草地在2009年所占比例最小，同期森林所占比例最大；森林所占比例波动同样较大，但上升趋势明显；混合植被、农用地有略微缩减。总体来看，森林、草地等多种植被类型在2000～2013年互相更替，但整体上森林扩张，草地缩减。

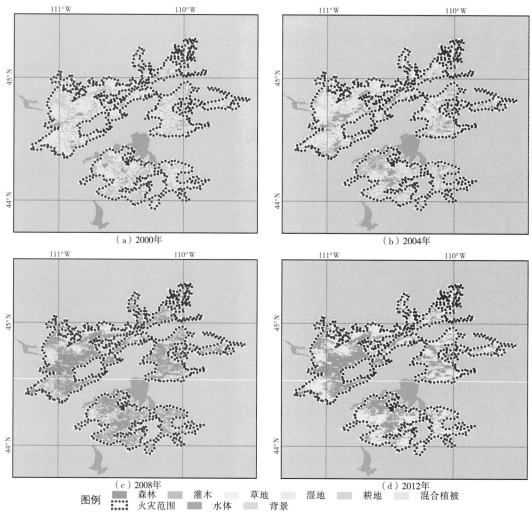

（a）2000年　　　　　　　　　　　（b）2004年

（c）2008年　　　　　　　　　　　（d）2012年

图例　森林　　灌木　　草地　　湿地　　耕地　　混合植被
　　　火灾范围　水体　　背景

图4-16　黄石公园过火区地表覆盖

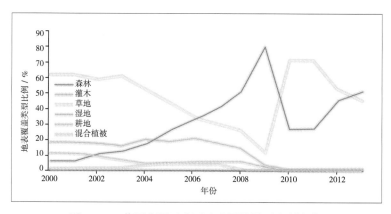

图4-17　黄石公园过火区地表覆盖类型比例变化

由图4-18可以看出，从2008～2011年，维多利亚州典型过火区中，森林和草地所占比例波动较大，灾后森林比例先升高，后降低，基本稳定在74.33%，草地基本稳定在18.62%。结合图4-19所示，可以看出从2007～2013年，各地表覆盖类型基本稳定，2010年森林比例增加，同时草地比例下降，不排除分类误差的影响，总体来看，维多利亚州过火区灾后地表覆盖类型变化不明显。

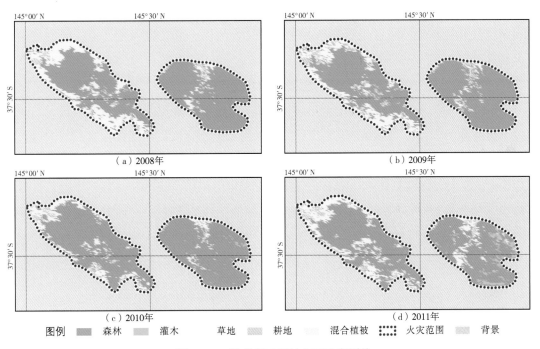

图4-18　维多利亚州过火区地表覆盖

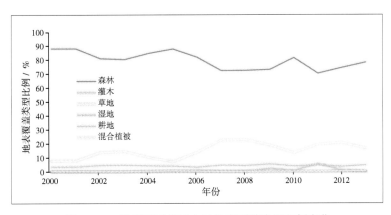

图4-19　维多利亚州过火区地表覆盖类型比例变化

全球典型重大灾害对植被的影响

4.3.2 陆地植被受林火灾害影响的时间变化分析

分别分析大兴安岭、黄石公园、维多利亚州过火区与未过火区林地的LAI、FAPAR变化情况。分别见图4-20～图4-22，图（a）为时间尺度为8天的各植被遥感参数变化情况，分别包含火灾发生年共5年的植被遥感参数变化情况；图（b）为时间尺度为1年的各植被遥感参数的变化情况。大兴安岭、黄石公园地区LAI、FAPAR指数时间范围分别为1982～2015年，1982～2012年，维多利亚州地区植被遥感参数时间范围为2000～2016年。年LAI、FAPAR值为基于月植被遥感参数数据进行最大值合成得到。其中红色代表高火烧强度林地的植被遥感参数变化情况，黄色代表低火烧强度林地，绿色代表未过火区林地。

1）林火发生在植被生长季前后对植被影响状况不同

大兴安岭、维多利亚州林火发生于生长季前期，对该年植被生长状况影响最大。表现为过火区林地的年LAI、FAPAR峰值在火灾发生当年急剧降低，后缓慢恢复到与未过火林地一致的水平；黄石公园林火发生于生长季后期，对灾后一年的植被生长状况影响最大。表现为过火区林地的年LAI、FAPAR峰值在火灾发生后一年（1989年）急剧降低，灾后13年内在低值水平波动，后缓慢恢复到与未过火林地一致的水平；大兴安岭高强度过火区1992年LAI、FAPAR值急剧下降是因为该年大兴安岭林区发生林火灾害，总燃烧面积超过30万hm²。黄石公园植被遥感参数值（LAI、FAPAR）整体低于大兴安岭林区与维多利亚州林区。

2）高火烧强度植被受损程度更大，且植被遥感参数恢复时间更长

大兴安岭地区高火烧强度林地的植被遥感参数降低幅度大于低火烧强度林地，林火过后，高火烧强度LAI、FAPAR值的最大降幅为未过火林地的41.9%，低火烧强度LAI、FAPAR值最大降幅为未过火林地的26.7%，高火烧强度LAI、FAPAR值最大降幅为低火烧强度LAI、FAPAR最大降幅的1.6倍。且高火烧强度林地的LAI、FAPAR值灾后约需10年得以恢复，而低火烧强度林地的LAI、FAPAR值灾后约需5年得以恢复。已有研究也表明，高强度火烧区植被变化情况最大，且火烧强度越高、植被恢复状况越差。

黄石地区高火烧强度林地的LAI、FAPAR降低程度明显，最大降幅为未过火林地的33.1%，而低火烧强度林地LAI、FAPAR值降低不明显，最大降幅为未过火林地的8.9%，高火烧强度LAI、FAPAR值最大降幅为低火烧强度LAI、FAPAR最大降幅的3.8倍；低火烧强度林地的LAI、FAPAR值灾后约需20年得以恢复，而高火烧强度林地植被遥感参数值恢复需更长时间。

3）植被遥感参数的恢复与自然条件、过火范围的大小、分布特征，以及是否进行人工干预有关

过火范围由大到小分别是：大兴安岭、黄石公园、维多利亚州，且过火区也由集中到离散分布。大兴安岭因为受人工干预影响，高强度过火区植被遥感参数需10年恢复，黄石公园植被遥感参数恢复时间大于20年，由于2011年维多利亚地区降水充沛，且过火范围小，分布离散，过火区植被遥感参数约在两年后迅速恢复至未过火地区的93%，过火面积较小、低强度的森林火灾一定程度上对森林生态平衡起着积极的作用，是促进森林生态系统更新的重要因素之一。

4）植被遥感参数恢复不代表植被结构的恢复

LAI、FAPAR指数对火灾较为敏感，即灾后迅速降低，随时间递增缓慢恢复，一定程度上响应了林火，展现了植被恢复过程。但由图4-20可以看出，仅需要5～10年，大兴安岭过火区域植被遥感参数即可恢复，但参照图4-14、图4-15可知，大兴安岭过火区各植被类型比例在灾后20年达到稳定阶段。造成这种差异的原因是大兴安岭灾后植被类型有所变化，林火发生后，高火烧强度林地的草本植物、灌丛生长迅速，白桦林等次生林大量生长，最终更替为以落叶松为优势树种的林地。

由图4-21可知，黄石公园LAI、FAPAR值需20年基本恢复至未过火地区水平，结合图4-16、图4-17可知，黄石公园地表覆盖类型比例在灾后25年都未达到稳定水平。已有研究也表明黄石公园大火后高火烧强度林地草本比例较大，灾后3～10年后优势树种才逐步开始生长，植被恢复缓慢。

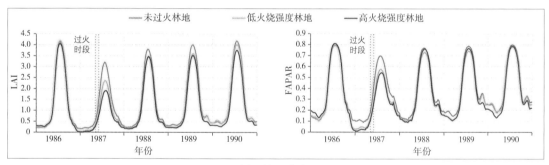

（a）时间尺度为8天

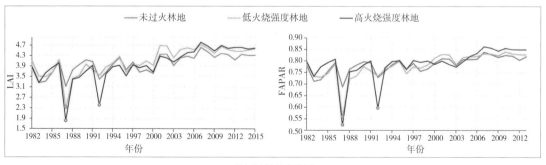

（b）时间尺度为1年

图4-20　大兴安岭植被遥感参数变化

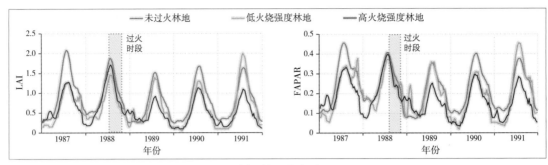

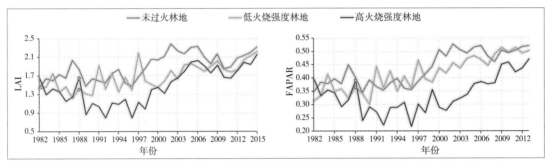

（a）时间尺度为8天

（b）时间尺度为1年

图4-21　黄石公园植被遥感参数变化

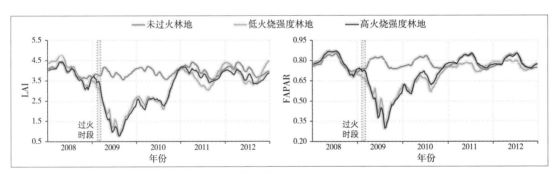

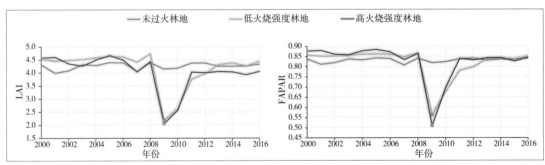

（a）时间尺度为8天

（b）时间尺度为1年

图4-22　维多利亚州灾后植被遥感参数变化

五、典型重大地震灾害影响下的陆地植被变化

本章基于GLASS叶面积指数（LAI）产品和植被覆盖度（FVC）产品，2010年的全球30m土地利用数据，以及全球灾害事件数据库（EM-DAT），利用时间序列分析和空间统计分析等方法，选取2008年中国512汶川地震的8度以上烈度区（以下简称汶川512分析区）和2011年日本311地震陆上6度烈度区（以下简称日本311分析区）为分析区，研究地震灾害影响下的陆地植被变化情况与滞后效应，结果表明如下。

（1）地震对植被的影响与区域自然地理环境密切相关。汶川512分析区多山地，且山势崎岖陡峭，植被受到地震所诱发的滑坡、泥石流等次生地质灾害的影响，受损程度较大，震后恢复过程缓慢，恢复周期较长，局部地区甚至难以恢复；而日本311分析区地貌为低矮丘陵和平原，且震源位于太平洋，未诱发次生地质灾害，陆地植被主要受地震诱发的海啸等次生灾害影响，植被受损程度较轻，震后恢复周期较短。

（2）汶川512分析区震后植被轻度受损区域（植被受损率（以下简称 VDR）为0～20%）的面积为186.96 hm²，占比为47.67%；植被中度受损区域（VDR为20%～60%）的面积为41.25万hm²，占比为10.52%；植被严重受损区域（VDR>60%）的面积为10.32万hm²，占比为2.63%。在不同等级的植被受损区域中，2008年FVC平均值和LAI平均值均有明显的低谷，其中重度受损区植被遥感参数的显著下降主要是由于次生地质灾害对植被的直接损毁导致。

（3）日本311分析区震后植被轻度受损区域（VDR分级同上）面积为36.21万hm²，占比为44.10%；植被中度受损区域面积为14.22万hm²，占比为17.31%；植被严重受损区域面积为2.66万hm²，占比为3.24%。2000～2015年，未受损区和轻度受损区的FVC和LAI平均值基本稳定，中度和严重受损区的植被指数变化趋势一致，在2011年有轻微的下降，即在中度和严重受损区震后植被遥感参数下降程度较小。由于地表植被短时间受到海啸引发的水淹影响，植株本身没有受到破坏，且未诱发严重的次生灾害，所以日本311地震对植被的破坏程度较轻，在震后植被恢复速度较快。

5.1　全球地震灾害基本特征

地震灾害具有突发性、预测难、破坏大和易诱发次生灾害等特点。地震所引发的滑坡、海啸等次生灾害可对地表植被造成较严重的破坏，导致震区生态环境恶化。研究地

震区植被的受损情况及植被恢复状况，对灾后重建工作、改善生态环境、协调经济社会发展等具有重要意义。根据中国地震局历年全球范围内地震信息（http://www.cea.gov.cn/publish/dizhenj/468/496/102170/index.html）和EM-DAT统计资料，本章收集了1980~2016年全球7级以上重大地震的发生时间和地点等信息。图5-1和图5-2分别为这些地震的空间位置分布图和逐年发生频次统计图。

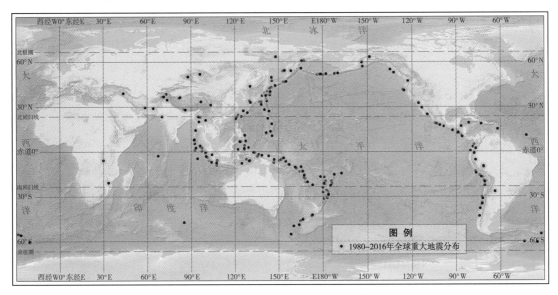

图5-1　1980~2016年全球重大地震分布

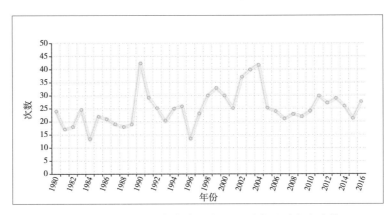

图5-2　1980~2016年全球7.0级以上重大地震发生次数

从图5-2可知，近30年以来全球重大地震发生次数最多的两个年份分别是1990年和2004年，对应的发震次数分别为43次和42次。

综合考虑地震震级、震中位置、灾区植被覆盖状况、地震对植被影响程度及遥感分析数据和产品的完备性等因素，本章选取了2008年中国512汶川地震和2011年日本311地震作为典型重大地震，分析其对植被的影响及震后植被恢复情况。中国512汶川地震震中位于亚欧大陆腹地，是由地质构造运动、板块的挤压冲撞所致，造成大量滑坡、崩塌等次生地质灾害，而日本311地震震源位于太平洋海域，震中在环太平洋地震火山带上，诱发了海啸等次生灾害。这两个地震事件不仅造成了重大人员伤亡和财产损失，而且严重影响了灾区植被。所选取的两个事件分析区的植被覆盖面积比例都超过60%，汶川512分析区植被类型以森林和草地为主，日本311分析区植被类型以森林为主。

5.2 典型案例基本情况

5.2.1 2008年中国512汶川地震

北京时间2008年5月12日14时28分，以四川省汶川县映秀镇为中心爆发了8.0级特大地震，这是新中国成立以来大陆地区发生的破坏程度最为严重、影响范围最为广泛的地震。

如图5-3所示，512汶川地震所造成的破坏和对地表的影响主要是在6度以上烈度区（参考中国国家地震局）。考虑到距离地震中心越远，陆表植被受影响程度越小，并结合已有的文献资料，本章所选的分析区为震源中心位置附近8度以上烈度区。

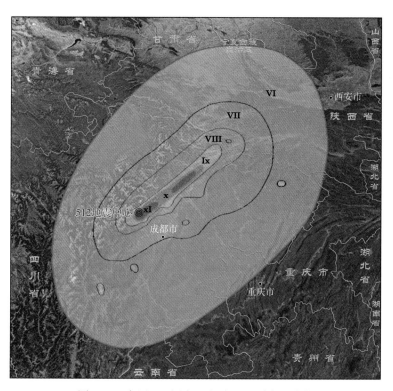

图5-3　中国512汶川地震6度以上烈度区分布

汶川512分析区覆盖面积为392.15万hm²，包括汶川、北川、茂县、理县等多个县市（图5-4），地形以山地为主，西北山地海拔高，地势起伏较大，而东南丘陵和平地海拔较低，地势平坦。

分析数据为2000～2015年每年5月的GLASS的FVC数据产品和LAI数据产品，时间点选择第137天、第145天和第153天（512地震发生的时间点是2008年的第134天），取其平均值作为对应年份FVC和LAI数据。选择该时段数据的原因有两个：第一是该时间段在地震刚过阶段，有利于震前和震后的植被变化对比；第二是每年同一时段，避免在不同时期植被生长状况不同而影响分析结果。

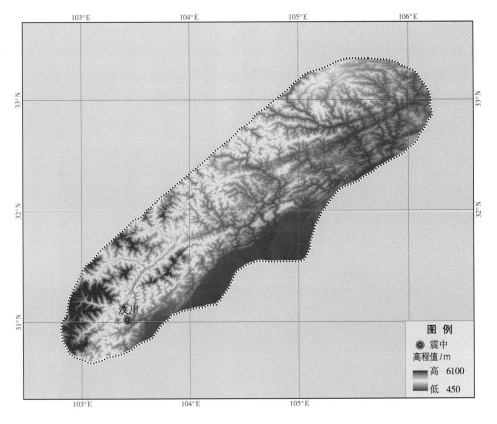

图5-4　汶川512分析区地理概况

5.2.2 2011年日本311地震

2011年3月11日，日本当地时间14时46分，日本东北部海域发生里氏9.0级地震并引发海啸，造成重大人员伤亡和财产损失。地震震中位于宫城县以东太平洋海域，震源深度约24km。如图5-5所示，日本311地震所造成的破坏和对地表的影响主要是在6度以上烈度区（参考日本气象局）。

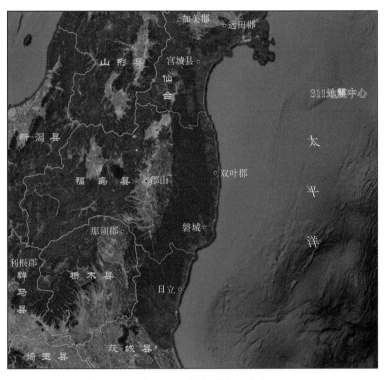

图5-5 日本311地震6度烈度区分布

考虑到日本311地震的具体情况，选取6度烈度以上区域作为分析区。该区域主要分布在日本的东北和关东等地（图5-6），面积为82.11万hm²，中部多山且山势陡峭，植被易受到地震的影响，而分析区的北部和南部地势低平。

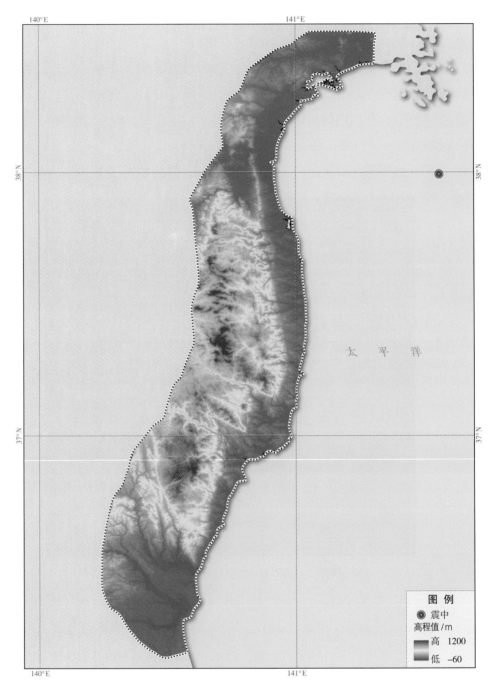

图5－6　日本311分析区地理概况

　　日本311分析区气候为温带和亚热带季风气候，四季分明。分析数据选择2000～2015年每年3月GLASS的FVC数据产品和LAI数据产品，时间点选择第81天、第89天和第97天（311地震发生的时间点是2011年的第72天），取其平均值代表对应年份FVC和LAI数据，确保时相一致，避免因气候状况差异较大影响植被生长而带来的误差。

5.3 陆地植被受地震灾害影响状况分析

5.3.1 陆地植被受地震灾害影响的空间变化分析

1）中国512汶川地震

从图5-7可知，分析区内的地表覆盖类型以森林、耕地和草地为主，森林所占比例为73.89%，草地占6.03%，耕地占19.01%（表5-1），森林主要分布在分析区的西北和东北山地，而耕地分布在东南丘陵和平地（图5-7）。

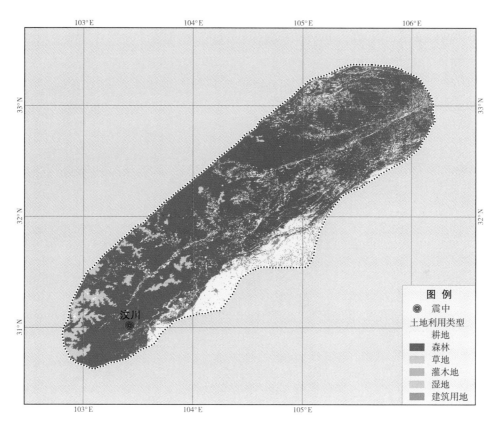

图5-7 汶川512分析区地表覆盖类型

表5-1 汶川512分析区地表覆盖类型统计

地表覆盖类型	耕地	森林	草地	灌木地	建筑用地	其他
面积/hm²	768154.14	2986229.70	243873.81	5685.93	13620.33	23639.76
比例/%	19.01	73.89	6.03	0.14	0.34	0.59

利用植被指数下降率（计算方法详见附录）来反映震后植被受损程度（VDR），VDR越大表示植被受损越严重，利用2007年和2008年5月的FVC数据，计算震后VDR，

并将其分为四个级别，即 < 0、0～20%、20%～60%、60%～100%，依次表示植被未受损、轻度受损、中度受损和严重受损，制作VDR的各级别空间分布图（图5－8），并统计VDR各级别的面积和比例（表5－2）。经分析可知，植被未受损的区域面积为153.62万hm²，所占比例为39.18%；轻度受损的区域面积为186.96万hm²，占47.67%；中度受损的区域面积为41.25万hm²，所占比例为10.52%；重度受损的区域面积为10.32万hm²，所占比例为2.63%。表明分析区内大部分区域植被受到地震的影响，植被指数FVC呈现较为显著的降低，且某些区域的地表植被受到损毁较为严重，主要分布在震中附近的山区。

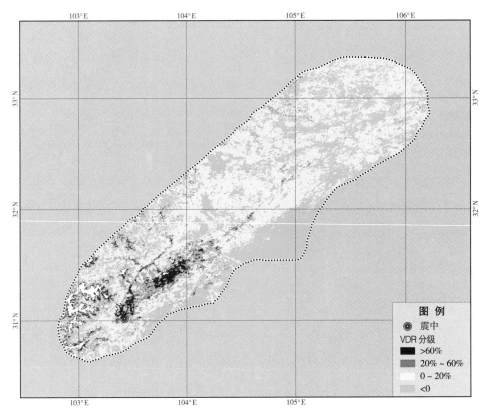

图5－8　汶川512分析区VDR分级空间分布

表5－2　汶川512分析区VDR分级面积统计

植被受损程度	未受损	轻度受损	中度受损	严重受损
VDR分级 / %	VDR<0	0<VDR<20	20<VDR<60	VDR>60
面积 / 万hm²	153.62	186.96	41.25	10.32
比例 / %	39.18	47.67	10.52	2.63

将汶川512分析区震前震后多年的FVC数据分成四级，即<0.2、0.2～0.4、0.4～0.6、0.6～1，时间节点选取2000年、2004年、2006年、2008年、2013年、2015年，图5-9为制作这六个年份FVC各级别的空间分布图。六个时间点分析区大部分区域的FVC均大于0.6，表明植被整体覆盖程度较高，而在2008年FVC小于0.2的区域（其中红色区域）面积相比于2006年有明显的增多，反映植被受到地震的损毁，导致FVC的降低。从震后长时间进行分析，可知地震能够改变植被的群落组成，由于滑坡、泥石流等次生灾害毁坏较多森林，导致植被的水土涵养能力减弱，生态环境遭到一定程度的破坏，在震后多年内，植被缓慢恢复，地表植被群落经过演替，逐渐恢复到以森林为主体的植被群落组成结构。

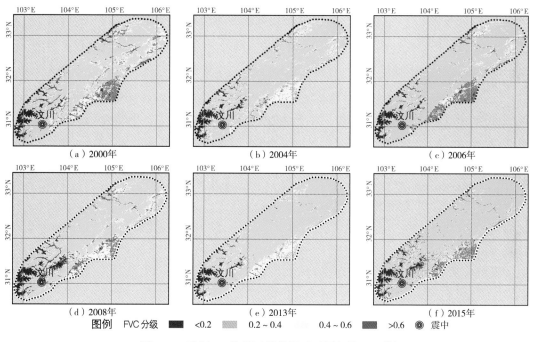

图5-9　汶川512分析区震前震后不同年份FVC分级

依据植被受损程度分为四个区域，分区统计2000～2015年这16个年份每年的FVC数据的像元平均值，以该平均值反映对应年份FVC值。图5-10为2000～2015年不同植被受损程度的FVC平均值年际变化情况。2000～2015年受损区的FVC平均值变化趋势一致，在2008年有明显的低谷，轻度受损区的FVC下降较少，下降量为0.05，中度受损区和严重受损区的FVC下降程度较大，下降量依次为0.21、0.33，即在中度和严重受损区震后FVC显著降低。震后至2015年，FVC的值逐渐升高，表明植被指数缓慢恢复，在轻度和中度受损的区域FVC恢复较好，而在严重受损区FVC难以恢复到震前水平。

全球典型重大灾害对植被的影响

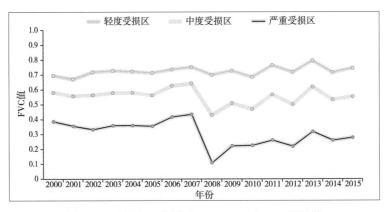

图5－10　汶川512分析区2000～2015年FVC平均值

分析2000～2015年不同植被受损程度的LAI平均值年际变化情况（图5－11），可知，2000～2015年受损区的LAI平均值变化趋势一致，在2008年有明显的低谷，轻度受损区的LAI下降明显，中度受损区和严重受损区的LAI下降程度较大，下降量依次为0.61、0.12，即在中度和严重受损区震后LAI显著降低。震后至2015年，LAI的值逐渐升高，表明植被指数缓慢恢复，在轻度和中度受损的区域LAI恢复较好，而在严重受损区LAI难以恢复到震前水平。

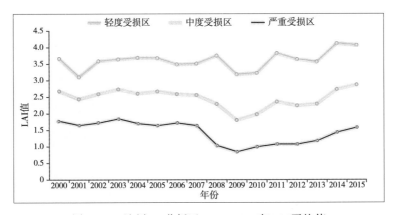

图5－11　汶川512分析区2000～2015年LAI平均值

2）日本311地震

从图5－12可知，日本311分析区的地表覆盖以森林、耕地和建筑用地为主，森林面积比例为59.57%，耕地面积比例为25.30%，建成区面积比例为9.76%，而草地和灌木地的面积比例较小，不足5%（表5－3）；森林主要分布在分析区的中部，而耕地和建筑用地分布在南部和北部。

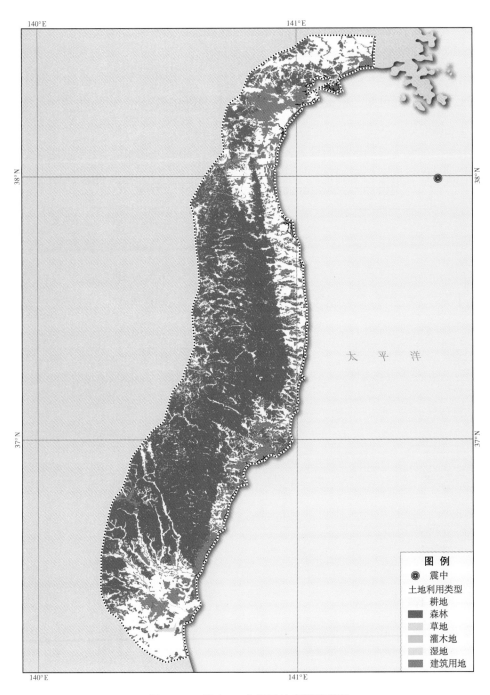

图5－12　日本311分析区地表覆盖类型

表5－3　日本311分析区地表覆盖类型统计

地表覆盖类型	耕地	森林	草地	灌木地	建筑用地	其他
面积/hm²	97570.80	229748.31	6062.58	10712.79	37659.96	3955.68
比例/%	25.30	59.57	1.57	2.78	9.76	1.02

本章利用2010年和2011年3月的FVC数据，计算震后VDR，并将其分为四个级别，即<0、0～20%、20%～60%、60%～100%，依次表示植被未受损、轻度受损、中度受损和严重受损，制作VDR各级别空间分布图（图5－13），并统计VDR各级别的面积和比例（表5－4）。经分析可知，植被未受损的区域面积为29.02万hm²，所占比例为35.35%；轻度受损的区域面积为36.21万hm²，占44.10%；中度受损的区域面积为14.22万hm²，所占比例为17.31%；重度受损的区域面积为2.66万hm²，所占比例为3.24%。受损区主要分布于北部沿海地区，地表植被因受到地震引发的海啸等次生灾害的影响，陆地植被损毁较轻。

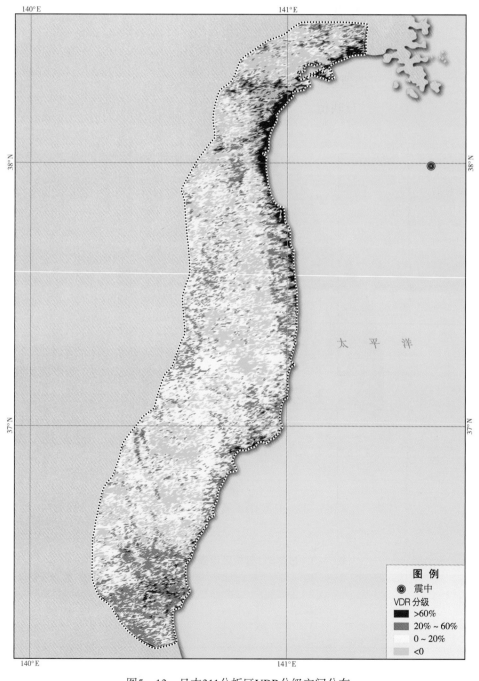

图5－13　日本311分析区VDR分级空间分布

表5—4　日本311分析区VDR分级面积统计

植被受损程度	未受损	轻度受损	中度受损	严重受损
VDR分级 / %	VDR<0	0<VDR<20	20<VDR<60	VDR>60
面积 / 万hm²	29.02	36.21	14.22	2.66
比例 / %	35.35	44.10	17.31	3.24

　　将日本311分析区震前震后多年的FVC数据分成四级，即<0.2、0.2～0.4、0.4～0.6、0.6～1，时间节点选取2000年、2004年、2009年、2011年、2013年、2015年，图5－14为这六个年份FVC各级别的空间分布图。

　　从图5－14可知，六个时间点分析区大部分区域的FVC均低于0.6，表明整体植被覆盖程度较低，这与分析区的地表覆盖类型相一致。在2011年FVC大于0.6的区域的面积相比于2009年有明显的减少，反映植被受到地震的损毁，导致FVC的降低。

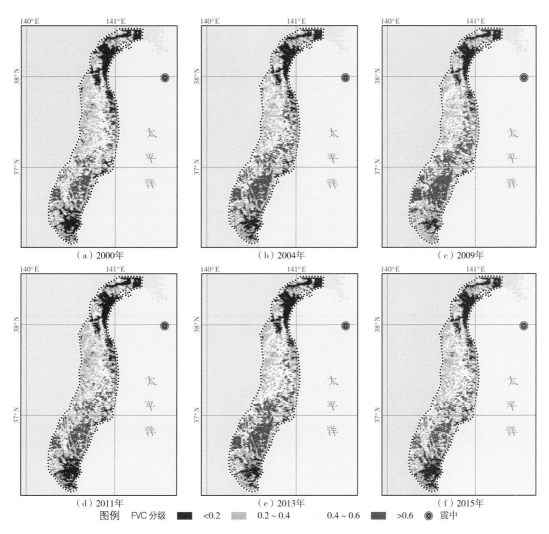

图5－14　日本311分析区震前震后不同年份FVC分级

全球典型重大灾害对植被的影响

依据植被受损程度分为四个区域，分区统计2000～2015年这16个年份每年的FVC数据的像元平均值，以该平均值代表对应年份的FVC值。图5－15为2000～2015年不同植被受损程度的FVC平均值年际变化情况。2000～2015年，轻度受损区的FVC平均值基本稳定；中度和严重受损区的FVC平均值变化趋势一致，在2011年有轻微的下降，下降量依次为0.05、0.06，即在中度和严重受损区震后FVC下降程度较小。震后至2015年，FVC的值逐渐升高，表明植被指数缓慢恢复，且逐渐恢复到震前水平。

分析2000～2015年不同植被受损程度的LAI平均值年际变化情况（图5－16），可知，2000～2015年，受损区的LAI平均值变化趋势一致，在2011年虽有轻微的下降，但下降幅度很小，表明分析区陆表植被的LAI受311地震影响不显著。

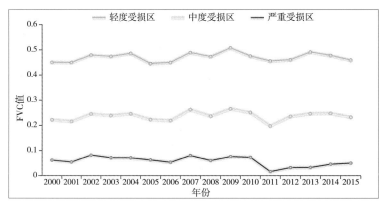

图5－15　日本311分析区2000～2015年FVC平均值

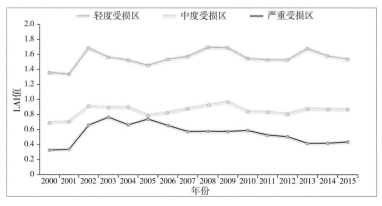

图5－16　日本311分析区2000～2015年LAI平均值

5.3.2　陆地植被受地震灾害影响的时间变化分析

1）中国512汶川地震

对2000～2015年汶川512分析区，每年5月的FVC数据和LAI数据分别求平均值，再将每年的FVC指数值与FVC平均值之差作为FVC距平值，将每年5月的LAI指数值与LAI平均值之差作为LAI距平值。将每年的FVC距平值分为四级，即<−0.2、−0.2～−0.1、−0.1～0、>0，也将每年的LAI距平值分为四级，即<−1、−1～−0.5、−0.5～0、>0，选取2000年、2004年、2006年、2008年、2013年和2015年这六个时间节点，制作FVC分级空间分布图（图5−17）和LAI分级空间分布图（图5−18），成图显示并分析震后植被指数的恢复情况。

从图5−17可知，2000～2015年，FVC距平值的变化趋势是以2008年为界，在2008年之前FVC距平值为正值的区域面积比例不断增加，在2008年时出现了较大的降低，而在2008年之后距平值为正值的区域比例先是逐渐增加然后又轻微的下降，到2015年时FVC距平值为正值的区域面积比例占67.02%；FVC距平值小于−0.2，表示该年份的FVC值相比于平均值有较为明显的下降，2008年FVC距平值小于−0.2的区域面积比例由2007年的0.18%增加到2.81%，在2008年之后FVC距平值小于−0.2的区域面积比例呈现先降低后增加的趋势，表明震后植被受影响有显著的滞后效应，到2015年时FVC距平值小于−0.2的比例恢复至震前状态。

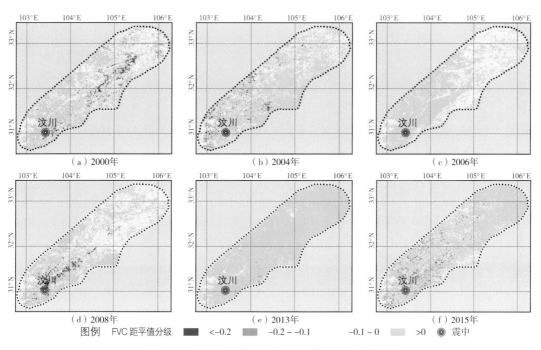

图5−17　汶川512分析区不同年份FVC距平值分级

由图5－18可知，2000～2015年，LAI距平值的变化趋势不明显，有一定的波动性，在地震发生后的短时间内，LAI距平值为正值的区域面积比例减小幅度较大，距平值为负值的面积比例显著增加，表明地震对植被有一定的影响，且震后植被响应滞后效应明显，到2014年和2015年时，LAI距平值为正值的区域面积比例超过82%，远高于震前的60%，表明植被指数已恢复到震前水平，甚至某些区域植被比震前的状态要好。

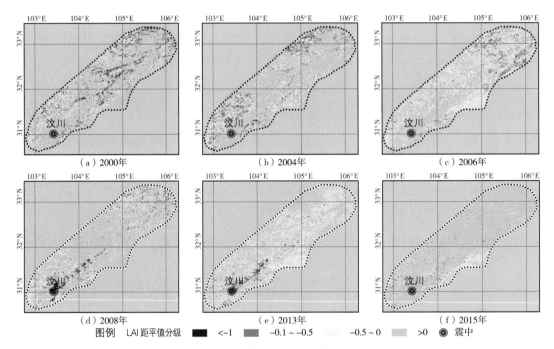

图5－18　汶川512分析区不同年份LAI距平值分级

2）日本311地震

对2000～2015年日本311地震分析区每年3月的FVC数据和LAI数据分别求平均值，再将每年的FVC指数值与FVC平均值之差作为FVC距平值，将每年的LAI指数值与LAI平均值之差作为LAI距平值。将每年的FVC距平值分为四级，即 < −0.2、−0.2～−0.1、−0.1～0、> 0，也将每年的LAI距平值分为四级，即 < −1、−1～−0.5、−0.5～0、> 0，选取2000年、2004年、2009年、2011年、2013年和2015年这六个时间节点，来制作FVC分级空间分布图（图5－19）和LAI分级空间分布图（图5－20），成图显示并分析震后植被指数的恢复情况。

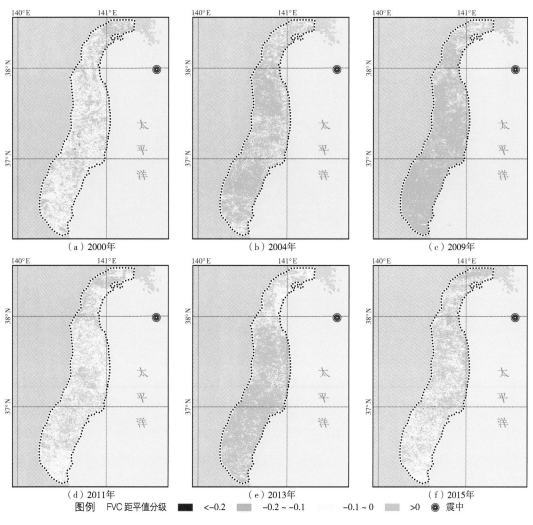

图5－19　日本311分析区不同年份FVC距平值分级

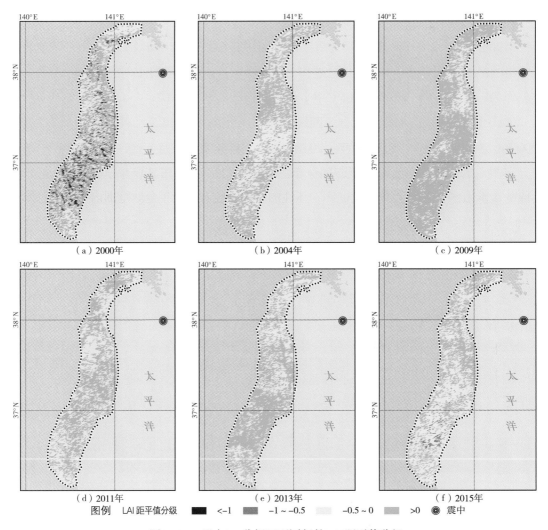

图例 LAI 距平值分级 ■ <-1 ▨ -1～-0.5 ▧ -0.5～0 ▨ >0 ◉ 震中

图5-20　日本311分析区不同年份LAI距平值分级

　　从图5-19可知，2000～2015年，FVC距平值呈现的变化趋势是以2011年为界，在2011年之前FVC距平值为正值的区域，面积整体上增加，在2011年时出现了较大的降低，而在2011年之后距平值为正值的区域占比先是逐渐增加然后又有轻微的下降，在2014年时FVC距平值为正值的区域面积比例为56.29%；2011年FVC距平值在-0.5～0的区域面积比例为63.97%，高于震前2010年的41.64%，表明植被受地震影响，植被遥感参数有轻微的下降，但是受影响程度较低。

　　由图5-20可知，2000～2015年，LAI距平值呈现的变化趋势不明显，有一定的波动性，在2011年、2012年和2013年LAI距平值为正值的区域面积比例相比于2010年之前，有较明显的下降，而LAI距平值为负值的区域所占比例则显著升高，表明2011年311地震影响分析区的陆地植被，LAI值整体降低。

六、结　　论

（1）全球植被变化受全球气候变化、人为活动、重大自然灾害等多种因素的综合影响。相对于全球气候变化和人为活动的扰动而言，重大自然灾害事件对植被的影响往往是局部的、离散的，同时具备突发性和破坏性的特点。经对30余年全球范围内干旱、洪水、林火和地震4种自然灾害对植被影响典型案例的遥感分析得出，各种重大自然灾害对植被的影响具有明显差异。就灾害对植被的影响范围而言，干旱与洪水影响范围较大，林火与地震影响范围较小；就影响强度和恢复周期而言，地震与林火对植被影响强度大，植被恢复周期长，干旱与洪水次之。

干旱和洪水是典型的极端气候事件。干旱会造成生长期植被水分亏缺，影响范围较大，但干旱过后，植被恢复较快；洪水灾害对植被的影响主要发生在洪水淹没区，灾害时间短、影响范围集中，可造成农作物的绝收，但林、草等自然植被恢复迅速；林火直接摧毁受灾区域林木，造成森林植被损毁，在火烧迹地上，森林植被的恢复需要漫长的周期，但规模较小、低强度的森林火灾可以促进森林演替、维持森林生态系统平衡；山区地震会诱发滑坡、崩塌等次生地质灾害，严重破坏山地植被生长的立地条件，造成局地林木的严重损毁，灾后植被恢复过程漫长。

（2）叶面积指数、吸收光合有效辐射比例、植被覆盖度等植被遥感参数对重大灾害造成的植被状况变化响应敏感，利用这些高频率、长周期过程参数数据可有效研究重大灾害的植被响应与恢复过程。各灾害类型的植被遥感参数在灾后都表现出先下降后恢复的趋势，但不同植被类型的响应速度和时空变化特征差异很大。

基于1982～2016年的GLASS全球叶面积指数、吸收光合有效辐射比例、植被覆盖度等植被遥感参数，分析了不同灾害类型造成的上述植被遥感参数变化过程及时空差异。结果表明：干旱造成草地和农用地的叶面积指数和吸收光合有效辐射比例距平值在干旱初期缓慢下降，并随干旱加剧而加速下降，干旱结束后受灾区域的草地和农田植被可较快恢复，而干旱对森林植被影响较小；洪水淹没区草地和农田的植被遥感参数在灾中明显下降，灾后迅速恢复；地震和林火灾害导致森林植被遥感参数显著降低，一般在5～10年内基本恢复至灾前水平，其中，灌草植被恢复快，对植被遥感参数的恢复贡献较大。

（3）人工御灾措施与灾后干预有助于减轻灾害对植被的影响，促进灾后植被的恢复。分析表明，农田灌溉条件与御灾能力密切相关，与非灌溉农田相比，灌溉农田植被遥感参数下降幅度较小，时间有所滞后；灾后人工干预可以加快过火区的植被恢复；对于经营性林区采用必要的补植措施，可较快恢复林区植被，促进森林生产力的恢复，有效恢复森林碳汇；在自然保护区域采用自然恢复措施，植被恢复周期较长，但更有利于原有地带性森林生态系统的恢复。

本章提供了在各类重大自然灾害后采取不同干预措施和自然恢复的例证，如华北平原相对完善的灌溉基础设施在抵御干旱方面发挥了积极作用，灌溉农田植被遥感参数下降幅度仅为非灌溉农田的一半左右；大兴安岭林火后，灾区及时清理过火林木，局部采用人工造林措施，明显加快了林区植被的恢复，与自然恢复相比，大兴安岭过火区的植被遥感参数恢复时间缩短约一半；作为重要自然保护地的美国黄石国家公园，在灾后全部采用无人工干预的自然恢复措施，经过20多年部分恢复了原有的地带性森林植被和景观。对不同重大自然灾害而言，植被受损程度和恢复过程差异明显。针对水、旱灾害的植被恢复措施，应重点集中在灾后1~2年，而针对林火和地震灾害的植被恢复，则应制订不低于10年的中长期规划。

致　谢

　　"全球生态环境遥感监测年度报告"工作在中华人民共和国科技部和财政部的支持下，由国家遥感中心牵头、遥感科学国家重点实验室协助组织实施，北京师范大学编制完成。本部分依托国家"十一五"863计划重点项目"全球陆表特征参量产品生成与应用研究"（No.2009AA122100）和"十二五"863计划主题项目 "全球生态系统与表面能量平衡特征参量生成与应用"（No.SS2013AA121200）所形成的全球陆表特征参量（GLASS）产品等相关研究成果撰写。

　　感谢中国国家基础地理信息中心、中国科学院地理科学与资源研究所、美国马里兰大学等对本项工作提供土地利用/土地覆盖数据支持。感谢全球灾害事件数据库（EM-DAT）提供全球典型灾害数据，感谢SPEI Global Drought Monitor项目提供全球旱灾数据，感谢Dartmouth Flood Observatary项目提供全球洪水灾害数据，感谢EOS系列卫星中等分辨率成像光谱仪（MODIS）提供全球每月林火分布数据，感谢中国地震局提供全球地震灾害数据。

全球典型重大灾害对植被的影响

附　　录

1. 名词解释

1）干旱

标准化降水蒸散发指数（standardized precipitation evapotranspiration index，SPEI），是由Vicente-Serrano等提出的一种干旱指数，该指数综合考虑了降水、温度变化和地表潜在蒸散发对干旱的影响，既能识别干旱的发生或结束，又能反映干旱的实际程度，并且具有多时间尺度监测干旱的能力，监测结果具有时空可比性，适用于气候变暖背景下的干旱监测与评估。

干旱严重性指数：一次干旱事件过程中，干旱指标（本书中为SPEI）的累加值。

2）洪水

改进的归一化水体指数（modified standardized precipitation evapotranspiration index，MNDWI）。

洪水期：洪水发生时期。

淹没区：发生一次洪水共淹没的非常年水体地区。

非淹没区：淹没区以外的周边地区。

3）林火

差分归一化燃烧比率（differenced normalized burn ratio，dNBR）。

火烧强度：描述林火灾害的严重程度。

2. 数据与方法

1）干旱

a）数据源

标准化降水蒸散发指数（SPEI），本书中的SPEI数据来自西班牙国家研究委员会（CSIC），该数据集中SPEI的空间分辨率为0.5°，时间分辨率为1个月。

本书中用到的植被遥感参数数据主要包括GLASS产品中的叶面积指数数据和光合有效辐射比数据，这两个植被遥感参数产品的空间分辨率为1km，时间分辨率为8天。

本书中所用的地表覆盖数据为MODIS12Q1数据集产品中的Type1类型数据，数据的空间分辨率为500m。

b）主要方法

A）标准化降水蒸散发指数

标准化降水蒸散发指数的具体计算过程如下。

（1）将选取的地面气象站的逐日气候资料整理成逐月气候资料，基于站点的月平均温度计算月潜在蒸发量Pe。

$$\mathrm{Pe}_i = 16K \left(\frac{10T_i}{I} \right)^m \quad i=1, 2, \cdots, 12 \tag{1}$$

$$I_i = \left(\frac{T_i}{5} \right)^{1.514} \tag{2}$$

$$I = \sum_{i=1}^{12} I_i \tag{3}$$

式中，T_i为月平均气温，单位为℃；I_i为月热量指数；I为年热量指数；K为修正指数，常数$m=0.492+1.79 \times 10^{-2} I - 7.71 \times 10^{-5} I^2 + 6.75 \times 10^{-7} I^3$。

$$K = \left(\frac{N}{12} \right) \left(\frac{\mathrm{NDM}}{30} \right) \tag{4}$$

式中，NDM为该月总日数；N为可日照时数，由式（5）计算：

$$N = \left(\frac{24}{\pi} \right) W_s \tag{5}$$

式中，W_s为日出时角，由式（6）计算：

$$W_s = \arccos \left(-\tan\varphi\tan\delta \right) \tag{6}$$

式中，φ为纬度，单位为弧度（rad）；δ为太阳磁偏角，由式（7）计算：

$$\delta = 0.4093 \sin \left(\frac{2\pi J}{365} \right) - 1.405 \tag{7}$$

式中，J为该月的平均日序，取值范围是1～365或366，1月1日取日序为1。

（2）构建不同时间尺度的累积水分亏缺量X。

$$D_i = P_i - \mathrm{Pe}_i \tag{8}$$

式中，D_i为月水分亏缺量；P_i为月降水量；Pe_i为月潜在蒸发量，单位均为mm。

然后，计算i年、j月的水分亏缺量D_{ij}，D_{ij}依赖于不同的时间尺度。

$$X_{i,j}^k = \sum_{i=13-k+j}^{12} D_{i-1,j} + \sum_{i=1}^{j} D_{i,j} \tag{9}$$

$$X_{i,j}^k = \sum_{i=j-k+1}^{j} D_{i,j} \tag{10}$$

（3）计算累积水分亏缺量X的概率分布。

引入三参数log-logistic型分布的概率密度函数：

$$f(x) = \frac{\beta}{\alpha} \left(\frac{x-\gamma}{\alpha} \right)^{\beta-1} \left[1+ \left(\frac{x-\gamma}{\alpha} \right)^{\beta} \right]^{-2} \tag{11}$$

式中，α、β和γ分别为尺度、形状和位置参数，$D<\gamma<\infty$。α、β和γ分别由式（12）～式（14）计算：

$$\alpha = \frac{(w_0 - 2w_1)\beta}{\Gamma(1+1/\beta)\Gamma(1-1/\beta)} \tag{12}$$

$$\beta = \frac{2w_1 - w_0}{(6w_1 - w_0 - 6w_2)} \tag{13}$$

$$\gamma = w_0 - \alpha\Gamma(1+1/\beta)\Gamma(1-1/\beta) \tag{14}$$

$$w_s = \frac{1}{N}\sum_{i=1}^{N}\left(1 - \frac{i-0.35}{N}\right)^s X_i \tag{15}$$

式（12）和式（14）中，$\Gamma(\beta)$ 为Gamma函数；式（15）中，i 为累积水分亏缺序列 X_i 按升序排列的序数，$X_1 < X_2 < X_3 \cdots < X_i$。三参数log-logistic型分布的概率分布函数为

$$F(x) = \left[1 + \left(\frac{\alpha}{x-\gamma}\right)^{\beta}\right]^{-1} \tag{16}$$

最后，对各月概率分布 $F(x)$ 进行标准化处理。

令 $P = 1 - F(x)$，当 $P \le 0.5$ 时，$W = \sqrt{-2\ln(P)}$

$$SPEI = \frac{C_0 + C_1 W + C_2 W^2}{1 - d_1 W + d_2 W^2 + d_3 W^3} \tag{17}$$

当 $P > 0.5$ 时，$W = \sqrt{-2\ln(1-P)}$

$$SPEI = \frac{C_0 + C_1 W + C_2 W^2}{d_1 W + d_2 W^2 + d_3 W^3} - W \tag{18}$$

式（17）和式（18）中，$C_0 = 2.515517$；$C_1 = 0.802853$；$C_2 = 0.010328$；$d_1 = 1.432788$；$d_2 = 0.189269$；$d_3 = 0.001308$。

SPEI对干旱等级的划分如表1所示。

表1　基于标准化降水蒸散发（SPEI）指数的干旱等级

SPEI指数	干旱等级
$-1.0 < SPEI \le -0.5$	轻旱
$-1.5 < SPEI \le -1.0$	中旱
$-2.0 < SPEI \le -1.5$	重旱
$SPEI \le -2.0$	特旱

B）干旱事件分析方法

本书中基于游程理论分析干旱事件特征。用某个给定水平 X_0 来截取一个随时间变化而变化的离散系列 X_t，当 X_t 在一个或多个时段内连续小于 X_0 时，出现负游程；反之出现正游程。

在干旱研究中出现一次负游程表示发生一次干旱事件，负游程的长度代表干旱历时，其表征了一次干旱事件从发生到结束所持续的时间；干旱历时内，X_t 的累加值表示干旱严重性，干旱严重性和干旱历时的比值表示干旱强度，因此干旱严重性是干旱强度在一次干

旱事件过程中对干旱历时的积分；本书中用所有干旱事件的总历时除以事件序列长度表示干旱频率（图1）。

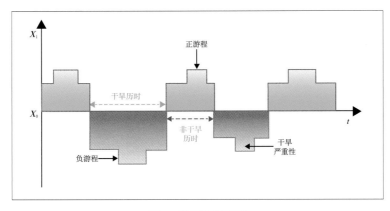

图1　干旱识别原理

2）洪水

a）数据源

本书拟采用Landsat数据来提取洪水水体，主要包括Landsat 5/7/8。5个该地区所使用的数据如表2所示。

表2　该地区使用的Landsat影像数据

该地区	path/row	拍摄时间	传感器	云量/%
同江市	114/27	2012年9月7日	ETM+	5
	114/27	2013年7月16日	OLI	25
	114/27	2013年8月1日	OLI	21
	114/27	2013年9月10日	ETM+	25
	114/27	2013年9月18日	OLI	0
巴基斯坦	151/38	2010年8月12日	TM	56
	151/39	2010年8月13日	TM	36
	151/38	2010年6月25日	TM	2
	151/39	2010年7月3日	ETM+	1
新奥尔良	22/39	2005年8月22日	TM	7
	22/39	2005年8月30日	ETM+	17
	22/39	2005年9月7日	TM	2
	22/39	2005年9月15日	ETM+	11
	22/39	2005年1月9日	ETM+	0

b）主要方法

A）水体信息遥感识别方法

水体指数方法是利用遥感手段识别水体信息的有效方法之一。MNDWI 指数是改进的归一化差异水体指数，提取效果很好。

$$\text{MNDWI} = (P_{\text{green}} - P_{\text{mir}})/(P_{\text{green}} + P_{\text{mir}})$$

B）洪水淹没范围提取

对于一次洪水过程，其时间前后理论上为正常水体，但并不一定完全可靠，因为由于季节的不同，水体面积也不同，为此还需要考虑年际情况，即比较往年同一时期的水体淹没范围。往年同一时期的水体和洪水前后期的水体均可看作为正常水体。为此，本书将往年同期水体和洪水前后期的淹没面积最大的水体看作是正常水体。此外，对于洪涝时期的水体，需要考虑的是，洪水在不同天淹没的范围存在区别，往往淹没面积最大的水体不能代表整个洪涝过程的水体淹没范围。本书认为洪涝时期内所有期水体淹没的最大范围可看作洪涝水体淹没范围。其流程如图2所示。

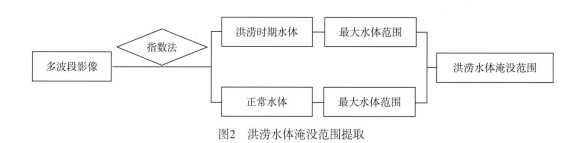

图2　洪涝水体淹没范围提取

3）林火

a）数据源

本书采用Landsat数据来提取过火范围，计算火烧强度信息。3个研究区所使用的数据如表3所示。

表3　研究区使用的Landsat影像数据

研究区	卫星	path	row	数据采集时间		
				灾前		灾后
澳大利亚维多利亚州	Landsat 5/8	91~93	85~87	2008年2月14日~3月10日	2009年3月29日~4月21日	2015年3月22日~30日
大兴安岭	Landsat 5/8	120~123	22~24	1986年6月3日~8月8日	1987年6月6日~9月26日	2015年8月1日~9月23日
黄石公园	Landsat 5/8	37~39	28~30	1987年8月5日~9月6日	1989年8月2日~9月4日	2015年8月2日~9月12日

用于反映植被受林火灾害的影响状况的植被遥感参数有：叶面积指数、光合辐射有效吸收比例，其分辨率、时间序列数据信息如表4所示。

表4 植被遥感参数数据信息

产品类型	起止时间		空间分辨率	
	大兴安岭、黄石公园	澳大利亚维多利亚州	大兴安岭、黄石公园	澳大利亚维多利亚州
LAI	1981~2016年	2000~2016年	0.05°	0.01°
FAPAR	1982~2016年	2000~2016年	0.05°	0.01°

本书所使用的土地利用数据为MODIS三级数据土地覆盖类型产品Type1（land cover data），分辨率为500m，主要用于林火灾害后的植被覆盖变化分析。

b）主要方法

差分归一化燃烧比率可以反映林火火烧强度，计算公式如下所示：

$$dNDR = NBR_{pre} - NBR_{post}; \quad NBR = \frac{\rho_4 - \rho_7}{\rho_4 + \rho_7}$$

式中，NBRpre，NBRpost分别为火前、火后影像的NBR值，NBR值由TM近红外波段与中红外波段的反射率计算得到。

4）地震

a）数据源

地表植被数据来源于北京师范大学地理科学学部科研团队研发的全球陆表特征参量数据GLASS产品FVC数据和LAI数据（空间分辨率1km，时间分辨率8天），由于FVC和LAI与植被生长状况密切相关，因此可以较大程度反映地表植被覆盖情况；地表地物类型数据来源于国家测绘地理信息局2010年全球30m-Landuse数据，分析区的矢量shp数据参考GADM database of Global Administrative Areas (http://www.gadm.org/country)。

中国512汶川地震烈度区范围参考中国数字科技馆地震烈度范围数据（http://amuseum.cdstm.cn/AMuseum/earthquak/6/2j-6-1-20-e.html）。

日本311地震六度烈度范围参考日本气象局数据（http://www.data.jma.go.jp/svd/eqdb/data/shindo/Event.php?ID=175313）。

中国地震局历年全球范围内地震信息（http://www.cea.gov.cn/publish/dizhenj/468/496/102170/index.html）。

b）主要方法

A）植被受损率（VDR）的计算方法

用FVC下降率作为植被受损率，可以反映植被受地震破坏的状况。

设C_0代表震前植被覆盖度水平，C_1代表震后植被覆盖度水平，则植被受损率可由下式给出：

$$VDR = \frac{C_0 - C_1}{C_0} \times 100\%$$

当VDR＜0时，表示植被覆盖增加；当VDR＞0时，表示植被覆盖减少，VDR值越大，表示地表植被减少程度越大，VDR值达到某一阈值的时候，表明植被覆盖减少出现突变。本书中当VDR＜0时，表示植被未受损；当0≤VDR＜20％时，表示植被轻度受损；当20％≤VDR＜60％时，表示植被中度受损；当VDR≥60％时，表示植被严重受损。

B）距平值计算方法

D_i为第i个时间点的距平值，F_i为第i个时间点的待分析数据，F为整个时段的平均值。

$$D_i = F_i - F$$

参 考 文 献

陈玉民, 华佑亭, 张鸿, 田时梅, 李永顺, 孙荣姿, 等. 1987. 华北地区冬小麦需水量图与灌溉需水量评价研究. 水利学报, (11): 12～22.

顾朝林. 2011. 日本311特大地震地理学报告. 地理学报, 66 (6): 853～861.

黄荣辉, 刘永, 王林, 王磊. 2012. 2009年秋至2010年春我国西南地区严重干旱的成因分析. 大气科学, 36(3): 443～457.

梁潇云, 任福民. 2006. 2005年全球重大天气气候事件. 气象知识, (1): 18～20.

刘斌. 2011. 大兴安岭林火动态变化. 中国林业科学研究院硕士学位论文.

刘涛, 周广胜, 谭凯炎, 周莉. 2016. 华北地区冬小麦灌溉制度及其环境效应研究进展. 生态学报, 36(19) : 5979～5986.

王丽红, 辛颖, 邹梦玲, 等. 2015. 大兴安岭火烧迹地植被恢复中植物多样性与生物量分配格局. 北京林业大学学报, 37(12): 41～47.

王丕屹. 2010. 洪水肆虐巴基斯坦. 人民日报（海外版）, 2010-08-21(008).

王绪高, 李秀珍, 贺红士, 等. 2004. 大兴安岭北坡落叶松林火后植被演替过程研究. 生态学杂志, 23(5): 35～41.

解伏菊, 肖笃宁, 李秀珍, 等. 2005. 基于NDVI的不同火烧强度下大兴安岭林火迹地森林景观恢复. 生态学杂志, 24(4): 368～372.

徐涵秋. 2005. 利用改进的归一化差异水体指数（MNDWI）提取水体信息的研究. 遥感学报, 2005(5): 589～595.

严建武, 陈报章, 房世峰, 张慧芳, 付东杰, 薛晔. 2012. 植被指数对旱灾的响应研究——以中国西南地区2009年～2010年特大干旱为例. 遥感学报, 16(4): 720～737.

Asgary A, Anjum M, Azimi N. 2010. Disaster recovery and business continuity after the 2010 flood in Pakistan: Case of small businesses. International Journal of Disaster Risk Reduction, 2: 46～56.

Chou W. 2009. Landslide caused by typhoon-induced disaster: A case study on Shihmen watershed. International Conference on Geoinformatics, 1～5.

Fromfires L. 2000 . Yellowstone in the Afterglow. Yellowstone Center for Resources Yellowstone National Park Mamnoth Hot springs. Wyoming.

Jiang W, Jia K, Wu J, Tang Z, Wang W, et al. 2015. Evaluating the vegetation recovery in the damage area of Wenchuan Earthquake using MODIS data. Remote Sensing, 7(7):8757～8778.

全球典型重大灾害对植被的影响

Johnstone J, Lii F, Foote J, et al. 2004. Decadal observations of tree regeneration following fire in boreal forests. Canadian Journal of Forest Research, 34(2): 267～273.

Kovaleva N. 2014. Postfire recovery of the ground cover in pine forests of the Lower Angara region. Contemporary Problems of Ecology, 7(3): 338～344.

Li Z, Zhou T, Zhao X, Huang K, Gao S, Wu H, Luo H. 2015. Assessments of drought impacts on vegetation in china with the optimal time scales of the climatic drought index. International Journal of Environmental Research and Public Health, 12: 7615～7634.

Liang S, Zhao X, Liu S, Yuan W, Cheng X, Xiao Z, Zhang X, Liu Q, Cheng J, Tang H. 2013. A long-term Global LAnd Surface Satellite (GLASS) data-set for environmental studies. International Journal of Digital Earth, 6: 5～33.

Ouyang Z，Xu W，Wang X，Wang W，Dong R，Zheng H，Li D，Li Z，Zhang H, Zhuang C. 2008. Impact assessment of Wenchuan Earthquake on ecosystems. Acta Ecologica Sinica, 28(12) : 5801～5809.

Potter C. 2015. Assessment of the immediate impacts of the 2013–2014 drought on ecosystems of the California Central Coast. Western North American Naturalist, 75: 129～145.

Riggs M, Rao C, Brown C, et al. 2008. Resident cleanup activities, characteristics of flood-damaged homes and airborne microbial concentrations in New Orleans, Louisiana, October 2005. Environmental research, 106(3): 401～409.

Romme W, Bohland L, Persichetty C, et al. 1995. Germination ecology of some common forest herbs in Yellowstone National Park, Wyoming, U. S. A. Arctic & Alpine Research, 27(4): 407.

Shi P, Kasperson R. 2015 . World Atlas of Natural Disaster Risk. Berlin Heidelberg: Springer.

Swain S, Wardlow B, Narumalani S, Tadesse T, Callahan K. 2011. Assessment of vegetation response to drought in Nebraska using Terra-MODIS land surface temperature and normalized difference vegetation index. GIScience & Remote Sensing, 48: 432～455.

Zhang X, Yamaguchi Y, Li F, He B, Chen Y. 2017. Assessing the Impacts of the 2009/2010 Drought on Vegetation Indices, Normalized Difference Water Index, and Land Surface Temperature in Southwestern China. Advances in Meteorology.